TURING
图灵程序设计丛书

图解物联网

[日] NTT DATA集团 著
[河村雅人 大塚纮史 小林佑辅 小山武士 宫崎智也 石黑佑树 小岛康平]
丁灵 译

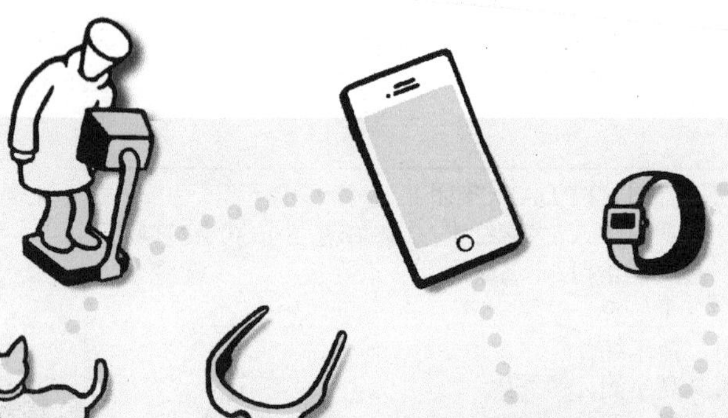

人民邮电出版社
北京

图书在版编目(CIP)数据

图解物联网 / 日本NTT DATA集团等著；丁灵译．--
北京：人民邮电出版社，2017.4
（图灵程序设计丛书）
ISBN 978-7-115-45169-9

Ⅰ．①图… Ⅱ．①日… ②丁… Ⅲ．①互联网络－应
用－图解②智能技术－应用－图解 Ⅳ．①TP393.4-64
②TP18-64

中国版本图书馆CIP数据核字（2017）第054889号

内 容 提 要

本书运用丰富的图例，从设备、传感器以及传输协议（MQTT）等构成物联网的技术要素讲起，逐步深入讲解如何灵活运用物联网。内容包括用于实现物联网的架构、传感器的种类以及能从传感器获取的信息等基础知识，并进一步介绍了感测设备原型设计所必需的Arduino等主板及这些主板的选择方法，连接传感器的电路，传感器的数据分析，乃至物联网跟智能手机/可穿戴设备的联动等。此外，本书以作者们开发的物联网系统为例，讲述了硬件设置、无线通信以及网络安全等运用物联网系统时会出现的问题和诀窍。

本书适合那些想了解物联网的基础知识和整体情况，或是今后要从事物联网和机器对机器通信系统规划或开发的人士，以及所有对物联网系统开发感兴趣的硬件和软件工程师阅读。

◆ 著　　[日] NTT DATA集团
河村雅人/大塚纮史/小林佑辅/小山武士/宫崎智也/
石黑佑树/小岛康平
译　　丁　灵
责任编辑　傅志红
执行编辑　高宇涵　侯秀娟
责任印制　彭志环

◆ 人民邮电出版社出版发行　北京市丰台区成寿寺路11号
邮编　100164　电子邮件　315@ptpress.com.cn
网址　https://www.ptpress.com.cn
北京天宇星印刷厂印刷

◆ 开本：880×1230　1/32
印张：9.75　　2017年4月第1版
字数：291千字　　2024年12月北京第30次印刷

著作权合同登记号　图字：01-2016-5336号

定价：59.00元

读者服务热线：(010)84084456-6009　印装质量热线：(010)81055316

反盗版热线：(010)81055315

广告经营许可证：京东市监广登字20170147号

本书内容

近年来，机器对机器通信（Machine to Machine，M2M）和物联网（Internet of Things，IoT）这两个关键词备受瞩目。不仅是计算机，物联网还涉及智能手机和家用电器这些跟我们生活息息相关的物品和设备。物联网的原理是从安装在这些物品和设备上的传感器处收集信息，并通过互联网对其加以灵活运用。

本书面向那些想在系统开发中应用物联网的工程师，从设备、传感器以及传输协议（MQTT）等构成物联网的技术要素的基础知识讲起，逐步深入到如何灵活运用物联网。

要想应用传感器，除了传感器的知识以外，我们还需要掌握硬件和软件的知识、用于分析传感器数据的知识等。本书内容包括用于实现物联网的架构、传感器的种类以及能从传感器获取的信息等基础知识，并进一步介绍了感测设备原型设计所必需的 Arduino 等主板及这些主板的选择方法，连接传感器的电路，传感器的数据分析，乃至物联网跟智能手机 / 可穿戴设备的联动等。这些都是工程师在运用物联网之前需要事先了解的知识。此外，本书以作者们开发的物联网系统为例，讲述了与硬件和无线通信相关的一些特有问题，设置设备的窍门以及网络安全等，除此之外，书中还提到了一些运用物联网系统时会出现的问题和必备的诀窍。

本书适合想要了解物联网的基础知识和整体情况，或是今后要从事物联网和机器对机器通信系统规划或开发的人士，以及所有对物联网系统开发抱有兴趣的工程师阅读。

前　言

这是一本解说物联网的书。物联网整体服务的开发需要灵活应用传感器和各类设备，本书就是为那些准备从事这种开发的硬件和软件工程师编写的。

相信大家近来也经常听到物联网这个词吧。物联网是通过互联网把我们身边的各种物品连在一起，并提供服务的一种机制。它可以给大家的生活带来如同科幻电影一般的体验。

一方面，物联网利用的技术是以现有 Web 服务中使用的技术和互联网为基础的。另一方面，为了了解传感器和各类设备的用途，我们需要掌握一些相关的硬件及嵌入式软件知识。

Web 服务和互联网的知识是 IT 工程师的专长，而传感器和设备的知识就是嵌入式工程师和硬件工程师的拿手好戏了。我们必须灵活应用这两类工程师各自擅长的领域才能实现物联网。此外，物联网还会用到数据科学家擅长的技术领域，即对设备所传输的信息进行分析的技术以及机器学习的相关内容。

当然，如果这些工程师能把彼此擅长的技术聚合到一起，就能实现物联网了。然而要是不理解对方领域的基础知识，他们就难以相互理解，实现物联网也就非常困难。因此本书的写作目的就在于帮助大家，即使在开始物联网项目时碰到了自己不懂的领域也不至于手足无措。

首先，我们将在第 1 章中总览物联网，然后在第 2 章中围绕 Web 服务使用的技术，就物联网服务的实现方法予以说明。第 3 章会详细解说设备开发中需要把握的重点，而第 4 章则以先进的传感器为题，为大家介绍近年来取得惊人进步的自然用户界面（Natural User Interface，NUI）和 GPS 等感测系统。第 5 章会为大家介绍一些运用物联网服务时的诀窍和需要注意的地方。第 6 章到第 8 章则涵盖数据分析、可穿戴设备以及机器人等跟物联网紧密相连的领域。

本书旨在帮助大家迈出全面了解广阔的物联网技术领域的第一步，

可以说相当于物联网开发的路标。书中涉及的各领域知识，既有大家已经知道的，也有大家完全不了解的。若本书能够作为路标，在大家开发服务时起到一点指明方向的作用，那我们将感到万分荣幸。

作者代表　河村雅人

目 录

第1章

物联网的基础知识

1.1 物联网入门

首先我们来了解一下学习物联网所需的基础知识。

1.1.1 物联网

大家在听到物联网时，脑海中会出现一个什么样的印象呢？

物联网的英语是 Internet of Things，缩写为 IoT，这里的“物”指的是我们身边一切能与网络相连的物品。例如您身上穿着的衣服、戴着的手表、家里的家用电器和汽车，或者是房屋本身，甚至正在读的这本书，只要能与网络相连，就都是物联网说的“物”。

就像我们用互联网在彼此之间传递信息一样，物联网就是“物”之间通过连接互联网来共享信息并产生有用的信息，而且无需人为管理就能运行的机制。这样一来，就创造出了一直未能实现的魔法般的世界。

1.1.2 物联网的相关动向

ICT[①] 市场调查公司的 IDC（Internet Data Center，互联网数据中心）调查结果显示，2013 年日本国内物联网市场的市场份额约有 11 万亿日元，预测这个数字在 2018 年大约会增至 2013 年的两倍，即 21 万亿日元左右。

物联网市场是由若干个市场形成的，包括作为“物”的设备市场，掌管物与物之间联系的网络市场，还有运营管理类的平台市场，分析采集到的数据的分析处理市场等（图 1.1）。

---

① 信息、通信和技术三个英文单词的首字母组合（Information Communication Technology，简称 ICT）。——译者注（本书脚注均为译者注）

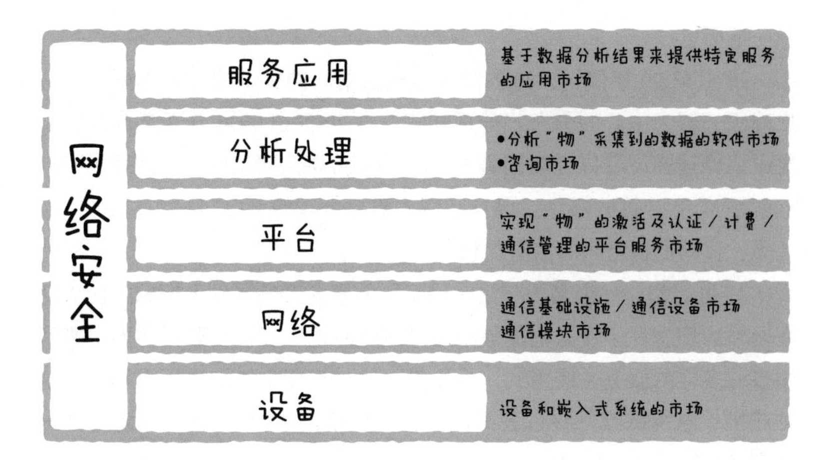

图 1.1　物联网的相关市场

说起创建物联网市场的要素，那就要提到通信模块价格趋向低廉以及云服务的普及。英特尔公司在 2014 年 10 月将一款名为英特尔 Edison 的单板计算机投入了市场。这款单板机在一个只有邮票大小的模块上搭载了双核双线程的 CPU 和 1 GB 内存、4 GB 的存储空间、双频的 Wi-Fi 以及蓝牙 4.0。除此之外，微软还公布了名为 Microsoft Azure Intelligent Systems Service（Azure 智能系统服务）的解决方案，它负责用云技术实现数据管理和处理，以及通信管理等功能。

此外，在平台、分析处理和网络安全等方面，针对物联网的产品和服务也已经开始投入市场。物联网市场今后的重点在于跟熟悉各垂直市场的从业者加强合作，积极提供试验环境以及开发贴近用户生活的服务项目。

1.2　物联网所实现的世界

1.2.1　"泛在网络"社会

在讲物联网所实现的世界之前，我们先从"连接网络"的观点来回顾一下历史。

20 世纪 90 年代初，过去以大型机为中心的集中式处理逐渐向以客户端服务器为中心的分布式处理转移。自 20 世纪 90 年代后期起，新型集中式处理围绕着以互联网和 Web 为代表的网络形成了一股发展趋势。这就是 Web 计算的概念。以互联网为媒介，人们可以轻松实现 PC、服务器、移动设备之间的信息交换。

21 世纪初，一个名为“泛在网络”的概念开始受到人们的关注。泛在网络的理念在于使人们能够通过“随时随地”连接互联网等网络来利用多种多样的服务（图 1.2）。近年来，通过智能手机和平板电脑，甚至游戏机、电视机等一些过去无法连接到网络的“物”，就可以随时随地访问互联网。

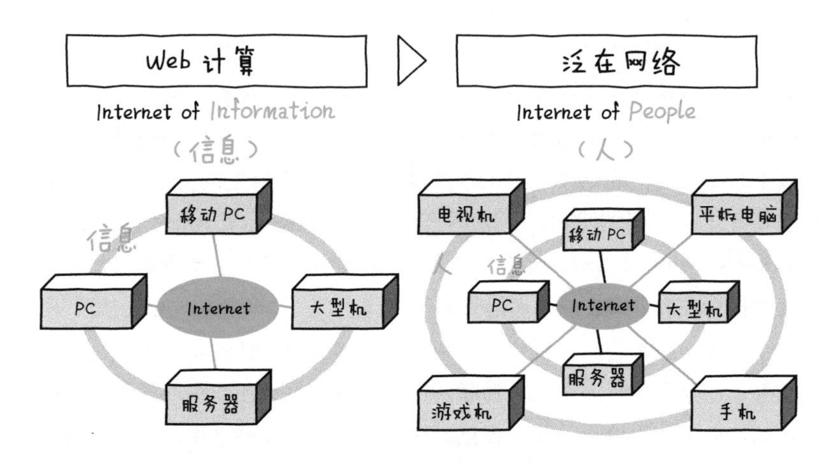

图 1.2 泛在网络可以让人们随时随地访问网络

1.2.2 “物”的互联网连接

随着宽带的普及，泛在网络社会日益得到实现。此外，能搭载在机器上的超低功耗传感器投入市场、无线通信技术进步等，都促使除了电脑、服务器和智能手机等传统连接互联网的 IT 相关设备以外，各种各样的“物”也可以连接互联网（图 1.3）。以汽车、家用电器以及房屋为开端，近来，眼镜和手表、饰品这些戴在身上的“物”也连接上了互联网并开始得到应用，如 Google Glass 和 Apple Watch。

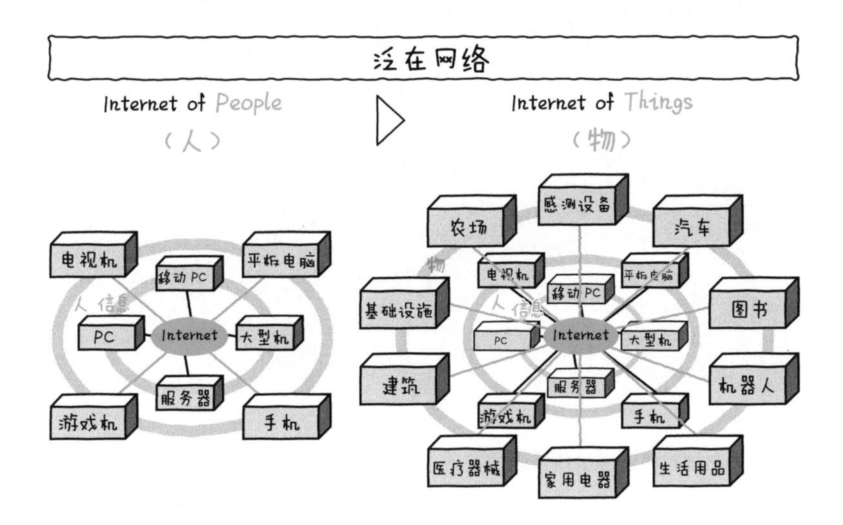

图 1.3　连接互联网的各种各样的“物”

形形色色的“物”都能与互联网相连，这一点大家都已经了解了。那么这种“相连”会产生什么呢？它又是如何给人们的生活带来方便的呢？下面，就来看看物联网带给我们的世界吧。

1.2.3 机器对机器通信所实现的事

在物联网的实现方面，近年来机器对机器通信等关键技术备受人们关注（图 1.4）。物联网和机器对机器通信在很多方面可以视作同一个意思，但从严格意义上来说二者是不同的。机器对机器通信是不经人为控制的、机器和机器之间的通信；也就是说，多数情况下它表示的是机器和机器自动交换信息的整体系统。另一方面，物联网则大多含有给信息接收者提供服务的含义，它比机器对机器通信的概念范围更广。

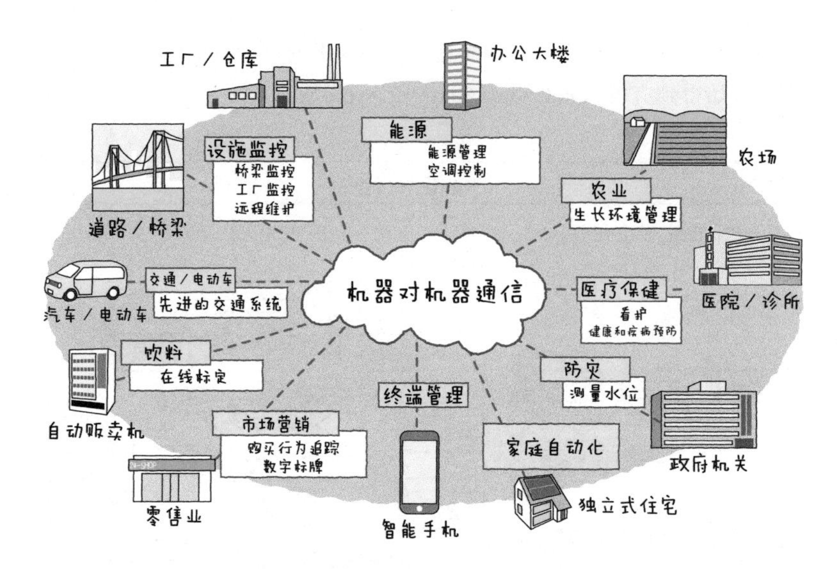

图 1.4　机器对机器通信所实现的社会

泛在计算的世界是一个所有的“物”都内置计算机中，随时随地可以得到计算机帮助的世界。而机器对机器通信支撑着泛在计算的世界，并通过支撑社会的基础设施——智能社区和智能电网等形式逐步得到实现。

此外，机器对机器通信不仅可以通过 3G 和 LTE 电路的信息系统实现，还可以通过本地网络中的无线通信和有线通信来实现。

除了企业内的信息和互联网的信息以外，我们还能够灵活应用来自机器的信息。这样一来也就掌握了现实世界中的情况变动，尤其是提高了企业中的信息应用度。

1.2.4 物联网实现的世界

大家已经知道，我们可以借助机器对机器通信采集和积累信息，并灵活运用从信息中分析出的数据来方便我们的生活。那么，如果在此基础上把数百亿台设备都连接上物联网，又会如何呢？

以前，人们通过让少数昂贵的工业机械通信，来实现对“物”的远程控制。今后，人们将更多地以低廉的价格大量生产面向用户的机器，并让这些机器通信。也正因应用了从这些“物”中获取的数据，各种各样的服务才如雨后春笋般涌现出来。此外，先进感测技术的普及实现了人类对现实世界的掌握和预测，通过实时且海量地搜集人、物、社会和环境的数据，也有望进行新型社会基础设施的构建，例如强化产业竞争力、建设都市和社会制度、监测灾害等异常情况。

除了那些一眼就能看明白的设备，具有连通性（机器和系统间的互联性和关联性）的设备也在不断地随处增加。物联网的趋势指的就是这一现象。通过本章，我们再深入地看一下物联网所实现的是一个怎样的世界。

1. 智能设备

2. 具备连通性的“物”

3. 网络

4. Web 系统

5. 数据分析技术

大家认为把这些因素组合到一起，将会产生出一个怎样的充满革新性的服务呢？

举个例子，市面上已经出现了很多叫作智能家居的设备，其用途是控制智能住宅。飞利浦 Hue 是一款能通过 IP 网络来控制自身亮度和光色的灯泡。Nest 是一种机器控制器，它能学习如何控制空调等机器以及如何设定这些机器的目标值。如果把它们与 Web 系统和可穿戴设备等智能设备组合在一起，还能实现由住宅主动根据人的动作和身体状况来调整环境（图 1.5）。

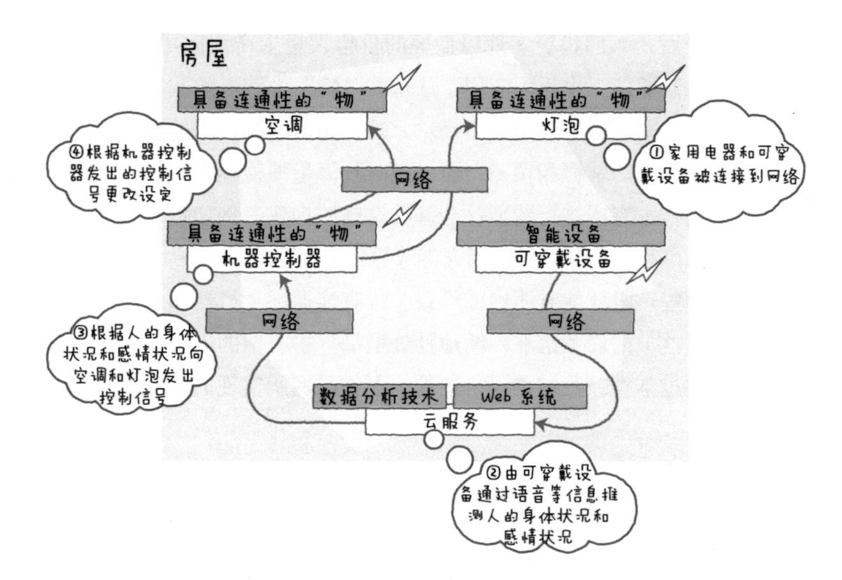

图 1.5　根据人体状况自动控制环境——以智能家居为例

可以说，当下的趋势之一就是不停留在单纯的控制层面，而是像“凭借短距离通信实现自主控制和自动化”及“通过机器学习实现自动判断”这样，给事物增添附加价值。

COLUMN

蓬勃发展的标准化活动

除 IETE①、3GPP②、ITU③ 等标准化团体以外，民间企业也围绕物联网积极地开展了活动。

2013 年 12 月，在美国高通公司的支持下，家电厂商的横向性物联网推进联盟 AllSeen Alliance 成立了。该联盟的意图在于越过厂商这道高墙，规划一种统一规格，让冰箱、烤箱及电灯等所有电器都能通过互联网实现协作。

① The Institution of Electronics and Telecommunication Engineers：电子与电信工程师协会。

② Third Generation Partnership Project：第三代合作伙伴计划。

③ International Telecommunication Union：国际电信联盟。

2014年7月，在英特尔和三星的推动下，物联网联盟OIC①成立了。该联盟旨在为物联网相关机器的规格和认证设立标准。

可想而知，今后物联网普及的关键在于各厂商是否采用这种开放性规格。作为从事物联网的工程师，在选定产品时还得把这种标准化动向考虑进去，这一点是重中之重。

1.3 实现物联网的技术要素

要实现物联网，需要很多技术要素。除了传感器等电子零件和电子电路以外，还包括Web应用中经常用到的技术，以及数据分析等。本书将会为大家整体解说这些技术。个别详细内容在第2章及以后的章节中会提到，这里我们先来总览一下本书将会讲解的全部内容。

1.3.1 设备

物联网与以往的Web服务不同，设备在其中担任着重要的作用。设备指的是一种“物”，它上面装有一种名为传感器的电子零件，并与网络相连接。比如大家拿着的智能手机和平板电脑就是设备的一种。家电产品、我们时刻戴着的手表以及伞等，只要能满足上述条件，就是设备（图1.6）。

① Open Interconnect Consortium：开放互联联盟。

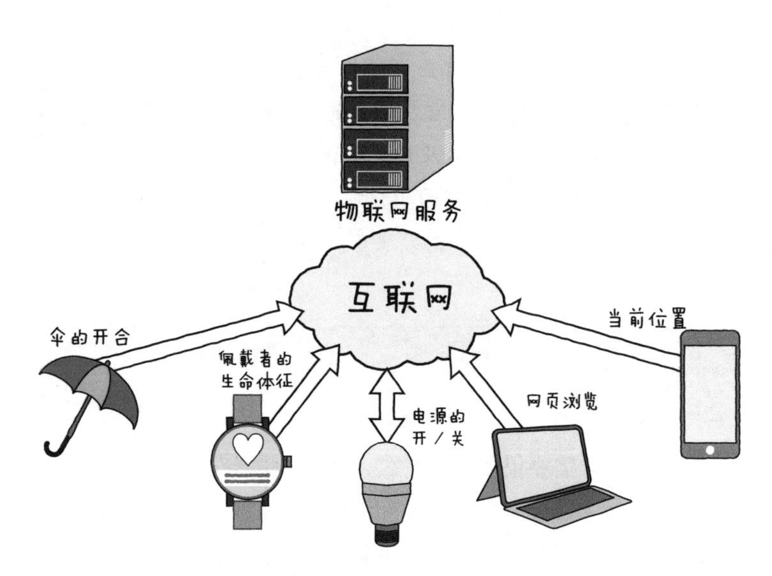

图 1.6 与网络连接的设备

这些设备起着两个作用：感测和反馈。下面我们分别说明它们各自的作用。

◉感测的作用

感测指的是搜集设备本身的状态和周边环境的状态并通知系统（图 1.7）。这里说的状态包括房门的开闭状态、房间的温度和湿度、房间里面有没有人，等等。设备是利用传感器这种电子零件来实现感测的。

打个比方，如果伞上有用于检测其开合的传感器并具备连接网络的功能，那么多把伞的开合状态就可以被检测到。利用这一点就能调查出是否在下雨。在这种情况下，如果一个地区有多把伞打开，就可以推测出该地区正在下雨。反过来，就能推断出大多数伞都合着的地区没有在下雨。此外，通过感测设备周边的环境还能搜集温度和湿度等信息。

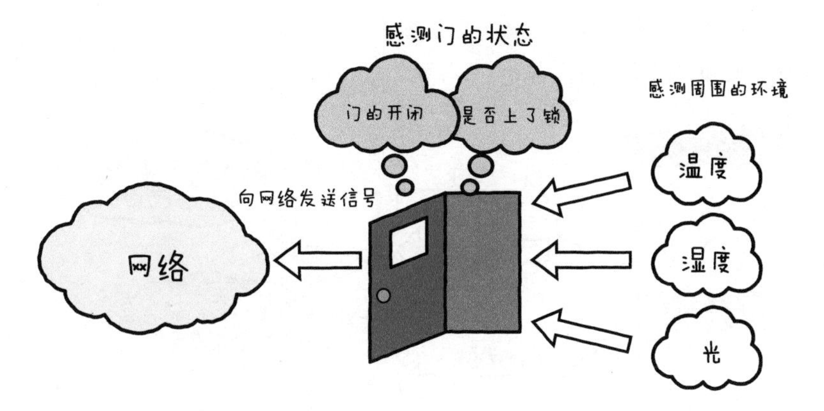

图 1.7 感测的作用

◉反馈的作用

设备的另外一个作用是接收从系统发来的通知，显示信息或执行指定操作（图 1.8）。系统会基于从传感器处搜集到的信息进行一些反馈，并针对现实世界采取行动。

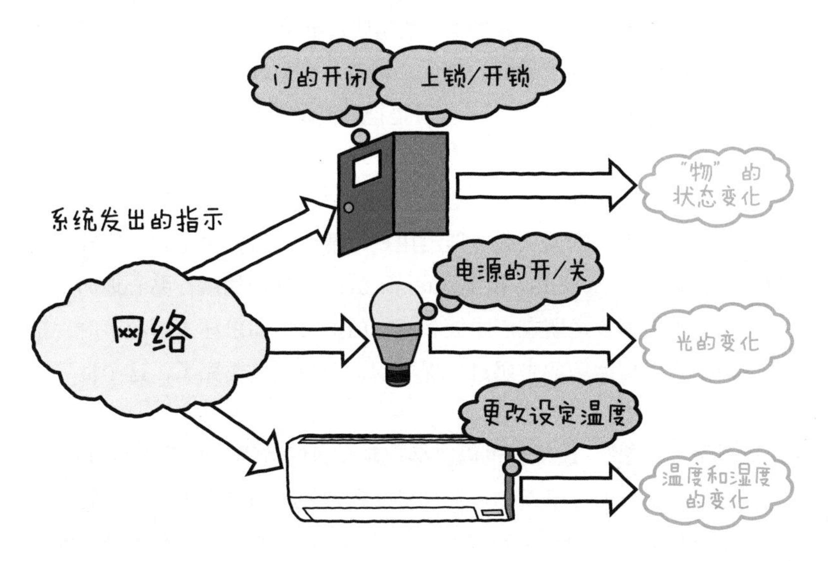

图 1.8 反馈的作用

反馈有多种方法。大体分成如图 1.9 所示的 3 种方法，分别是可视化、通知，以及控制。

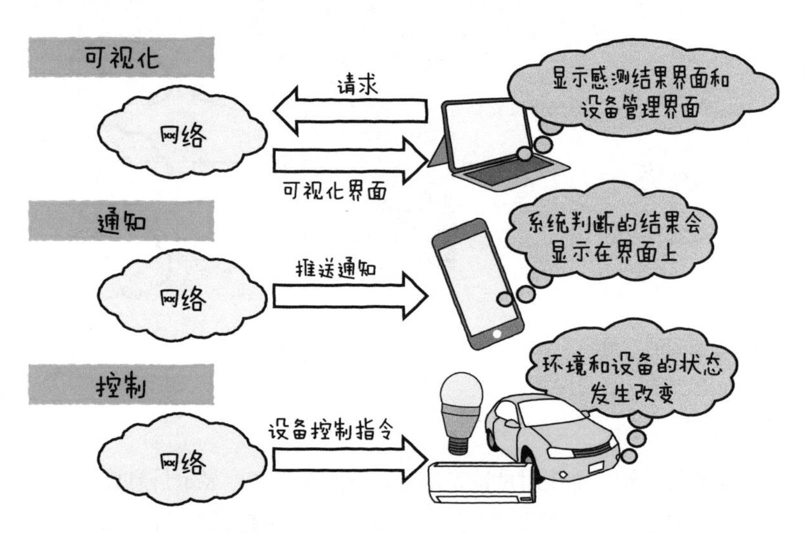

图 1.9 反馈的 3 种方法

比方说，用户通过“可视化”就能使用电脑和智能手机上的 Web 浏览器浏览物联网服务搜集到的信息。虽然最终采取行动的是用户，不过这是最简单的一个反馈的例子。只要把房间的当前温度和湿度可视化，人就能将环境控制在最适宜的条件下。

利用“推送通知”，系统就能检测到“物”的状态和某些活动，并将其通知给设备。例如从服务器给用户的智能手机推送通知，使其显示消息。近年来，Facebook 和 Twitter 等 SNS 社交应用就在贴心地向我们的智能手机频繁推送朋友们吃饭和旅行的消息。如果你去逛超市时，推送通知能告诉你冰箱的牛奶过了保质期，洗涤用品卖完了，这个世界岂不就更方便了吗？

利用“控制”，系统就可以直接控制设备的运转，而无需借助人工。假设在某个夏天的傍晚，你正在从离家最近的车站往家走，你的智能手机会用 GPS 确定你现在的位置和前进的方向，用加速度传感器把你的步速通知给物联网服务。这样一来，服务就能分析出你正在回家的路上，进而从你的移动速度预测你到家的时间，然后发出指示调节家里空调的温度并令其开始运转。这样当你回到家的时候，家里就已经很舒服了。

1.3.2 传感器

要想像前文说的那样搜集设备和环境的状态，就需要利用一个叫作传感器的电子零件。

传感器负责把物理现象用电子信号的形式输出。例如有的传感器可以把温度和湿度作为电子信号输出，还有的传感器能把超声波和红外线等人类难以感知的现象转换成电子信号输出。

数码相机上使用的图像传感器也能把进入镜头的光线捕捉成 3 种颜色的光源，并将其转换成电子信号。因此它也可以归在传感器的分类里。传感器的种类如图 1.10 所示。关于这些传感器的种类和它们各自的结构，我们会在第 3 章详细介绍。

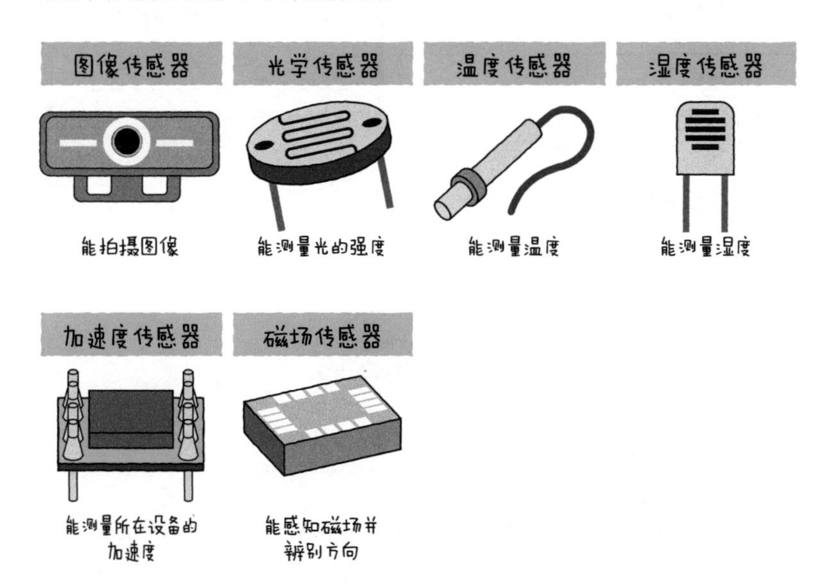

图 1.10 具有代表性的传感器的种类

通过传感器输出的电子信号，系统就能够获取现实世界的“物”的状态和环境的状态。

人们很少单独利用这些传感器，通常都是将它们置入各种各样的“物”里来加以利用。最近的智能手机和平板电脑就内置了很多传感器，例如用于检测画面倾斜度的陀螺仪传感器和加速度传感器，采集语音的麦克风，用于拍摄照片的相机，具备指南针功能的磁场传感器。

还有一种东西叫作传感器节点，它把传感器本身置入环境中搜集信息。传感器节点是集蓝牙和 Wi-Fi 等无线通信装置与电池为一体的传感器。我们把这些传感器连接到一种叫作网关的专用无线路由器来进行传感器数据的搜集（图 1.11）。

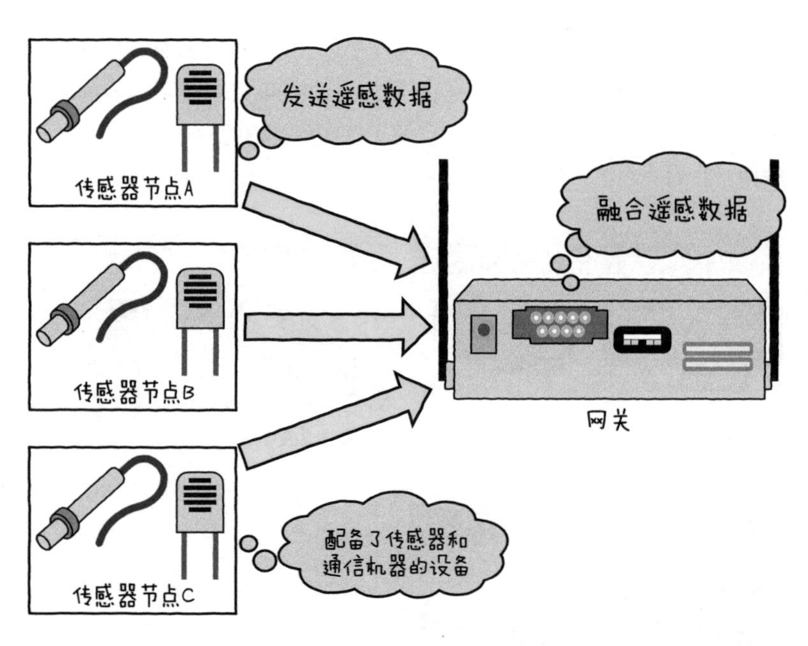

图 1.11 传感器节点和网关

比如，在农场测量植物的栽培环境时，或是检测家里房间的温度和湿度时，就可以利用这些传感器节点。除此之外，市面上还有各种各样用于医疗保健的可穿戴设备，这些设备上装有加速度传感器和脉搏计，人们可以利用这些设备管理自己的生活节奏和健康状况。

这样一来，物联网服务就能利用传感器获取设备、环境、人这些

“物”的状态。自己想实现的服务都需要哪些信息，为此应该利用哪种传感器和设备，这些都需要我们仔细分析。

1.3.3 网络

在把设备连接到物联网服务时，网络是不可或缺的。不仅要把设备连接到物联网服务，还得把设备连接到其他设备。物联网使用的网络大体上分为两种：一种是把设备连接到其他设备的网络，另一种是把设备连接到物联网服务的网络（图 1.12）。

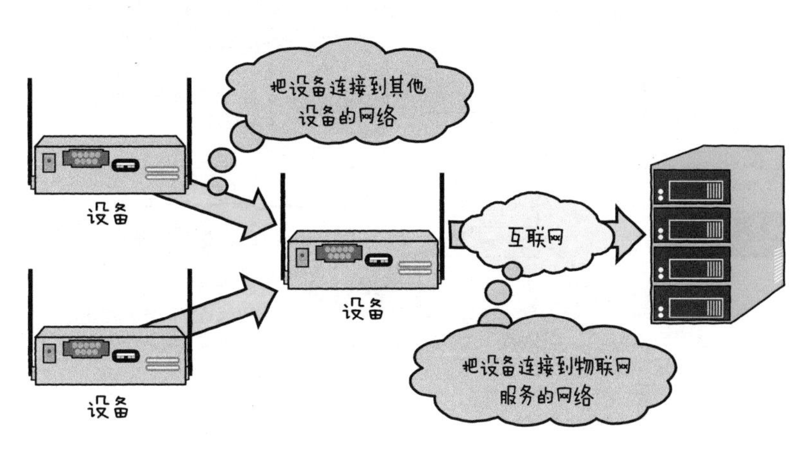

图 1.12 用于物联网的两种网络

◉把设备连接到其他设备的网络

无法直接连接到互联网的设备也是存在的。我们通过把设备连接到其他设备，就能通过其他设备把这些不能连接到互联网的设备连接到互联网。前面我们介绍的传感器节点和网关正是两个典型的例子。此外，还有通过智能手机把可穿戴设备采集到的数据发送给物联网服务这一办法。

蓝牙和 ZigBee 是两种具有代表性的网络标准。它们采用无线通信技术，利用的通信协议也是固定的。这些协议的特征有采用擅长近距离通信的无线连接、低功耗、易于嵌入嵌入式设备等。

要把设备连接到其他设备，除了 1 对 1 之外，还可以采用 1 对 *N*、

N 对 N 的方式连接。特别是 N 对 N 连接的情况，我们称这种情况为网状网络（图 1.13）。

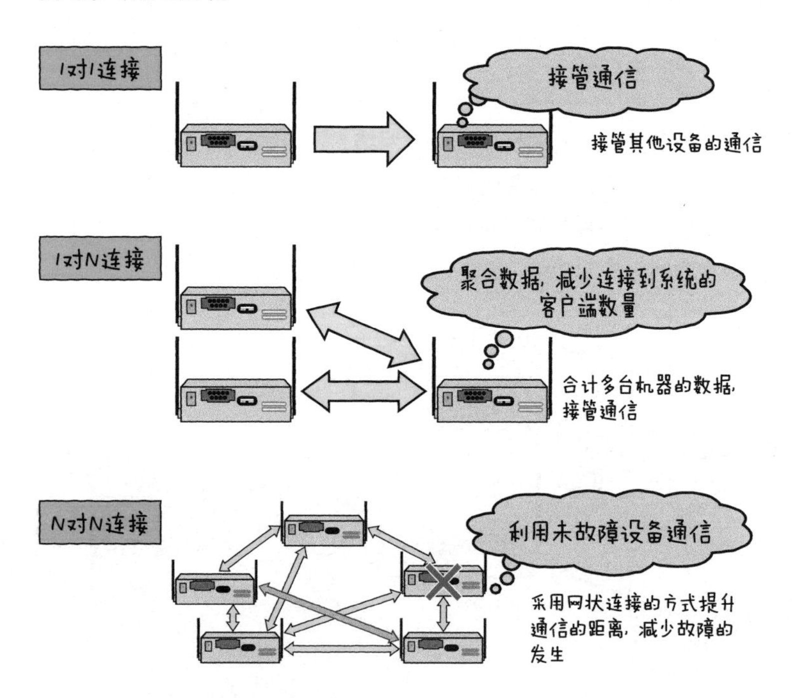

图 1.13 设备之间的网络连接

有一种与网状网络对应的通信标准，名为 ZigBee。通过采用 N 对 N 的通信方式，设备可以一边接管其他的设备，一边进行远程通信。除此之外它还有一个优点，那就是即使有一台设备发生故障无法通信，其他设备也会代替它来执行通信。

关于上述设备的通信规格我们会在第 3 章讲解。

◉把设备连接到服务器的网络

把设备连接到物联网服务的网络时，会用到互联网线路。3G 和 LTE 等移动线路最为常用。

除了现在 Web 服务中广泛使用的 HTTP 和 WebSocket 协议以外，还有一些专为机器对机器通信和物联网而产生的轻量级协议，如 MQTT

等。关于该协议，我们会在第 2 章进行详细说明。

1.3.4 物联网服务

物联网服务有两个作用：一是从设备接收数据以及发送数据给设备；二是处理和保存数据（图 1.14）。

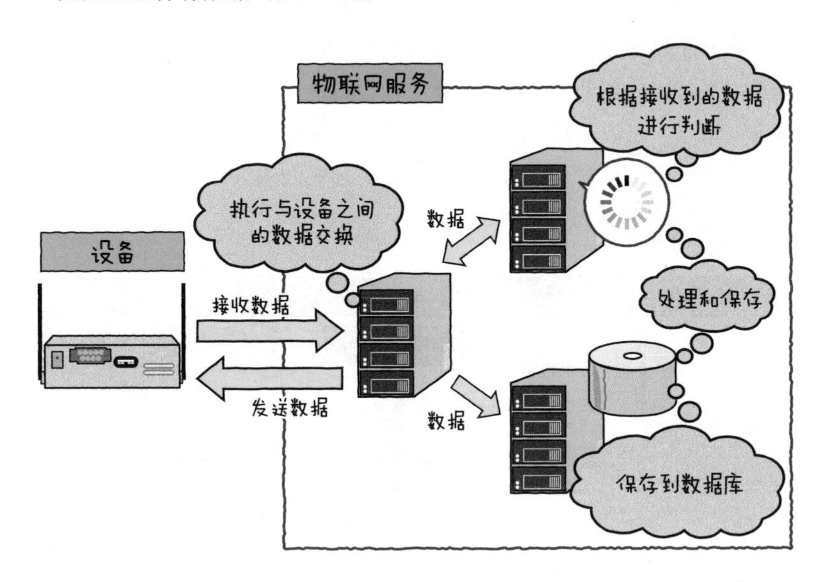

图 1.14　Web 系统的作用

我们来具体看一下这两个作用。

◉数据交换

通常的 Web 服务会根据 Web 浏览器发送的 HTTP 请求发送 HTML，然后用 Web 浏览器显示。物联网服务则不采用 Web 浏览器，而是接收从设备直接发来的数据。设备发来的数据内容包括设备搭载的传感器所采集到的信息，以及用户对设备进行的操作。设备和物联网服务的通信方法大致分为两种：同步传输和异步传输（图 1.15）。

在同步传输的情况下，设备发送数据时会把数据发送给物联网服务。接下来直到物联网服务接收完数据之前，不管设备向物联网服务发送多少次数据，都算作一次传输。反过来，物联网服务在执行对设备的反馈时，则是先由设备向物联网服务发送请求消息，然后物联网服务会响应请求并将消息发送给设备。就这种方法而言，直到设备发送请求之前，物联网服务都不能把消息发送给设备。但是这种方法只适用于不知道设备 IP 地址的情况，因为就算不知道设备的 IP 地址，只要设备发送了请求，物联网服务就能把消息发送给设备。

在异步传输中，设备会把数据发送给物联网服务，每发送一次，就算作一次传输。此外，从物联网服务向设备进行传输时，无需等待设备发来的请求，可以在任意时间点执行发送。采用这个方法能在物联网服务规定的任意一个时刻发送消息。但是，物联网服务需要预先知道发送消息的设备的 IP 地址。

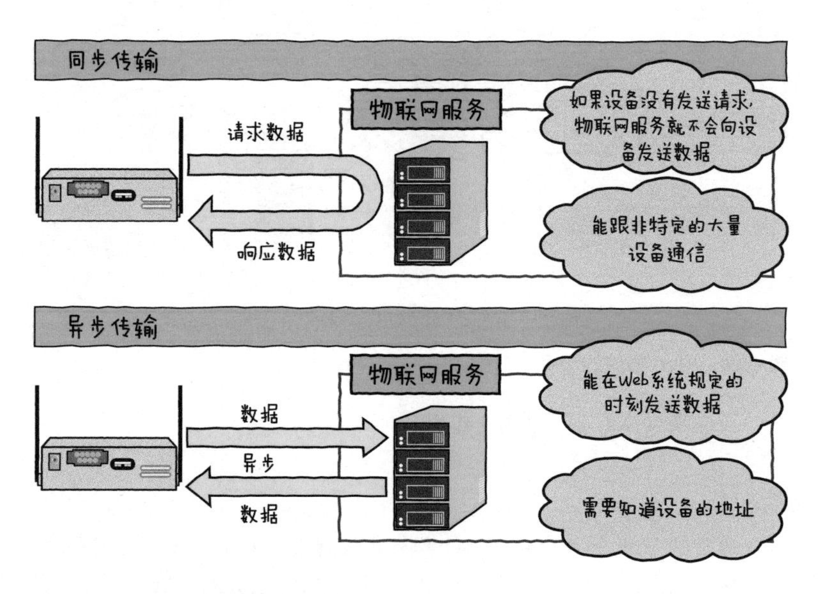

图 1.15 Web 系统和设备的通信

第 2 章会用一些实际使用的协议来讲解这种通信。

◉处理和保存数据

就如大家在图 1.14 看到的那样，处理和保存数据的操作包括把从设备接收到的数据保存到数据库，以及从接收到的数据来判断如何控制设备。

从设备接收到的数据不只有能用计算机简单处理的数值型数据，根据要实现的内容，还包含图像、语音、自然语言这些很难直接用计算机处理、没有被结构化的数据。我们把这种数据叫作非结构化数据。处理时，有时也会把那些易于用计算机处理的数据从非结构化数据中提取出来，例如把表示图像和语音特征的值提取出来。这些信息会被保存到数据库中。

设备按照所提取数据的判断逻辑来决定反馈的内容，例如基于某个房间的温度数据来决定空调的开关状态和目标温度。这些处理和保存的方法大体上分为两种：一种是对保存的数据定期进行采集和处理的批处理，另一种是将收到的数据逐次进行处理的流处理（图 1.16）。

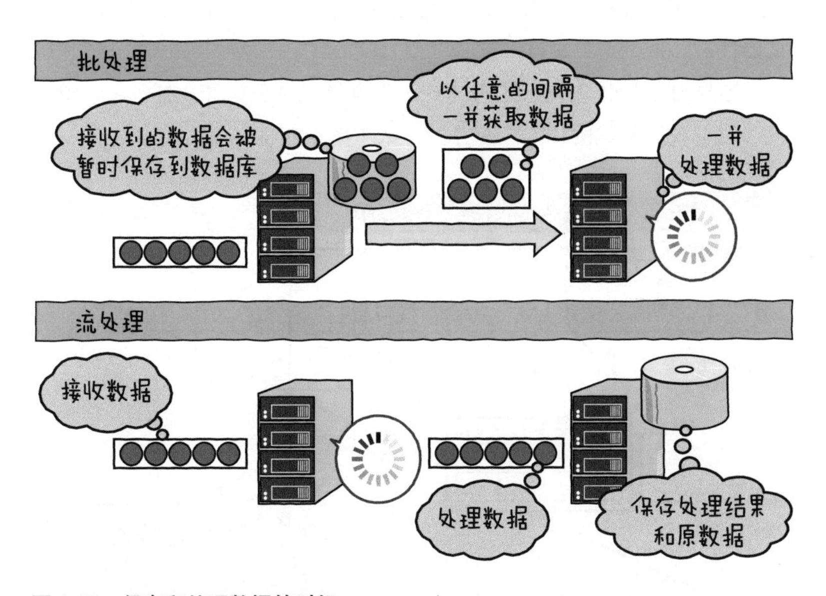

图 1.16　保存和处理数据的时机

根据房间的温度变化来调整空调的运转时，从向空调发出指示到温度发生变化，这中间会需要一段时间。这种情况下就适合采用批处理来持续记录每隔一定时间的温度值，并定期执行处理。此外，如果希望回到房间之后再打开空调，那么就适合采用能立即执行操作的流处理。

1.3.5 数据分析

前一节我们以“温度传感器和空调运转的关系”为例进行了说明。那么我们能像这个例子那样，轻松实现“根据房间温度控制空调”这一目的吗？

要实现这一目的，需要决定控制空调开 / 关的房间温度值，也就是决定温度的阈值。这种情况下，阈值会根据使用者目的而有所不同。举个例子，把空调的功耗降到最小所需要的阈值和保持令人体感舒适的温度所需要的阈值就是两个不同的值。此外，为了能准确判断房间里有没有人，需要从多个传感器的值所包含的关联性来判断人在或不在房间里。人类很难光凭经验去摸索和决定这种值。这就凸显出了数据分析的重要性。

数据分析的代表性方法有两种，分别是统计分析和机器学习。这里就来看看我们用这两种方法能办到什么（图 1.17）。

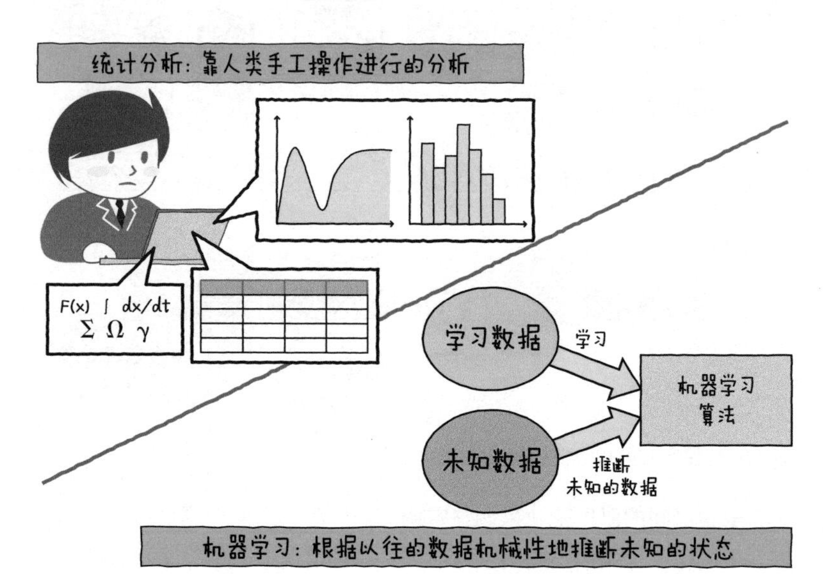

图 1.17　数据分析的两种方法

◉统计分析

统计分析是用数学手法通过搜集到的大量数据来明确事物的联系性的方法。比如为了实现给空调节能的目的，我们调查了空调在某个固定的温度下运转时，房间的温度和空调的耗电量，并将这些数据制成了表格（图 1.18）。

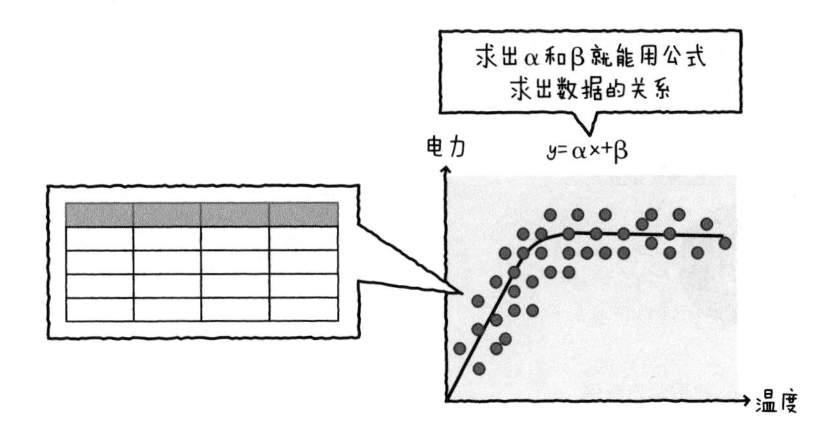

图 1.18 空调的电力和室温的关系示例

从这个关系中可以推导出在室温下把空调温度设定在多少才能最省电，由此就能决定阈值了。

上述示例采用的是先填表再分析的方法，除此之外还有一种叫作回归分析的统计方法，此方法我们会在第 6 章详细说明。

◉机器学习

统计分析基于大量数据之间的联系性，明确当前数据间形成的关联。机器学习则不仅仅能进行分析，还能预测今后的发展状况。

机器学习就如它的字面意思一样，计算机会按照程序决定的算法，机械性地学习所给数据之间的联系性。当给出未知数据时，也会输出与其对应的值。

机器学习分为两个阶段：学习阶段和识别阶段（图 1.19）。在学习阶段，一个名为学习器的程序会基于一些训练数据，机械性地掌握这些数据之间的联系。作为学习阶段的结果，计算机会根据机器学习的算法输出参数，然后以这个参数为基础创建叫作鉴别器（discriminator）的程序。只要把未知的数据给这个鉴别器，就能输出最适合这个值的结果。

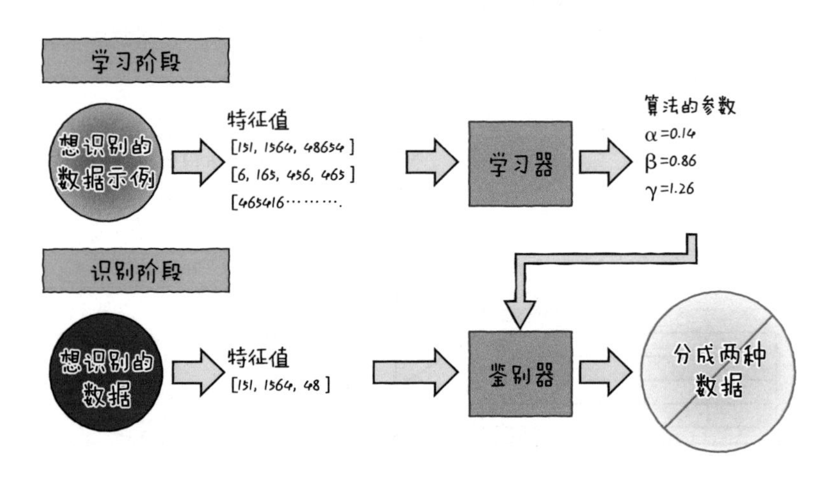

图 1.19　机器学习示例

举个例子，假设我们想使用若干种传感器来识别房间里有没有人。这种情况下需要准备两种数据，即房间里有人时的传感器数据（正面例子）和房间里没人时的传感器数据（反面例子）。计算机通过把这两种数据分别交给学习器，可以获取制作鉴别器用的参数。对于以参数为基准制作的鉴别器而言，只要输入从各个感测设备接收到的数据，鉴别器就能输出结果，告诉我们现在房间里是否有人。

上述内容属于机器学习的示例之一，被称作分类问题。在用于执行数据分类的机器学习算法中有很多途径，如用于垃圾邮件过滤器的贝叶斯过滤器和用于分类文档及图像的支持向量机（Support Vector Machine，SVM）等。此外，除了分类问题以外，机器学习还能解决很多领域的问题。

第2章

物联网的架构

2.1 物联网的整体结构

实现物联网时，物联网服务大体上发挥着两个作用。

第一是把从设备收到的数据保存到数据库，并对采集的数据进行分析。

第二是向设备发送指令和信息。

本章将会为大家介绍如何构建物联网服务，以及用于实现物联网的重要要素。

2.1.1 整体结构

物联网大体上有 3 个构成要素，如图 2.1 所示。一个是设备，另一个是网关，再来就是服务器。关于设备的基本结构和使用的技术，我们会在第 3 章详细说明。因此本章并不涉及设备。我们来详细看一下用怎样的机制才能实现网关和服务器。

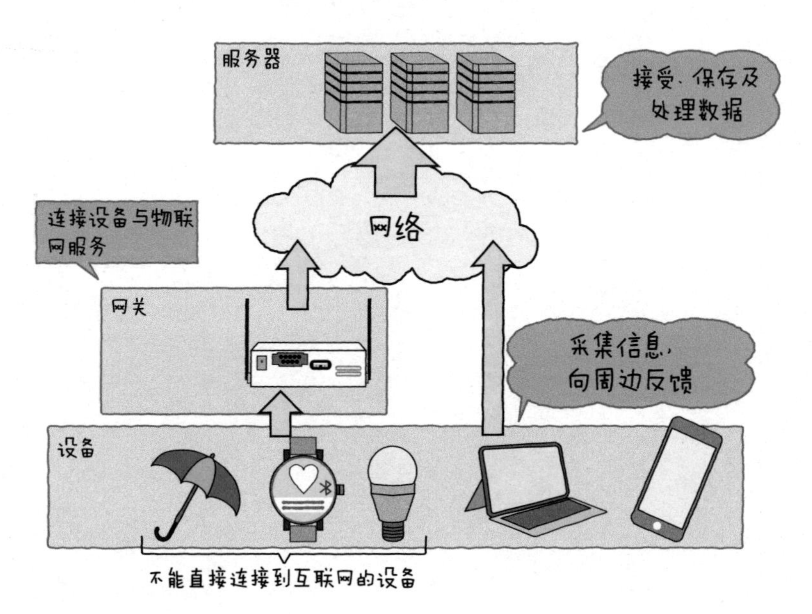

图 2.1　物联网的整体结构

2.1.2 网关

如图 2.1 左下所示，物联网使用的设备中，有 3 台设备不能直接连接到互联网。网关就负责把这些设备转接到互联网。

网关指的是能连接多台设备，并具备直接连接到互联网的功能的机器和软件（图 2.2）。如今，市面上有很多种网关。在多数情况下，网关凭借 Linux 操作系统来运行。

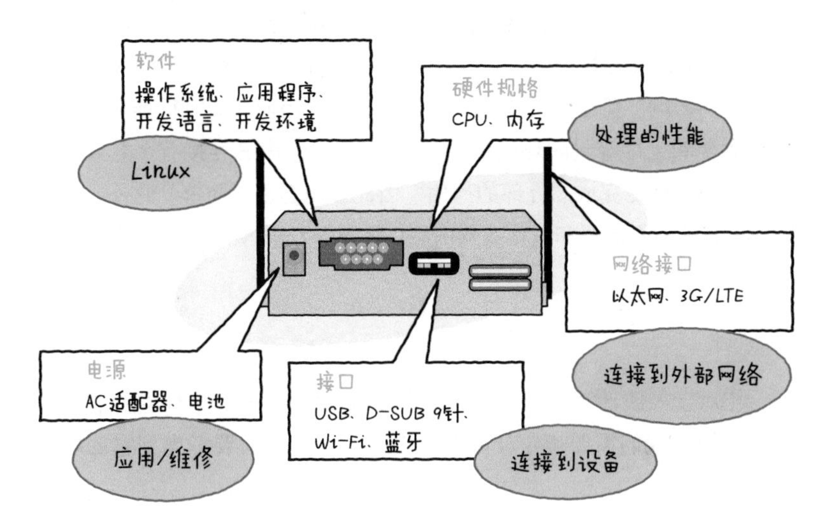

图 2.2 选择网关的标准

选择网关时有几项重要的标准，我们来一起看一下。

◉接口

第一重要的是用于连接网关和设备的接口。网关的接口决定了能连接的设备，因此重点在于选择一个适配设备的接口。

有线连接方式包括串行通信和 USB 连接。串行通信中经常用的是一种叫作 D-SUB 9 针（pin）的连接器，而 USB 连接中用到的 USB 连接器则种类繁多。

无线连接中用的接口是蓝牙和 Wi-Fi（IEEE 802.11）。此外，还有采用 920 MHz 频段的 ZigBee 标准，以及各制造商们的专属协议。第 3 章会详细讲解这些规格各自的特征，重点在于根据设备对应的标准来选择接口。

◉网络接口

我们用以太网或是 Wi-Fi、3G/LTE 来连接外部网络。网络接口会影响到网关的设置场所。以太网采用有线连接，通信环境稳定。然而正因为采用的是有线连接，所以必须把 LAN 电缆布线到网关的设置场所。因此，在设置场所方面就会在某种程度上受到限制。

对 3G/LTE 连接而言，设置场所就比较自由了，但通信的质量会受信号强弱影响，所以通信不如有线连接稳定。因此，有时很难在信号不良的大楼和工厂等封闭环境中设置。不过，3G/LTE 连接有个好处，即只使用网关就能完成和外部的通信，因此操作起来很简单。此外，想使用 3G/LTE 时，需要和电信运营商签订协议并获取 SIM 卡，这点就跟使用手机一样。

◉硬件

相对于一般计算机而言，网关在 CPU 和内存这些硬件的性能方面比较受限。我们需要确定让网关做哪些事情，也需要考虑到它的硬件性能。

◉软件

人们主要使用 Linux 操作系统来运行网关。虽然有很多种用于服务器的 Linux，不过，网关上搭载的 Linux 是面向嵌入式的。

此外，还有一个叫作 BusyBox 的软件，它运行起来占用内存少，集成了标准的 Linux 命令工具。它用于在硬件资源匮乏的时候运行网关。除此之外，还要考虑是否有用于控制网关功能的程序库，以及与这种程序库对应的语言等。

◉电源

说起来，电源很容易被人们遗忘。网关基本上都是使用 AC 适配器当电源的，因此需要事先在设置网关的场所准备好电源。如果网关本身搭载有电池，那么就不需要准备电源了，不过需要进行充电等维护工作。

2.1.3 服务器的结构

在功能方面，物联网服务大体上可分为 3 个部分，本书分别称它们为前端部分、处理部分，以及数据库部分（图 2.3）。

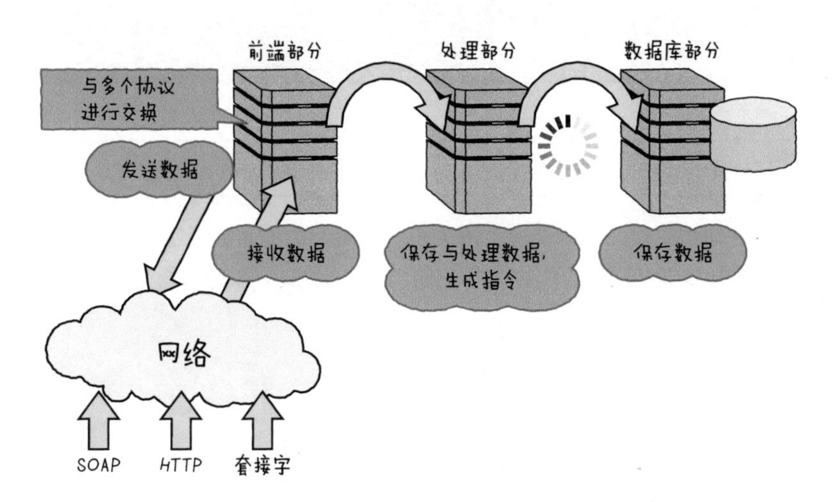

图 2.3 物联网服务的 3 个功能

首先，前端部分包括数据接收服务器和数据发送服务器。数据接收服务器接收设备和网关发来的数据，转交给后续的处理部分。数据发送服务器则刚好相反，它负责把从处理服务器接收到的内容发送给设备。

通常情况下，Web 服务的前端部分只接受 HTTP 协议。而物联网服务的前端部分则需要根据连接设备的不同来匹配 HTTP 以外的协议。使用者需要考虑到协议的实时性和通信的轻量化，以及能否以服务器为起点发送数据。我们会在 2.2 节重新讲解这些协议。

处理部分负责处理从前端部分接收到的数据。这里的“处理”指的是分解数据、存储数据、分析数据、生成发给设备的通知内容，等等。数据处理包括批处理和流处理等，批处理即把数据存入数据库之后一并进行处理，而流处理是逐次处理从前端部分收到的数据。使用者需要根据处理内容和数据特性来灵活使用这些“处理”。

最后是数据库。这里的数据库不只会用到关系数据库，还会用到 NoSQL 数据库。当然，使用者需要根据想存储的数据和想使用的方法来选择数据库。

2.2 采集数据

网关的作用

就如我们前面说的那样，网关是一台用于把不能直接连接到互联网的设备转接到互联网的设备。再往细了说，网关具有 3 种功能（图 2.4）。

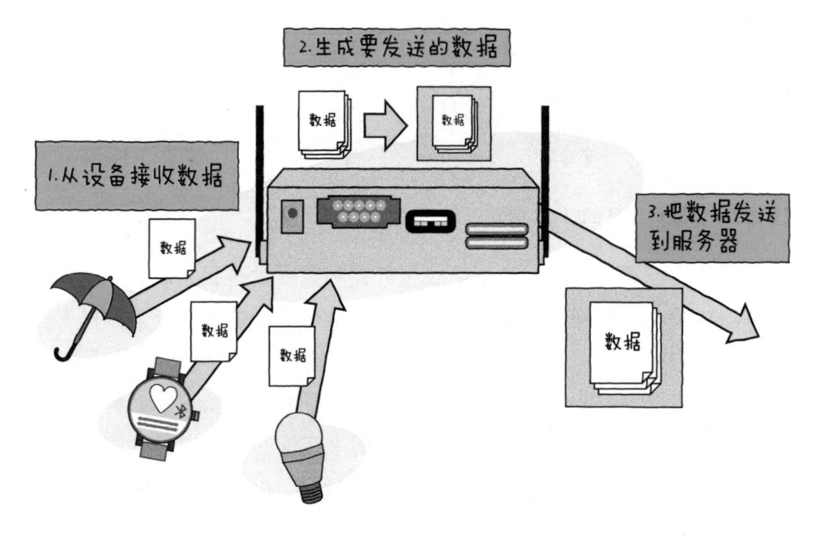

图 2.4　网关的功能

这 3 种功能分别是连接设备功能、数据处理功能和向服务器发送数据的功能。此外，实际使用网关执行应用时，还需要其他的管理应用功能。管理应用功能会在第 5 章单独介绍。

接下来就来详细看看网关的 3 种功能。

◉连接设备

设备和网关是通过各种各样的接口连接的。当通过传感器终端连接时，多数情况下是传感器单方面持续向服务器发送数据。根据设备不同，也存在设备申请从外部获取数据时，服务器向设备发送数据的情况，这时就需要通过网关申请数据。

◉生成要发送的数据

接下来把从设备接收到的数据转化成能发送给服务器的格式。在表示从设备发送到网关的数据时，也有把 4 位二进制数（如二进制数据和 BCD 码）替换成一位十进制数数据来表示的（图 2.5）。这样的数据不会被直接发给服务器，而是在网关处被转化成数值数据和字符串的格式。

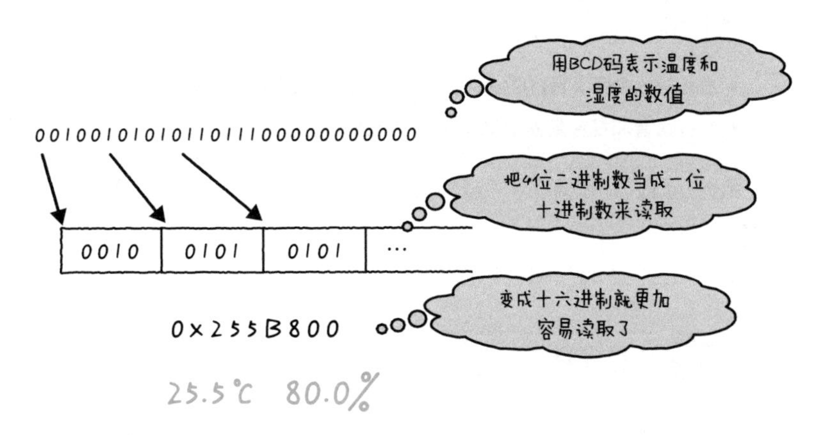

图 2.5 BCD 码

还存在下面这种情况：不把每台设备发来的数据直接发送给服务器，而是将大量数据整合在一起再发送给服务器。这么做有以下两个原因。

第一，通过整合数据能减少数据的附加信息，减少数据量。第二，通过一并发送数据能减轻访问物联网服务时对服务器造成的负担。

◉发送数据给服务器

向物联网服务发送数据。此时，需要根据服务器来决定发送数据的时间间隔和发送数据的协议。另外，为了能从物联网的服务器接收消息，还得事先准备好这种功能。

2.3 接收数据

2.3.1 数据接收服务器的作用

数据接收服务器就跟它的字面意思一样，负责接收从设备发送来的数据。它在设备和系统之间起着桥梁作用。有很多种方法可以从设备把数据发送给服务器，其中具有代表性的包括以下两种方法。

- **准备一个使用了 HTTP 协议的 Web API 来访问设备（如通常的 Web 系统）**
- **执行语音和视频的实时通信（如 WebSocket 和 WebRTC）**

除此之外，还出现了一种名为 MQTT 的、专门针对物联网的新型通信协议。

本章将为大家介绍 HTTP 协议、WebSocket、MQTT 这几个典型协议。

2.3.2 HTTP 协议

HTTP 协议提供的是最大众化且最简易的方法。使用一般的 Web 框架就可以制作数据接收服务器。设备用 HTTP 的 GET 方法和 POST 方法访问服务器，把数据存入请求参数和 BODY 并发送（图 2.6）。

HTTP 协议是 Web 的标准协议，这一点自不用说。因此 HTTP 协议和 Web 的兼容性非常强。此外，因为 HTTP 协议有非常多的技术诀窍，所以我们必须在制作实际系统时审视服务器的结构，应用程序的架构以及安全性等。关于这点，有很多事例值得参考。另外，HTTP 协议还准备了 OSS 的框架，方便人们使用。

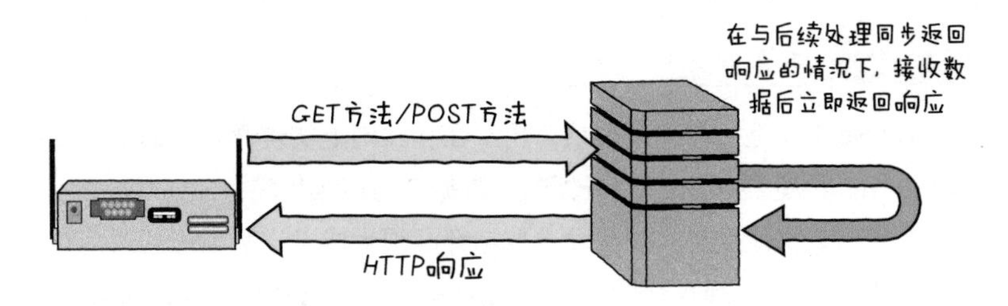

图 2.6 通过 HTTP 协议发送和接收数据

COLUMN REST API

设备应该如何访问物联网服务呢？用 HTTP 协议访问的时候，也得从 GET 和 POST 中选择一种合适的方法来访问。除了物联网服务，一般 Web 服务中公开的 API 也应格外重视这个问题。

在 Web 服务的世界里，有一种思路叫作 RESTful。REST 是一种接口，它为特定的 URL 指定参数并执行访问，作为其响应来获取结果。它通过用多个 HTTP 方法访问一个 URL，来对一个 URL 执行获取和注册数据。这样一来，URL 的作用就易于理解了。

例如，使用 GET 方法访问 /sensor/temperature 就能获取温度传感器的值。使用 POST 方法一并访问传感器数据，就会追加新的传感器数据。

如果想用除了 RESTful 以外的方法实现同样的功能，就需要生成用于获取以往数据的 URL 和追加数据的 URL，并决定其分别用 GET 方法访问还是用 POST 方法访问。RESTful 的思路保证了 URL 设计的简单性，请大家务必审视一下 RESTful 的思路。

2.3.3 WebSocket

WebSocket 是一种通信协议，用于在互联网上实现套接字通信。它实现了 Web 浏览器和 Web 服务器间的数据双向连续传输。

就 HTTP 协议而言，每次发送数据都必须生成发送数据用的通信路径及连接。此外，一般情况下，客户端没有发出申请就不能进行通信。

相对而言，WebSocket 就不同了。只要一开始根据客户端发出的连接申请确立了连接，就能持续用同一个连接传输数据。另外，只要确立了连接，就算客户端没有发出申请，服务器也能给客户端发送数据（图 2.7）。

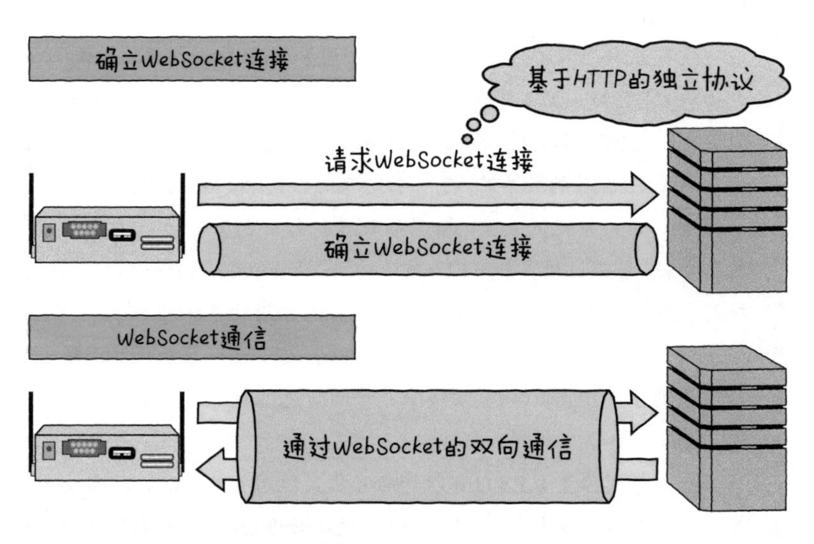

图 2.7　通过 WebSocket 协议传输数据

这样一来，在发送语音数据等连续的数据，以及发生与服务器的相互交换时，就能使用 WebSocket 了。WebSocket 自身只提供服务器与客户端的数据交换，因此需要使用者另外决定在应用层上使用的协议。

2.3.4 MQTT

MQTT（MQ Telemetry Transport，消息队列遥测传输）是近年来出现的一种新型协议，物联网领域会将其作为标准协议。MQTT 原本是 IBM 公司开发的协议，现在则开源了，被人们不断开发着。

MQTT 是一种能实现一对多通信（人们称之为发布或订阅型）的协议。它由 3 种功能构成，分别是中介（broker）、发布者（publisher）和订阅者（subscriber）（图 2.8）。

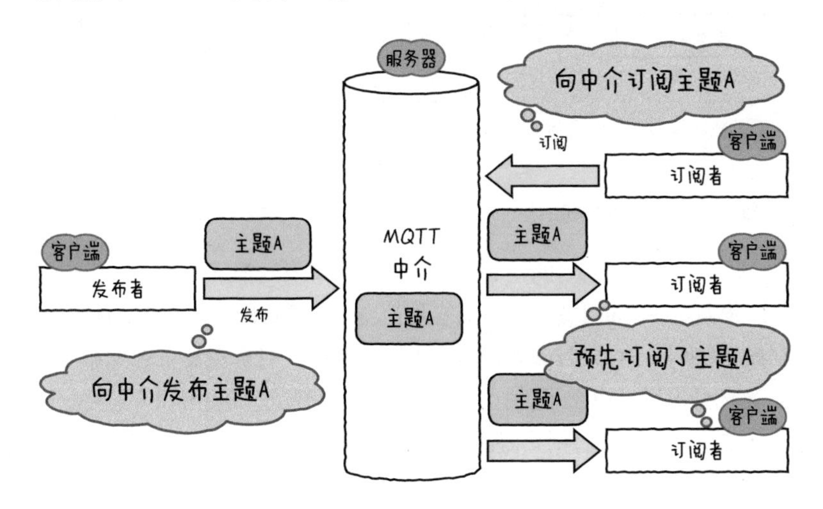

图 2.8 通过 MQTT 传输消息

中介承担着转发 MQTT 通信的服务器的作用。相对而言，发布者和订阅者则起着客户端的作用。发布者是负责发送消息的客户端，而订阅者是负责接收消息的客户端。MQTT 交换的消息都附带“主题”地址，各个客户端把这个“主题”视为收信地址，对其执行传输消息的操作。形象地比喻一下，中介就是接收邮件的邮箱。

再来详细看一下 MQTT 通信的机制（图 2.9）。首先，中介在等待各个客户端对其进行连接。订阅者连接中介，把自己想订阅的主题名称告诉中介。这就叫作订阅。

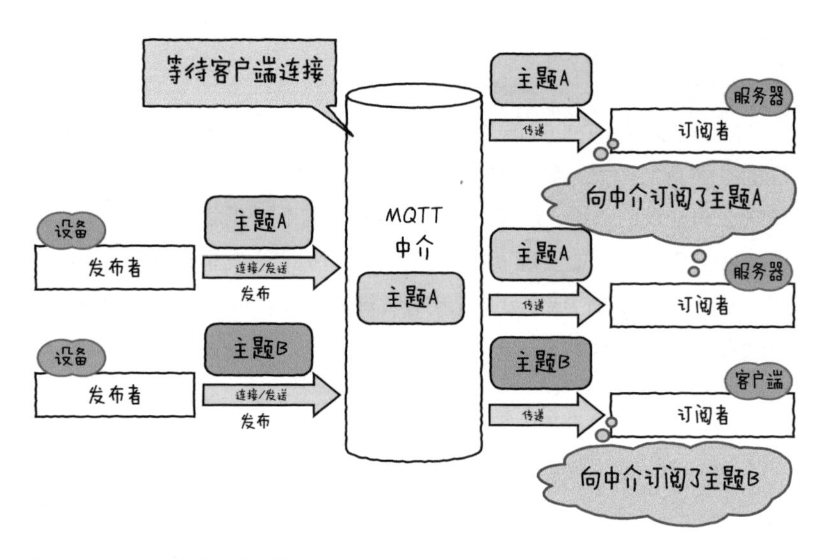

图 2.9　MQTT 通信的机制

然后发布者连接中介，以主题为收信地址发送消息。这就是发布。

发布者一发布主题，中介就会把消息传递给订阅了该主题的订阅者。如图 2.9 所示，如果订阅者订阅了主题 A，那么只有在发布者发布了主题 A 的情况下，中介才会把消息传递给订阅者。订阅者和中介总是处于连接状态，而发布者则只需在发布时建立连接，不过要在短期内数次发布时，就需要保持连接状态了。因为中介起着转发消息的作用，所以各个客户端彼此之间没有必要知道对方的 IP 地址等网络上的收信地址。

又因为多个客户端可以订阅同一个主题，所以发布者和订阅者是一对多的关系。在设备和服务器的通信中，设备相当于发布者，服务器则相当于订阅者。

主题采用的是分层结构。用“#”和“+”这样的符号能指定多个主题。如图 2.10 所示，/Sensor/temperature/# 中使用了“#”符号，这样就能指定所有开头为 /Sensor/temperature/ 的主题。此外，/Sensor/+/room1 中使用了符号“+”，这样一来就能指定所有开头是 /Sensor/、结尾是 /room1 的主题。

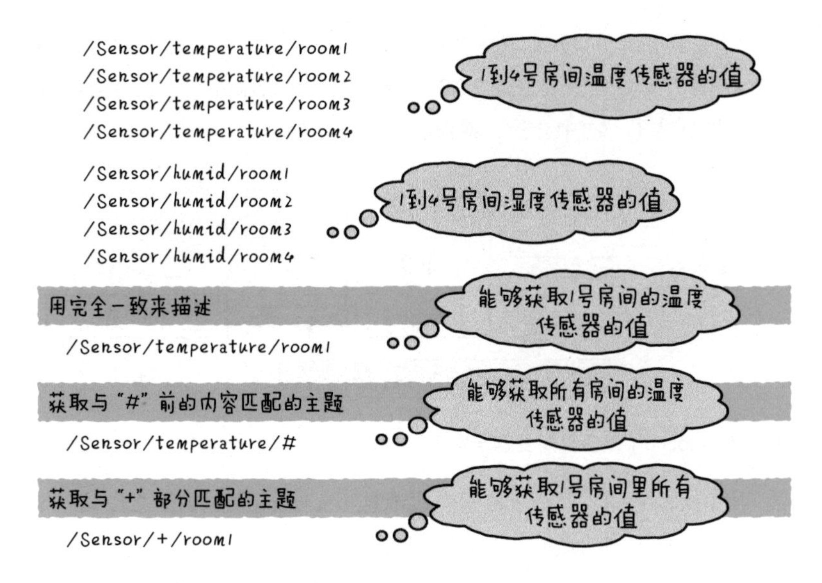

图 2.10 MQTT 的主题示例

像这样借助于中介的发布 / 订阅型通信，MQTT 就能实现物联网服务与多台设备之间的通信。另外，MQTT 还实现了轻量型协议。因此它还能在网络带宽低、可靠性低的环境下运行；又因为消息小、协议机制简单，所以在硬件资源（设备、CPU 和内存等）受限的条件下也能运行，可以说是为物联网量身定做的协议。MQTT 本身还具备特殊的机制，下面我们会对其逐一说明。

◉ QoS

QoS[①] 是 Quality of Service（服务质量）的简称。这个词在网络领域表示的是通信线路的品质保证。MQTT 里存在 3 个等级的 QoS。“发布者和中介之间”以及“中介和订阅者之间”都分别定义了不同的 QoS 等级，以异步的方式运行。此外，当“中介与订阅者之间”指定的 QoS 小于“发布者和中介之间”交换的 QoS 时，“中介与订阅者之间”的 QoS

① Quality of Service：服务质量，指一个网络能够使用各种基础技术，为指定的网络通信提供更好的服务能力，是网络的一种安全机制，也是用来解决网络延迟和阻塞等问题的一种技术。

会被降级到指定的QoS。QoS 0指的是最多发送一次消息（at most once）（图2.11），发送要遵循TCP/IP通信的“尽力服务”[①]。消息分两种情况，即到达了一次中介处，或没有到达中介处。

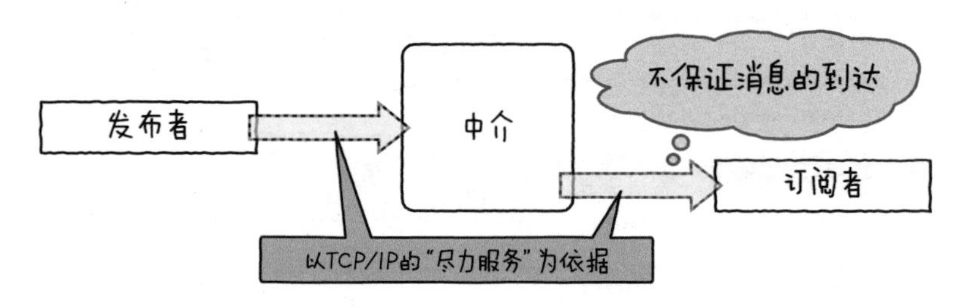

图2.11 QoS 0（最多只能发送一次）

接下来的QoS 1是至少发送一次消息（at least once）（图2.12）。

中介一接收到消息就会向发布者发送一个叫作“PUBACK消息”的响应，除此之外还会根据订阅者指定的QoS发送消息。当发生故障，或经过一定时间后仍没能确认PUBACK消息时，发布者会重新发送消息。如果中介接收了发布者发来的消息却没有返回PUBACK，那么中介会重复收到消息。

最后是QoS 2，它指的是准确发送一次消息（exactly once）。把它跟QoS 1合在一起使用，就能避免接收到重复的消息（图2.13）。用QoS 2发送的消息里面含有消息ID。中介收到消息后会将消息保存，然后给发布者发送PUBREC消息。发布者再给中介发送PUBREL消息，然后中介会给发布者发送PUBCOMP消息。接下来中介才会依据订阅者指定的QoS，向订阅者传递接收到的消息。

---

① Best Effort：尽力服务，标准的因特网服务模式。在网络接口发生拥塞时，不顾及用户或应用，马上丢弃数据包，直到业务量有所减少为止。

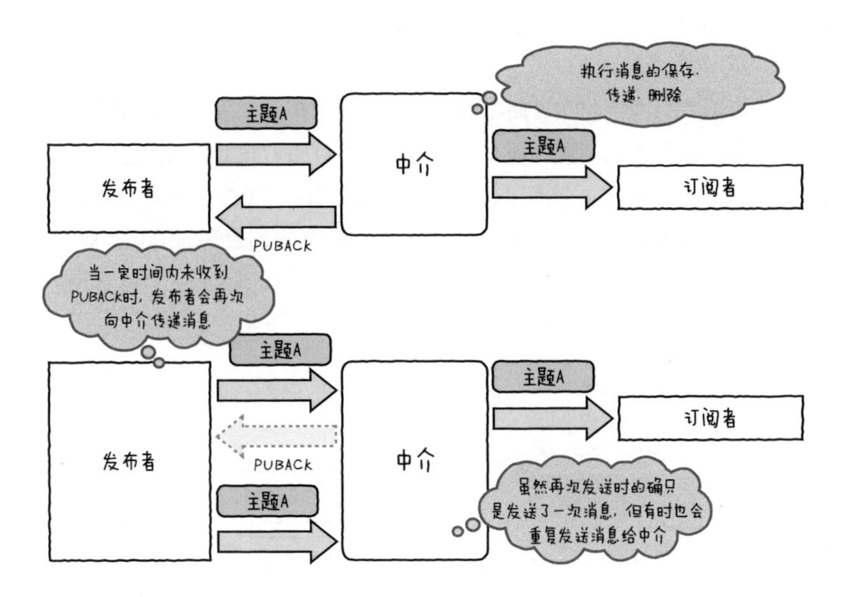

图 2.12 QoS 1(至少发送一次消息)

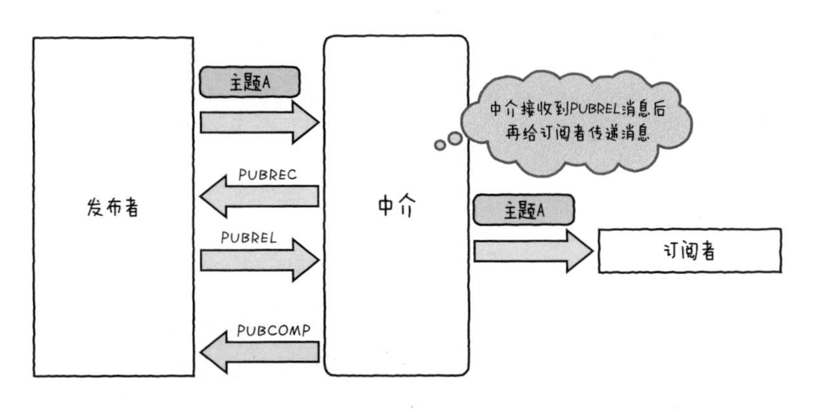

图 2.13 QoS 2(只发送一次消息)

此外，就 QoS 2 而言，有时使用的中介会影响消息的传递时间。

人们通常使用的是 QoS 0，只有要确保信息发送成功时才使用 QoS 1 和 QoS 2，这样一来可以减少网络的负担。后文将会讲到 Clean session，其中 QoS 的设定也是非常重要的。

◉ Retain

订阅者只能接收在订阅之后发布的消息，但如果发布者事先发布了带有 Retain 标志的消息，那么订阅者就能在订阅后马上收到消息。

当发布者发布了带有 Retain 标志的消息时，中介会把消息传递给订阅了主题的订阅者，同时保存带有 Retain 标志的最新的消息。此时，若别的订阅者订阅了主题，就能马上收到带有 Retain 标志的新消息（图 2.14）。

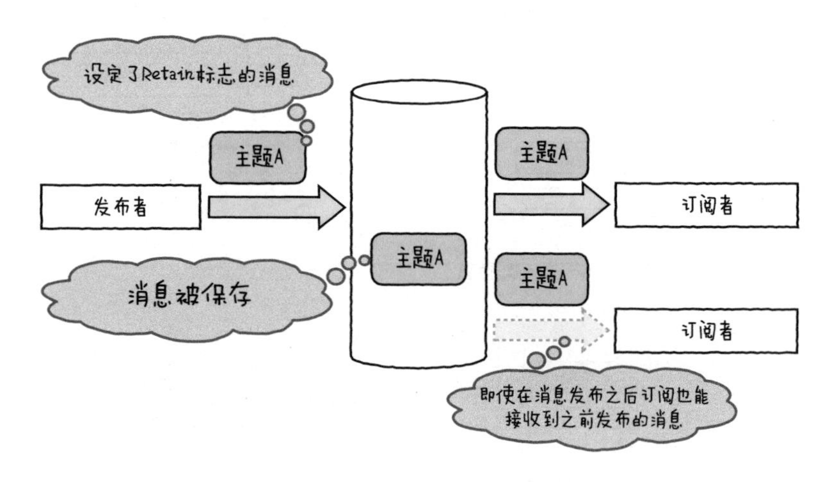

图 2.14　Retain

◉ Will

Will 有“遗言”的意思。由于中介的 I/O 错误或网络故障等情况，发布者可能会突然从中介断开，Will 就是专门针对于这种情况的一个机制，它用于定义中介向订阅者发送的消息（图 2.15）。

发布者在连接中介时会用到 CONNECT（连接）消息，连接时对其指定 Will 标志、要发送的消息以及 QoS。这样一来，如果连接意外断开，Will 消息就会被传递给订阅者。另外，还有一个标志叫作 Will Retain。通过指定这个标志，就能跟前面说的 Retain 达到同样的效果，即在中介处保存消息。

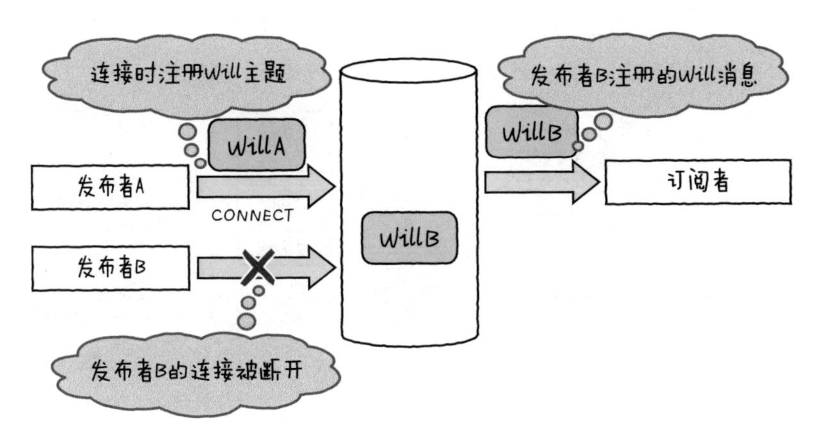

图 2.15 Will

当发布者使用 DISCONNECT（断开连接）消息明确表明连接已断开时，Will 消息就不会被发送给订阅者。

◉ Clean session

Clean session 用于指定中介是否保留了订阅者的已订阅状态。用 CONNECT 消息连接时，订阅者把 Clean session 标志设定为 0 或 1。0 是保留 session，1 是不保留 session。

若指定 Clean session 为 0 且中介已经连接上了订阅者，则中介需要在订阅者断开连接后保留订阅的消息。另外，如果订阅者的连接已经断开，且发布者已经发布了 QoS 1、QoS 2 的消息给已订阅的主题时，中介则会把消息保存，等订阅者再次连接时发送给订阅者（图 2.16）。

若指定 Clean session 为 1 并连接，中介就会废弃以往保留的客户端信息，将其当成一次“干净”的连接来看待。此外，订阅者断开连接时，中介也会废弃所有的信息。

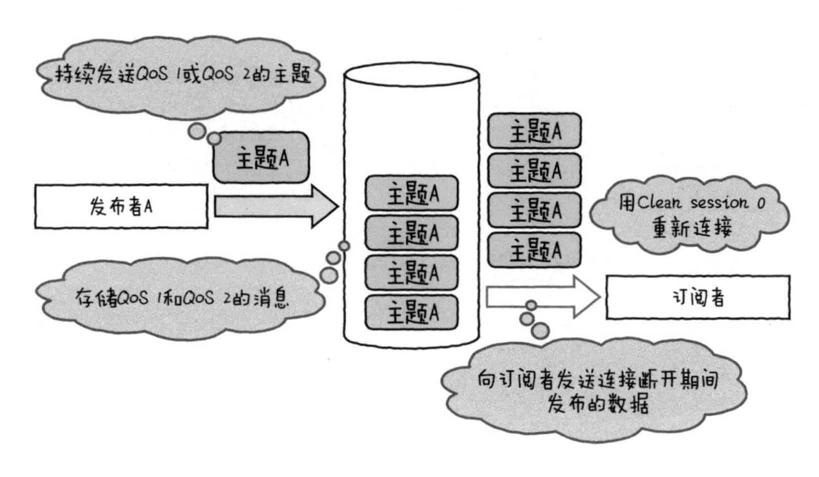

图 2.16　Clean session

我们可以用表 2.1 所示的几种产品来实现 MQTT。是否支持前文介绍的功能则取决于中介的种类。

表 2.1　MQTT 的实现

实现	QoS	Retain	Will	Clean session	其他
ActiveMQ 5.10.0（支持插件）	0、1、2	支持	不支持	不支持	有独立的指定主题的方法
Apolo 1.7	0、1、2	支持	支持	支持	–
mosquitto 1.3.5	0、1、2	支持	支持	支持	–
RabitoMQ 3.4.3（支持插件）	只有 0 和 1	不支持	支持	支持	–

除此之外，一个叫作 Paho 的库还公开了发布者和订阅者等客户端功能。不仅 Java、JavaScript、Python 配备了 Paho，连 C 语言和 C++ 都配备了 Paho。因此，我们能够将其与设备结合起来并加以使用。

2.3.5　数据格式

前面我们围绕用于接收数据的通信过程，即协议进行了讲解。事实上，数据就是通过协议来进行交换的。当然，就如我们前文所说，这条规则在物联网的世界里也是不变的。数据要经过协议进行交换，而数据的格式也很重要。通过 Web 协议来使用的数据格式中，具有代表性的包括 XML 和 JSON（图 2.17）。

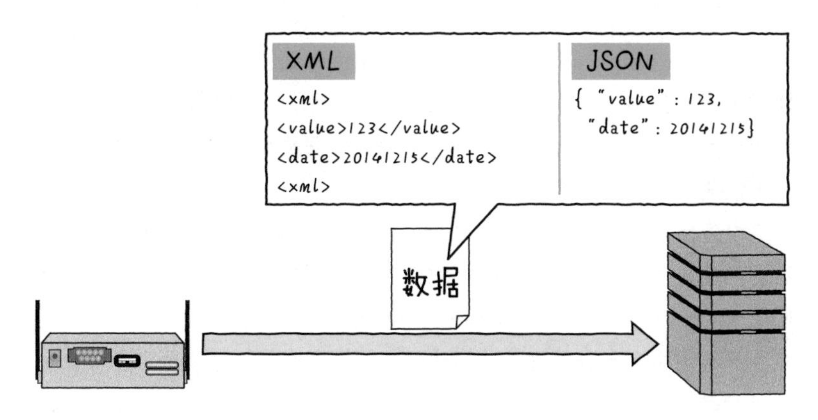

图 2.17　具有代表性的格式

从物联网的角度来说，使用者也能很方便地使用 XML 和 JSON。举个例子，假设设备要发送传感器的值，此时除了发送传感器的值以外，还要一并发送数据接收时间、设备的机器信息以及用户信息等数据。自然，设备还会通知多个传感器的值和机器的状态。这样一来，使用者就需要好好地把从设备发送来的数据结构化。

图 2.18 用 XML 和 JSON 分别表示了两台传感器的信息、设备的状态、获取数据的时间，以及发送数据的设备名称等。

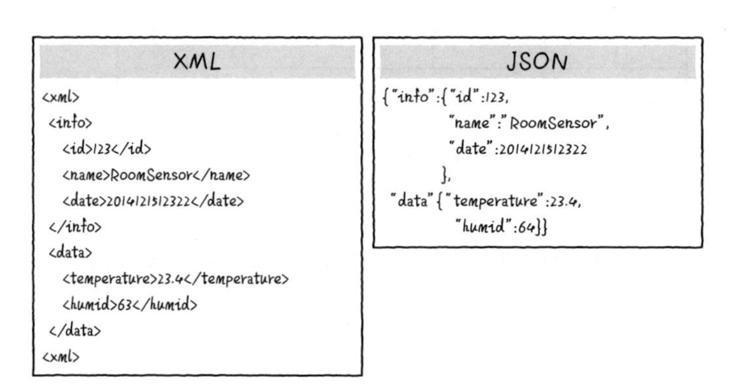

图 2.18　传感器信息的示例（XML 和 JSON）

比较二者可知，XML 的格式比 JSON 更容易理解。然而 XML 的字符数较多，数据量较大。相对而言，JSON 比 XML 字符数少，数据量也小。

XML 和 JSON 这两种数据格式都在每种语言中实现了各自的库，使用者通过程序就能很轻松地使用这些库。那么到底使用哪种才好呢？关于这点我们不能一概而论，不过 JSON 数据量小，更适合使用移动线路等低速线路通信的情况。

设备传来的数据和 Web 不一样，大多是传感器、图像、语音等数值数据。相较于文本而言，这样的数据更适合用二进制来处理。不过，我们前文介绍的 XML 和 JSON 都是用文本格式来处理数据的。

基于物联网服务处理这些格式时，要把文本数据转换成数值数据和二进制数据。因此需要进行两项工作，即解析 XML 和 JSON 格式，以及把解析结果从文本格式转换到二进制形式。这样一来，就需要分两步来处理。

如果能直接以二进制形式接收数据，是不是就能更迅速地处理数据了呢？由此，一种数据格式应运而生，它就是 MessagePack（图 2.19）。

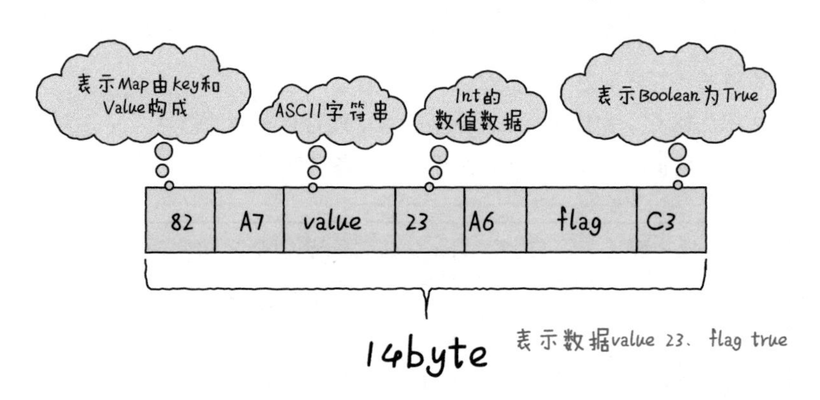

图 2.19　使用 MessagePack 格式的传感器数据示例以及与 JSON 的对比

MessagePack 的数据格式虽然跟 JSON 相似，其数据却保留了二进制的形式。因此，虽然这种数据格式不方便人们直接阅读，但计算机却能很容易地处理。

又因为 MessagePack 发送的是二进制数据，所以比起以文本形式发送数据的 JSON，数据更加紧凑。MessagePack 跟 XML 和 JSON 一样，都提供了面向多种编程语言的库，另外，近年来多个 OSS（开源软件）也都采用了 MessagePack。

我们不能一口咬定哪种格式好，哪种格式不好，请各位根据要发送的数据的特性，来选择符合目的的数据格式。

COLUMN

图像、语音、视频数据的处理

“传感器数据、文本数据”和“图像、语音、视频”的数据格式差别很大。拿图像、语音、视频来说，一条数据之巨大远远超过传感器数据，而且这些数据是二进制数据，很难转换成字符串，所以就很难用前面介绍的 XML 和 JSON 格式对它们进行处理。

用 HTTP 发送图像数据时，可以用 XML 或 JSON 格式记录拍摄时间和设备的信息，用 multi-part/form-data 格式来发送图像数据。然而，换成语音和视频时，就是一种时间上连续的数据。因此，我们在发送语音和视频数据时需要下一番工夫。

例如，需要把语音和视频分割成一个个小文件来发送。在用 HTTP 协议进行这项操作时，每次发送一个小数据都会生成一个会话。这样一来就能通过有效应用 WebSocket 等协议来减轻给物联网服务造成的负担了。这种情况下，使用者或许需要使用 MessagePack，或是定义一个专门用于处理二进制的格式。再或者，还能以用物联网服务进行语音和数据分析为前提，只在设备处提取用于分析的特征并发送，而不是把所有数据一并进行发送。大家在试图实现包含语音和视频数据的服务时，不妨考虑一下本专栏的思路。

2.4 处理数据

2.4.1 处理服务器的作用

很显然，处理服务器就是处理接收到的数据的地方。“处理”是一个抽象的词语，例如保存数据，以及转换数据以使其看上去更易懂，还有从多台传感器的数据中发现新的数据，这些都是处理。使用者的目的不同，处理服务器的内容也各异。不过说到数据的处理方法，它可以归纳成以下 4 种：数据分析、数据加工、数据保存以及向设备发出指令（图 2.20）。

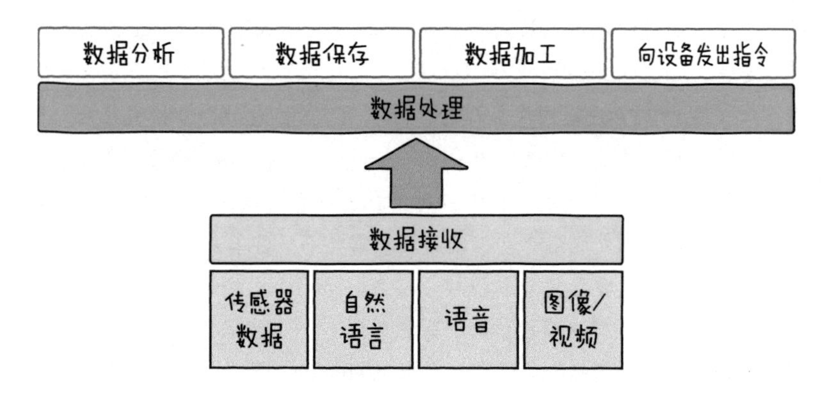

图 2.20　数据的处理

关于数据的分析和加工，有两种典型的处理方式，分别叫作“批处理”和“流处理”。首先就来说说这个批处理。

2.4.2 批处理

批处理的方法是隔一段时间就分批处理一次积攒的数据。一般情况下是先把数据存入数据库里，隔一段时间就从数据库获取数据，执行处理。批处理的重点在于要在规定时间内处理所有数据。因此，数据的数量越多，执行处理的机器性能就得越好。

今后设备的数量将会增加，这一点在第一章已经解释过了。人们需要处理从数量庞大的设备发来的传感器数据和图像等大型数据，这被称为“大数据”。不过，通过使用一种叫作分布式处理平台的平台软件，就能高效地处理数兆、数千兆这种大型数据了。具有代表性的分布式处理平台包括 Hadoop 和 Spark。

Apache Hadoop

Apache Hadoop 是一个对大规模数据进行分布式处理的开源框架。Hadoop 有一种叫作 MapReduce 的机制，用来高效处理数据。MapReduce 是一种专门用于在分布式环境下高效处理数据的机制，它基本由 Map、Shuffle、Reduce 这 3 种处理构成（图 2.21）。

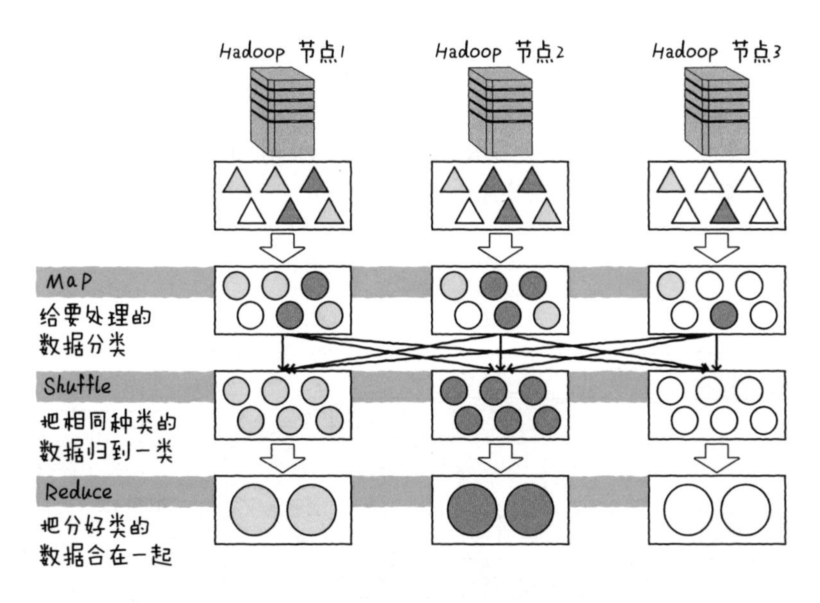

图 2.21 通过 Hadoop MapReduce 执行批处理

Hadoop 对于每个被称为节点的服务器执行 MapReduce，并统计结果。首先是分割数据，这里的数据指的是各个服务器的处理对象。最初负责分割数据的是 Map。Map 对于每条数据反复执行同一项处理，通过

Map 而发生变更的数据会被移送到下一项处理，即 Shuffle。Shuffle 会跨 Hadoop 的节点来把同种类的数据进行分类。最后，Reduce 把分类好的数据汇总。

也就是说，MapReduce 是一种类似于收集硬币，按种类给硬币分类后再点数的方法。用 Hadoop 执行处理的时候，为了能用 MapReduce 实现处理内容，使用者需要下一番工夫。

另外，Hadoop 还有一种叫分布式文件系统（HDFS）的机制，用于在分布式环境下运行 Hadoop。HDFS 把数据分割并存入多个磁盘里，读取数据时，就从多个磁盘里同时读取分割好的数据。这样一来，跟从一台磁盘里读出巨大的文件相比，这种方法更能高速地进行读取。如上所述，如果使用 MapReduce 和 HDFS 这两种机制，Hadoop 就能高速处理巨型数据。

◉ Apache Spark

Apache Spark 也和 Hadoop 一样，是一个分布式处理大规模数据的开源框架。Spark 用一种叫作 RDD（Resilient Distributed Dataset，弹性分布数据集）的数据结构来处理数据（图 2.22）。

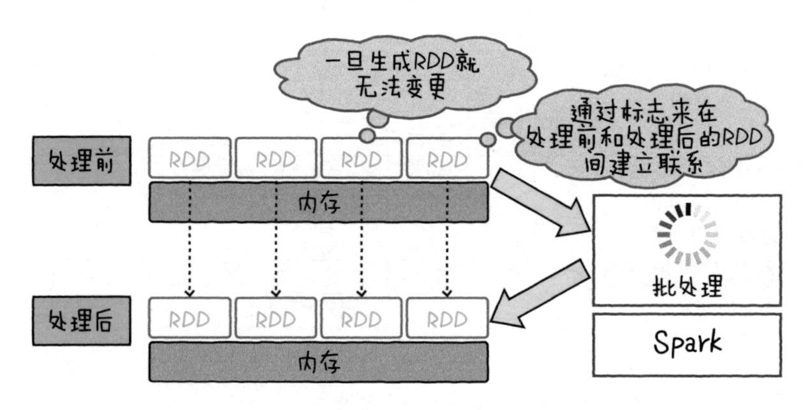

图 2.22　通过 Spark 执行批处理

RDD 能够把数据放在内存上，不经过磁盘访问也能处理数据。而且 RDD 使用的内存不能被写入，所以要在新的内存上展开处理结果。

通过保持内存之间的关系，就能从必要的时间点开始计算，即使再次计算也不用从头算起。根据这些条件，Spark 在反复处理同一数据时（如机器学习等），就能非常高速地运行了。

对物联网而言，传输的数据都是一些像传感器数据、语音、图像这种比较大的数据。批处理能够存储这些数据，然后导出当天的设备使用情况，以及通过图像处理从拍摄的图像来调查环境的变化。随着设备的增加，想必今后这样的大型数据会越来越多。因此，重要的是学会在批处理中使用我们介绍的分布式处理平台。

2.4.3 流处理

批处理是把数据攒起来，一次性进行处理的方法。相对而言，流处理是不保存数据，按照到达处理服务器的顺序对数据依次进行处理。

想实时对数据做出反应时，流处理是一个很有效的处理方法。因为批处理是把数据积攒之后隔一段时间进行处理，所以从数据到达之后到处理完毕为止，会出现时间延迟。因此，流处理这种把到达的数据逐次进行处理的思路就变得很重要了。此外，流处理基本上是不会保存数据的。只要是使用过的数据，如果没必要保存，就会直接丢弃。

举个例子，假设有个系统，这个系统会对道路上行驶的车辆的当前位置和车辆雨刷的运转情况进行搜集。

仅凭搜集那些雨刷正在运转的车辆的当前位置，就能够实时确定哪片地区正在下雨。此时，使用者可能想保存下过雨的地区的数据，这时候只要保存处理结果就好，所以原来的传感器数据可以丢掉不要，流处理正适用于这种情况。用流处理平台就能实现流处理。

流处理和批处理一样，也准备了框架。在这里就给大家介绍一下 Apache Spark 和 Apache Storm 这两个框架。

◉ Spark Streaming

Spark Streaming 是作为 Apache Spark（在“批处理”部分介绍过）的库被公开的。通过 Spark Streaming，就能够把 Apache Spark 拿到流处理中来使用（图 2.23）。

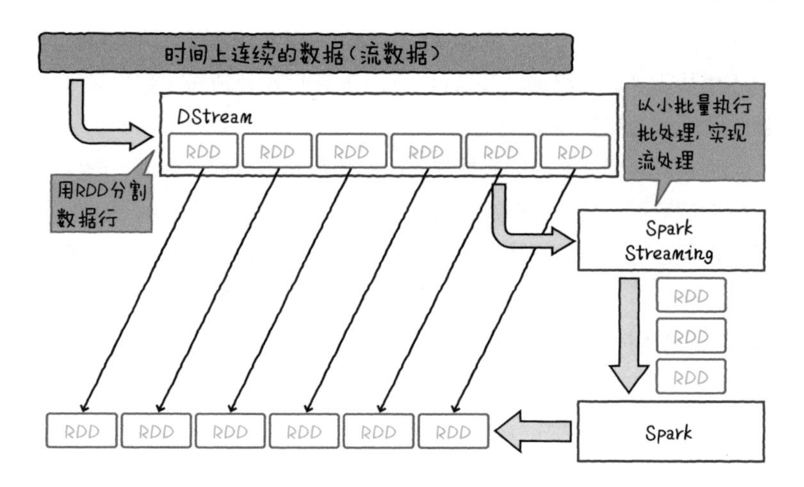

图 2.23　通过 Spark Streaming 执行流处理

Spark Streaming 是用 RDD 分割数据行的，它通过对分割的数据执行小批量的批处理来实现流处理。输入的数据会被转换成一种叫作 DStream 的细且连续的 RDD。先对一个 RDD 执行 Spark 的批处理，将其转换成别的 RDD，然后按顺序对所有 RDD 反复执行上述处理来实现流处理。

◉ Apache Storm

Apache Storm 是用于实现流处理的框架，结构如图 2.24 所示。

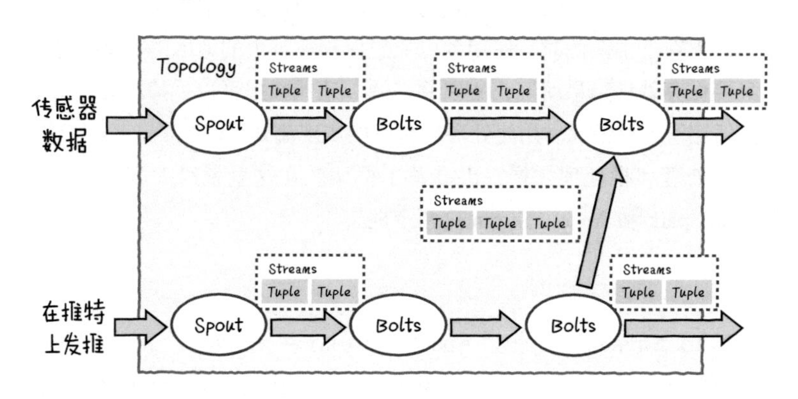

图 2.24　Apache Storm 的结构

用 Storm 处理的数据叫作 Tuple，这个 Tuple 的流程叫作 Streams。

Storm 的处理过程由 Spout 和 Bolts 两项处理构成，这种结构叫作 Topology。Spout 从其他处理接收到数据的时候，Storm 处理就开始了。Spout 把接收到的数据分割成 Tuple，然后将其流入 Topology 来生成 Streams，这就形成了流处理的入口。接下来，Bolts 接收 Spout 以及从其他 Bolts 输出的 Streams，并以 Tuple 为单位处理收到的 Streams，然后将其作为新的 Streams 输出。可以自由组合 Bolts 之间的连接，也可以根据想执行的处理自由组合 Topology，还可以随意决定 Tuple 使用的数据类型，以及使用 JSON 等数据格式。

2.5 存储数据

2.5.1 数据库的作用

数据库的作用是保存并灵活运用数据（图 2.25）。除此之外，其作用还包括从保存的数据中找出与所指定条件相符的数据。另外，数据库还能把多条数据连在一起，把它们作为一个数据取出。

打个比方，已知与特定传感器相关的 ID，测量时间，以及温度传感器的值。光凭这些数据，是无法理解数据指的是哪个房间的温度的。因此就需要传感器的 ID 以及跟房间名字有关的数据。把这两条数据加在一起，才能知道某房间的温度。

图 2.25 展示的是一个叫作 RDB（关系数据库）的数据库。最近，除了 RDB 以外还出现了一种叫作 NoSQL 的数据库。

RDB 用一种叫作 SQL 的专门用来操作数据库的语言来保存和提取数据。另一方面，NoSQL 则是用 SQL 以外的各种方法来操作数据库。本书还会介绍键值存储（Key-Value Store，简称 KVS）和文档型数据库等种类的数据库。

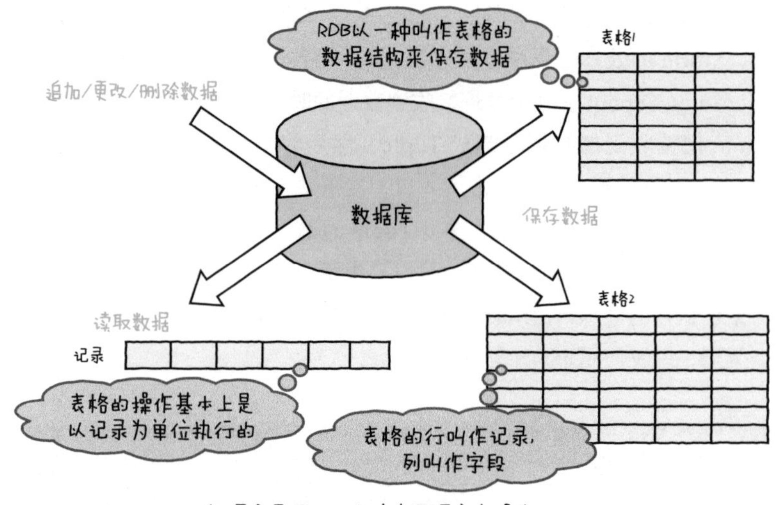

图 2.25 数据库的作用

2.5.2 数据库的种类和特征

这里我们一并为大家说明数据库的种类和特征，以及为了实现物联网服务而处理设备数据时的要点。

◉关系数据库

关系数据库是人们用得最普遍的数据库。如图 2.25 所示，关系数据库具备一种叫作表格的表格型数据结构，其用途在于存储数据库，使用者用 SQL 语言来对其执行数据的提取、插入以及删除。

SQL 是一种非常强大的语言，它能用非常简洁的表述写出命令，来把多个表格联系到一起，搜索符合目标条件的数据。此外，使用者还能通过多种多样的编程语言来使用 SQL。不过一旦确定了表格，就很难更改其结构了。因此，需要仔细考虑设备传来的数据性质再决定结构。

举个例子，假设由于传感器和设备的增加而导致一些必须保存的数据增多，此时，如果表格结构如图 2.26 所示，那么就很难再追加新的数据了。

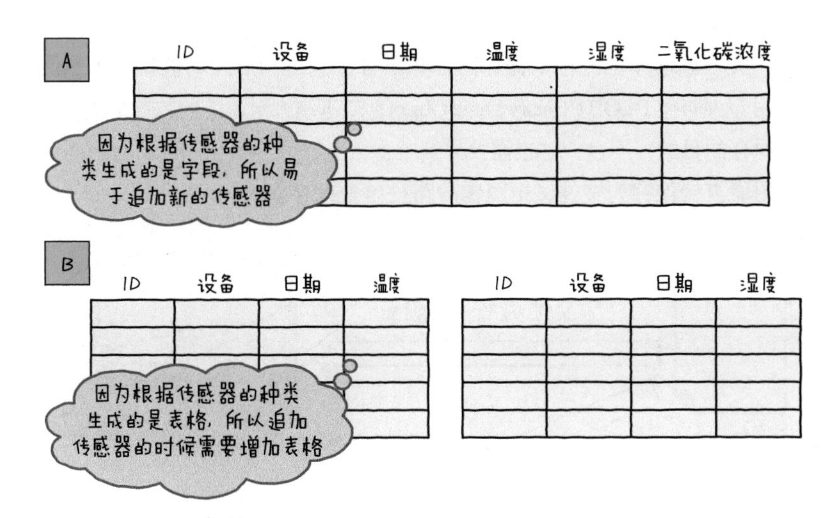

图 2.26　以 RDB 的表格结构示例

在 A 表这种情况下，我们就必须变更表格的条目。而换成 B 表就没必要更改表格本身。不过，这样一来就需要生成一个新的表格。

因此，如图 2.27 所示，要生成一个结构来把所有传感器数据插入同一个字段里。采用这个结构时，即使来了新的传感器数据，也没有必要更改表格结构或是追加新的表格。不过传感器数据的类型必须是统一的。而且，这样一来就会在同一个表格里注册大量的数据，有时就得花一段时间才能从表格里检索到我们需要的数据。为了解决这个麻烦，数据库提供了一个叫作索引的机制。

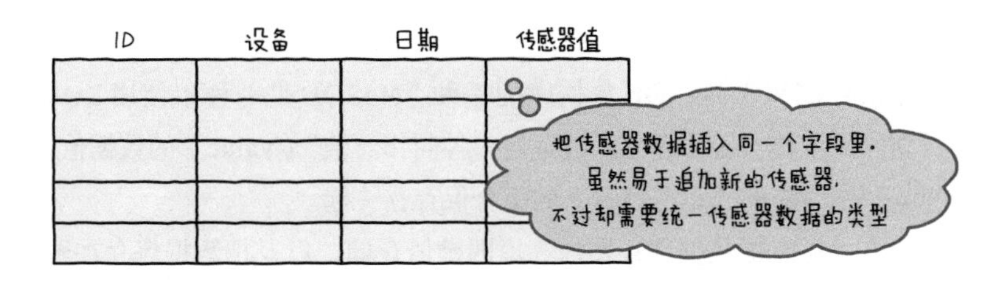

图 2.27　用于保存传感器信息的表格结构示例

以上列举的表格就是一个例子。关于用哪种方法构成表格更好，我们不能一概而论，而是需要先考虑注册的是怎样的数据，以后又会积累多少数据，然后再下决定。

关系数据库也不擅长保存图像和语音等二进制形式的数据。虽然能够用一种叫作 BLOB（Binary Large Object，二进制大对象）的数据形式来达到保存的目的，不过，这也需要另费一番工夫，因为根据用途，有时需要把图像直接保存为文件，把图像的路径单独保存在 RDB 里（图 2.28）。

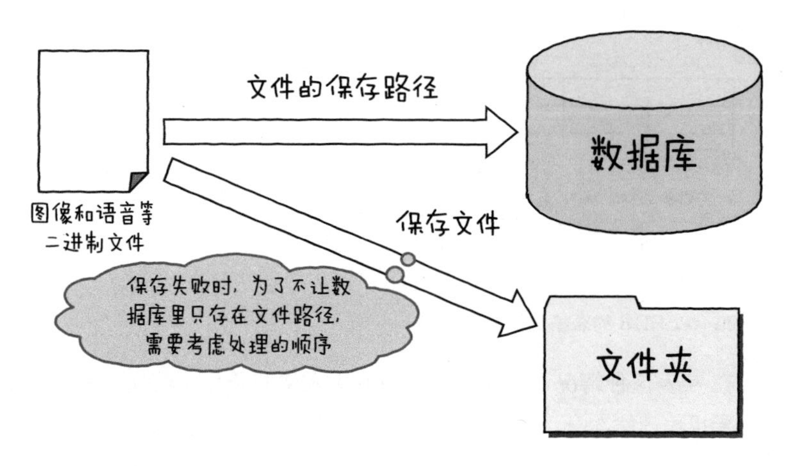

图 2.28　用 RDB 处理图像和语音

数据库把数据保存到硬盘，因此经常会发生对硬盘的访问（磁盘 I/O）。这样一来，这步处理就比其他处理要慢。就系统中而言，这是处理速度方面容易产生瓶颈的一个地方。除了介绍的内容之外，还有一些需要大家注意的地方，希望大家加深对这部分内容的理解并将其灵活运用。

◉键值存储

键值存储属于 NoSQL 数据库的一种。NoSQL 是一种不使用 SQL 的数据库的统称。键值存储，就是把一种叫作“值”（value）的数据值，和与其一一对应的“键”（key）的集合保存在一起。

此外，还有把数据保存在内存里的键值存储，以及把数据保存在硬盘里的键值存储。前者一方面能够高速保存数据，而另一方面，因为数据是放在内存上的，所以软件停止运行的时候，原先保存的内容就会丢失。因此前者适合作为缓存来使用。

而后者保存数据的速度虽然不及前者，但即使软件停止运行，数据也不会丢失。

有一种叫作 Redis 的键值存储，它具备前后两者的性质，在通常情况下它是把数据存储在内存上的，但在任何时间都能够把数据保存到硬盘。因此，它既能够高速执行存储，也能永久保存数据。

◉文档型数据库

文档型数据库和键值存储一样，都属于 NoSQL 数据库的一种。文档型数据库能以 XML 和 JSON 这种结构化文档的格式保存数据。特别是近年来，有一种叫作 MongoDB 的文档型数据库很受欢迎，它以 JSON 的格式保存数据（图 2.29）。

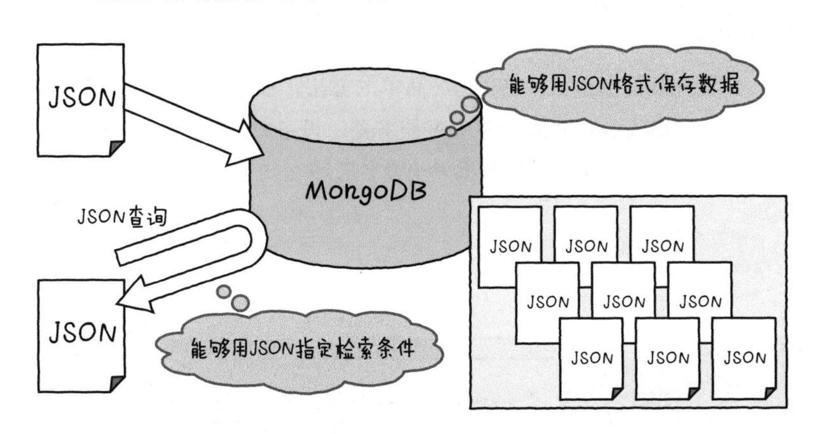

图 2.29 文档型数据库 MongoDB

MongoDB 能够直接保存 JSON 格式的数据，还能用 JSON 的值进行检索。这样一来，在用 JSON 交换传感器的信息时，就能直接对数据进行保存和使用。即使增加了新的数据条目或是新增了设备，也能直接以 JSON 格式保存数据，因此，不需要像 RDB 那样考虑表格的结构。非常适合用于无法读出设备的数量和数据的种类等情况，以及保存传感器等设备的数据。

2.6 控制设备

2.6.1 发送服务器的作用

发送服务器的目的在于向设备发送数据并控制设备。发送服务器可以使用 2.3 节介绍过的 HTTP、WebSocket、MQTT 协议和数据格式。

发送服务器靠在 1.3.4 节提到过的两种方法来运行，一种是通过设备申请来发送数据的同步传输，另一种是由发送服务器在任意时间发送数据的异步传输。那么，就用 HTTP、WebSocket、MQTT 协议来看看如何实现同步和异步传输。

2.6.2 使用 HTTP 发送数据

要实现数据发送，HTTP 是最简单的方法。在这个方法里，发送服务器是等待接收 HTTP 请求的 Web 服务器。设备向这台服务器申请发送数据，作为响应，服务器把数据发给设备（图 2.30）。

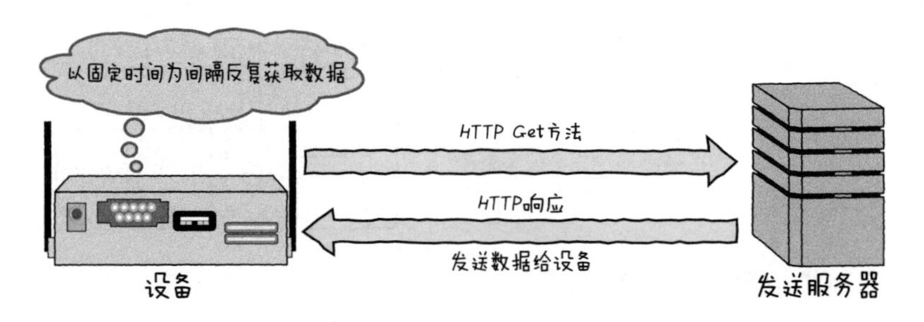

图 2.30 通过 HTTP 发送数据

使用者需要定期从设备执行轮询连接。采用此方法的原因主要有以下两个。

原因一是无法确定唯一地址，例如无法给设备设定全局 IP 地址等。这种情况下，发送服务器就不知道应该把数据发送给哪台设备了。

原因二是考虑到设备频繁断电和移动线路的传输费用。此时，设备没有持续连接网络。即使设备已经连接过网络，但只要没有持续连接，那么，即使发送服务器执行了发送数据的操作，也发不到设备那里去（图 2.31）。

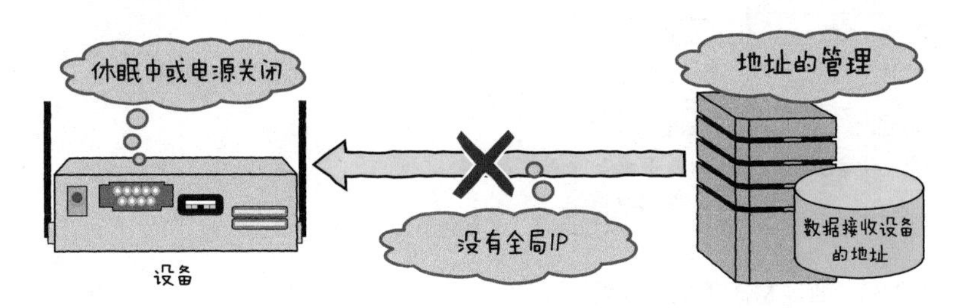

图 2.31　服务器端发送数据困难

2.6.3 使用 WebSocket 发送数据

使用 WebSocket 时，需要用设备连接发送服务器，并确立 WebSocket 连接。只要建立了一次 WebSocket 连接，就能实现从发送服务器和客户端发送数据。

2.6.4 使用 MQTT 发送数据

前文介绍了 HTTP 和 WebSocket，它们采用的方法都是由设备访问发送服务器。就这些方法而言，只要客户端没有发出申请，数据就不会被发送。当然使用者也可以在设备上建立 HTTP 和 WebSocket 协议，由服务器来连接设备。不过，一旦增加了设备，服务器想管理所有设备就相当困难了。

针对这点，我们来试着看一下这种服务器：它灵活运用 MQTT，并且发挥了发布 / 订阅模型的优点。使用 MQTT 时的发送服务器如图 2.32 所示。

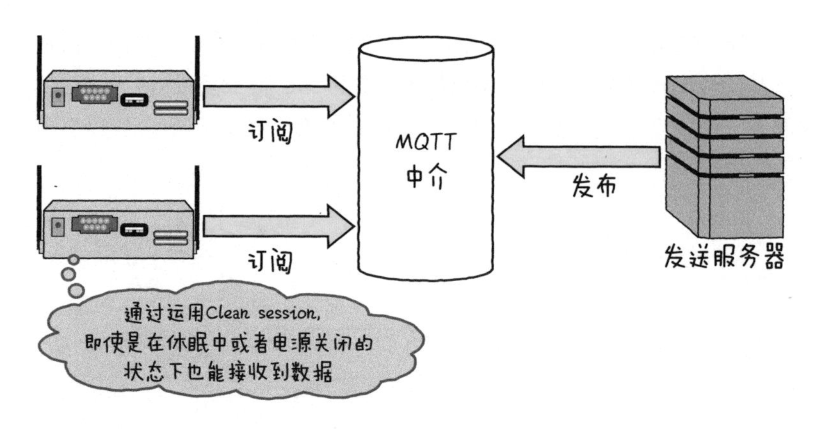

图 2.32 通过 MQTT 发送数据

首先设备作为订阅者，向 MQTT 中介进行订阅。然后，发送服务器则是发布者，同样向中介进行发布。这样一来，发送服务器只需要把确定的数据加在主题上发送就行了，发送服务器和设备都不需要知道彼此的地址。只要知道中介的地址，就能够实现通信。一旦订阅者断开，中介就会负责在断开时发送通知，并在重新连接时再次发送数据。

通过灵活运用 MQTT 的功能，构建发送服务器就变得简单多了。

COLUMN

事例：面向植物工厂的环境控制系统

这里为大家介绍一个事例。近年来盛行向农业领域导入 ICT 技术。特别是在生产过程中，在人口老龄化背景下，为了确保新的农业劳动力和提高生产力，ICT 技术的广泛运用备受期待。以往，环境控制都是由农户手工测量塑料大棚内的温湿度，以及控制植物的生长状况，现在则把重点放在实现完全自动化，以提高生产力上。

采用各种传感器来测量和记录（相当于接收数据）温度、湿度、二氧化碳及光照等数据。这样就能把环境条件数值化，再记录一下在已测量的环境条件下作物实际的生长质量。通过这样循环，就能提取某个作物的生长模式（相当于数据分析）。这样一来，只要明确了应该调整哪些环境条件，就能在培育过程中，把从环境中感测到的数据和设定的阈值进行比较（相当于数据处理），从而实现自动控制空调，自动注入二氧化碳（相当于发送数据）。

人们正在试图通过搭建这样的架构，以实现ICT技术的大规模化，使企业涉足农业生产变得更加简单。如果继续推进这样的措施，那么，或许在未来的某一天，当农业劳动者想培育这种品质的蔬菜时，只要按下一个按钮就能实现自动栽培，接下来等几个月后收获就可以了。

第3章

物联网设备

3.1 设备——通向现实世界的接口

3.1.1 为什么要学习设备的相关知识

经过前两章的学习，想必各位读者已经掌握物联网这个词描绘出的世界和用于实现物联网的系统架构了。基于这点，这一章将会为大家介绍在物联网世界中起着核心作用的因素，即设备的相关知识。

可能有人会觉得自己没有必要学习设备的机制，但是，请这样认为并想赶快读完本章的读者稍稍放慢速度，因为本章正是为了那些以往没有从事过设备开发的读者们编写的。

而且，所有的工程师都有必要加深对设备的理解，因为这关系到"连通性"给设备开发带来的变化。这里我们就先来看看这些变化。

3.1.2 连通性带来的变化

很显然，智能手机和随身听等伴随大家日常生活的设备都是由硬件和软件组成的。硬件经过了精致的设计，软件则用来控制硬件。设备开发的本质就是在最大限度上实现硬件和软件的完美配合。

对于平日里从事 Web 应用程序开发的各位软件工程师来说，提到设备开发，或许大家就会有一种敬而远之的感觉。在考虑独立开发某种设备的时候，肯定会有人担心以下这些问题。

- **是否需要对硬件有深入的了解**
- **开发设备控制软件是否需要专业知识**
- **开发硬件是否需要特殊的开发环境**

就结论而言，这些问题的答案很统一：需要。就像大多数人都知道的那样，用于控制设备的软件有一个明确的种类，那就是"嵌入式软件"。开发嵌入式软件需要极强的专业性，即使是在物联网的世界，这一本质也基本没有什么变化。

那么，物联网会带来哪些改变呢？解开这个问题的关键词就是“连通性”。连通性一词表示的是机器和系统间的相互连接性和结合性。物联网设备试图经由网络来“连接”外部系统，并通过以下技术革新让以往人们无法想象的一些设备都具备了连通性（图 3.1）。

- **硬件的进化使设备的小型化和高级化得以发展**
- **能够在广域条件下轻易地利用高速度 / 高品质网络的环境得以实现**

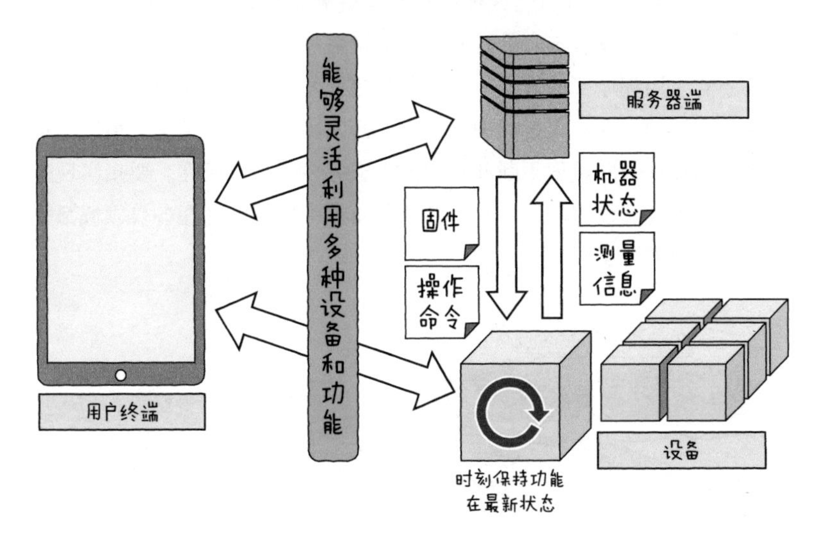

图 3.1　连通性给设备带来的变化

有些设备不具备连通性，这很正常，因为它们本身就是用来独立实现功能的。而且，这种设备一旦出了库就没法再变更商品规格了，所以需要花大把的时间和成本来开发。

一方面，物联网设备本身的结构非常简单，提供的是一种与云服务或智能手机等外部机器组合在一起的一体化服务。这种情况下，用于设备的应用程序能够很轻松地得到更新，在产品发布后还能一边从用户处获取反馈，一边不断改良软件（包括设备自身的固件）。此外，还能够在云端对大量的设备信息进行整合和加工，以一个应用程序为接口向用户提供有益的信息。

另一方面，硬件开发本身的成本竞争正在不断激化，设备开发必然会促进设备自身的高级化。而围绕设备开发，将服务整体作为一个生态系统来进行最适宜的设计规划，其重要性则不言而喻。想必在这股潮流中，存在差异性的部分也将会多元化。例如，构建算法，来为用户提供统一处理从设备处采集到的信息并进行高级分析的服务；或者构建应用程序，来实时反映设备不断变化的情况等。这些物联网设备的与众不同之处也必定会显现出来。

为了尽最大努力回应这种需求并无缝开发应用了物联网设备的服务，从事开发（设备本身的开发，连接设备的云端系统以及利用它们提供服务的应用程序等的开发）的工程师在开发的同时要达成共识，这点是非常重要的。在这个过程中，在软件开发高速化的牵引下，用以往难以想象的硬件开发速度不断开发和提供服务才是需求所在。要想实现这个目标，服务开发者和设备开发者都必须正确理解彼此在各自领域都是如何工作的（图 3.2）。

图 3.2　在开发物联网设备过程中相互理解的重要性

本章将会依据采用了物联网设备的服务开发所固有的特性，紧扣各位读者在新开发物联网设备及使用了物联网设备的服务时会遇到的各种各样的关键点，并针对设备的结构提取重点内容来进行解说。此外，本章还会介绍如何用“原型设计”在轻松搭建设备的同时评价以及审查产品与服务。

3.2 物联网设备的结构

3.2.1 基本结构

物联网设备的种类五花八门，但其结构一般都如图 3.3 所示。物联网设备跟普通的机械产品一样，都包含用于检测用户操作和设备周边环境变化的输入设备，提示某些信息或者直接作用于环境的输出设备，以及作为设备的大脑来负责控制机器的微控制器等。另外，物联网服务还有一个不可或缺的条件，那就是连接网络。接下来将为大家简单介绍这些要素。

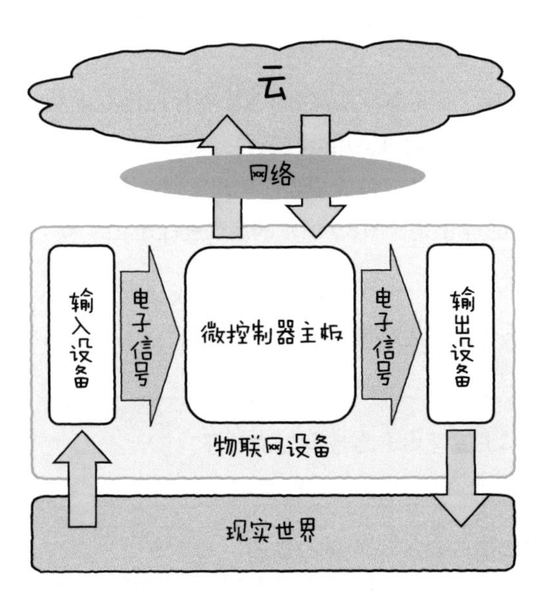

图 3.3　物联网设备的基本结构

◉微控制器

微控制器是微型控制器（Micro Controller）的略称，是一块控制机器的 IC（Integrated Circuit，集成电路）芯片。它能够编写程序，并根据描述的处理读取端子状态，或者向连接上的电路输出特定信号。

微控制器由内存（用于存储程序和保存临时数据）、CPU（用于执行运算处理和控制）以及外围电路（包含与外部的接口，以及计时器等必要的功能）构成。（图 3.4）

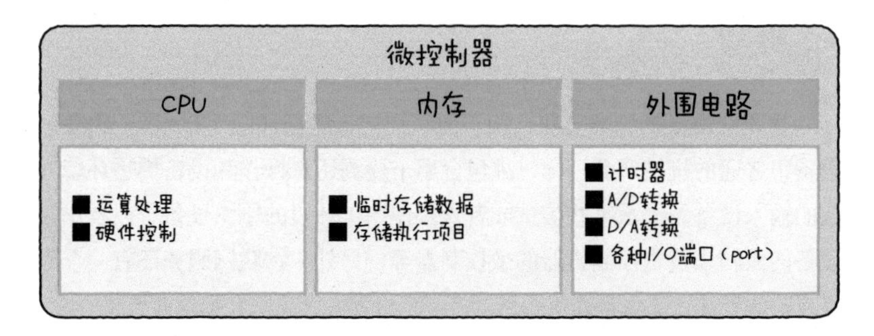

图 3.4　微控制器的结构

在实际使用微控制器时，需要串行端口和 USB 等各种接口以及电路等。如果想自己制作设备，那么通过使用微控制器，以及安装了以上要素、名为“微控制器主板”的电路板，就能很轻松地开发硬件了。虽说每种产品的规格各有不同，但基本上是以图 3.5 所示的流程进行开发的。

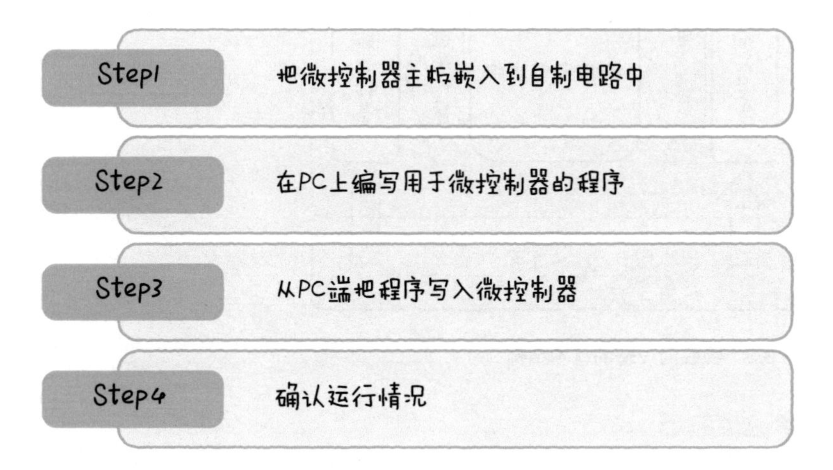

图 3.5　微控制器的开发流程

现在大部分电子产品都搭载有微控制器。打个比方，请想象一个冰箱（图 3.6）。冰箱内部能够达到某个目标温度，是因为微控制器里写有一个程序，这个程序的作用就是监视连接在微控制器输入端子上的温度传感器的状态，并控制制冷机以达到目标温度。利用传感器测量和判别信息就叫作感测。

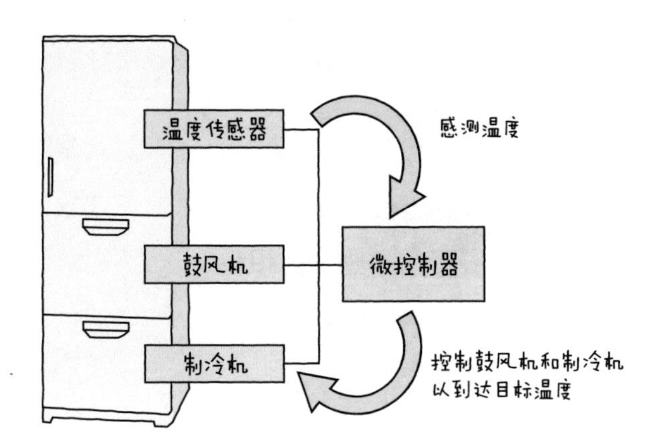

图 3.6 微控制器的应用示例（冰箱）

物联网的流行跟微控制器主板的变化也有关系。过去，为了把微控制器主板连接到网络，需要每个开发者独立实现接口，而近年来微控制器主板的种类逐渐增多，包括以外部连接模块来提供连接网络功能的微控制器主板，以及标配型微控制器主板。这样一来，开发出的设备就能轻松连接到网络。这种开发环境的完善正在不断进行。如果利用这种微控制器主板，即使没有开发过硬件的人，也能够向设备开发发起挑战。

下一节将详细介绍微控制器主板的类型和用法。

◉输入设备

为了让设备获取周边情况和用户操作等信息，必须在机器上实现传感器和按钮等元件（电子器件）。

举个例子，假设有台智能手机，那么这台手机都搭载了什么样的传感器呢？各位读者应该注意到了，实际上它搭载了触摸屏、按钮、相机、加速度传感器、照度传感器等相当多的感测设备（图 3.7）。这些传感设备能帮助我们更详细且精细地掌握周边的情况。反言之，又因为传感器的类型和精度极限在一定程度上决定着机器的性能，所以在设备开发过程中，传感器的选择是非常重要的一步。

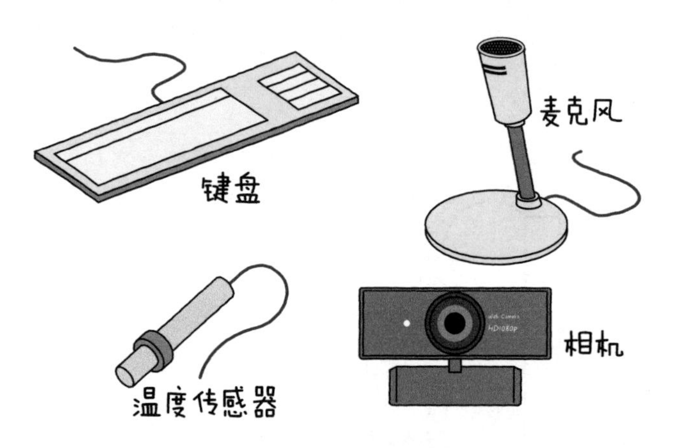

图 3.7 各种输入设备

◉输出设备

物联网想要实现的不只是感测状态，将状态“可视化”。对人类和环境进行干涉，控制世界令其向目标状态发展才是其真实目的。

在需要向用户反馈某些信息时，显示器、喇叭、LED 这些用于输出信息的设备就会发挥作用（图 3.8）。就像前文说的那样，物联网设备重在小型和简便。如何配置这些输出设备能让其高效地把信息传达给用户，无疑是设计阶段非常重要的课题。

还有一个方法是在设备上安装驱动器，让驱动器物理性地作用于环境。驱动器是通过输入信号来实现控制的驱动装置的统称。例如具有代表性的伺服电机，它能够根据输入的电子信号把电机转动到任意的角度。这个方法和机器人技术有着密切的联系，与网络联动“运行”的设备属于当今最受瞩目的领域之一（第 8 章会讲到机器人）。

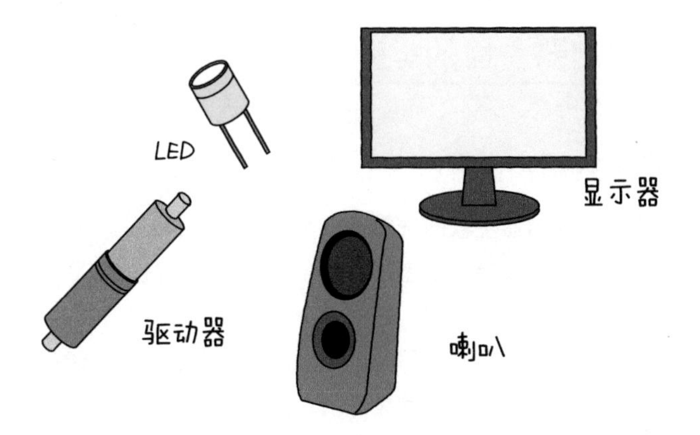

图 3.8　各种输出设备

3.5 节将会为大家讲解如何控制与微控制器相连接的输出设备。

◉与网络相连接

关于连通性在物联网设备中的重要性，已经为大家说明过了。物联网设备通过网络与服务器进行通信，积累和分析感测到的信息，通过远程操作控制设备。因此，设备就需要有用于连接网络的接口。

网关机器和设备之间存在无线连接和有线连接两种连接形式，这两种连接形式又存在多种连接方法。

如果制造的设备是需要固定的机器，比如用来监视室内环境的传感器或是相机等，就可以采用有线连接。虽然需要考虑线路的排布问题，不过这种方法通信较为稳定。

如果制造的设备是便携式设备，比如可穿戴设备等，就需要考虑采用无线连接了。比起有线连接，采用无线连接时，设备的应用范围更广，不过使用前还需要考虑到障碍物所导致的通信故障，以及电源的装配等因素。

使用者应该根据不同设备的特性来选择连接形式。关于连接形式的详细内容，我们将会在 3.3 节详细介绍。

3.2.2 微控制器主板的类型和选择方法

◉选择微控制器主板的出发点

在设备开发中，微控制器主板的选择是一个非常重要的因素。根据开发环境、想制造的设备以及经验的不同，设备“适合”的微控制器主板是不一样的。

就像前文说的那样，微控制器在写入程序之后才可使用，所以硬件本身还能再次利用。如果您是出于原型设计的目的“想做个试试看”而购买了微控制器，那么，为了之后还能将其沿用于其他项目，推荐您先购买具备通用结构的微控制器。

表 3.1 列举的几个关键点可以作为具体的选择标准来参考。

表 3.1 微控制器的选择标准

选择标准	详细内容
产品规格	检查接口、内存、耗电量等。在多个设备开发项目中使用时，I/O 端口（输入输出端子）越多越易于扩展
成本	虽然初学者没有必要购入高价的设备，不过对新手而言，如果购入了某种程度上比较通用的设备，那么大多数情况下，就能节省后期补买器件的工夫，这样一来最终花费的成本就很低
尺寸	微控制器主板的尺寸很大程度上会影响设备的大小。使用尺寸较小的微控制器主板时，I/O 端口的数量也会受限，所以最好要考虑规格和尺寸的平衡
开发环境	易于连接 PC 的设备，或是配备有开发软件的设备在一开始都比较容易上手。是否能使用已经掌握的开发语言也是一个重要的标准
信息的可获得性	如果是初学者，建议选择能从 Web 网站和图书等上面获取信息的设备。日本产品都公布了日语文档，使用者不擅长英语也能放心使用。此外，从采集信息方面来看，交流的活跃度也是一个重要的出发点

与设备的变化相呼应，微控制器主板的样式也在不断地推陈出新（图 3.9）。

过去，微控制器主板的目标在于搭载单片机，实现结构的简约性和高通用性。与此相对，能用在移动电话和智能手机上的高性能 CPU、完善的 I/O 端口，以及配备了网络接口的超微型计算机，即单板计算机等设备陆续登场。使用者不但能通过 Linux 操作系统来运行这些单板计算机，还能像控制以往的微控制器那样控制 I/O 引脚（pin）。微控制器主板和计算机的分界线正在逐渐模糊。

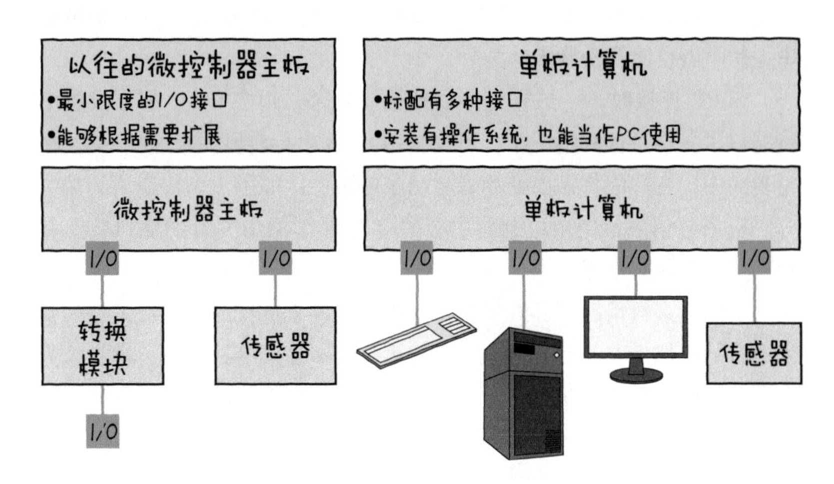

图 3.9　以往的微控制器主板和单板计算机

单板计算机给未曾开发过硬件的软件开发者们提供了一个友好的开发环境。这些产品确实在一定程度上降低了开发初期技术上、心理上以及金钱上的难度。

当然，在实现商品化的过程中，为了能够适应大批量生产，需要削减无用的规格，实现价格的低廉化。在这一阶段以及未来，都需要用单片机来实现结构的最小化。也就是说，嵌入式开发自身的难度和需要的知识是没有变化的。不过单板计算机实现了原型设计过程的高速化和不断重复。尤其对于追求创新概念的物联网设备开发来说，重要的是不断地去重复试错。

本节将基于前文介绍的选择标准，来介绍几个具有代表性的微控制器。

◉ H8 型微控制器主板

H8 型微控制器主板是一种单片机主板，它上面安装了瑞萨科技公司制造的 H8 型微控制器系列产品。在秋叶原和邮购电子器件的网站都可以轻易买到这种组装品。它是日本生产的，文档和手册内容充实，对于需要使用微控制器来制作电器的人来说，H8 型微控制器主板是一件标配品，在日本国内长期受到人们的喜爱，且售价 3000 日元，价格适中，初学者也能轻松购入。

与 PC 连接时，一般采用串行通信。近来，很多 PC 上都不设置串行端口了，不过这种情况下，可以采用 USB 串行转换线来连接 PC。在组装品中，有些配件需要使用者自己来安装，比如用于串行通信的端口等。根据数据表，把微控制器主板的接头和 D-SUB 9 针的插口接上就行，并没有什么难度。

虽然大多数情况下，开发是由附带的软件来进行的，不过采用的开发语言一般都是 C 语言。嵌入式开发更是大多都采用 C 语言。这是因为比起一般的计算机，单片机在规格方面（如内存和时钟数等）受到种种制约，从高效运用硬件资源的角度来说，多数情况下需要编写位操作和寻址等接近硬件操作的功能。

把 H8 作为学习嵌入式软件基础的入口是一个非常不错的选择，这样一来就能构建所有类型的硬件了。不过，如果“初学者想在短期内做出能运行的设备”，那么说实话还有些困难，建议大家结合自己的技术背景和学习目的来做选择。

◉ Arduino

Arduino 是一款可以让没有从事过电子仪器设计和制作的人也能马上着手开发的微控制器主板，有着非常高的人气。它被应用在美术和个人爱好等各种领域，作为一个容易上手的全方位平台受到了人们的喜爱。

但是 Arduino 这个词指的不单单是微控制器主板，它还是对 Arduino 主板，以及最适合于 Arduino 主板的综合开发环境——Arduino IDE 的统称。Arduino 以“开放硬件”的理念为本，从硬件到软件所有的设计信息都是公开的，衍生出来的各种各样的产品也在市面上销售。Arduino 非常便宜，只要 3000 日元，去秋叶原的电子器件店或是通过网购都能轻松购买到 Arduino。

Arduino 主板品种和规格繁多，其中最为标准的主板就是 Arduino

UNO（图 3.10）。数字输入输出端子、模拟输入端子、USB 端口等单纯的 I/O 端口都被压缩在了一块小小的电路板上，买到手后马上就能开始开发设备。

图 3.10　Arduino 主板

另外，这块电路板还能扩展，使用者通过安装一个叫作 Shield 的对应器件就能追加功能。只要使用 Wi-Fi Shield、以太网 Shield、GSM Shield 等，就能轻松搭建出一个用于连接网络的环境。除此之外，市面上还有传感器和具备多种功能的 Shield 产品，请各位务必查一查。

Arduino 最大的特征就在于它开发的简易性。只要用 USB 线连接 Arduino 主板和 PC，开发环境就搭建完成了。编写程序和写入主板则通过 Arduino IDE（图 3.11）来完成。开发是用类似于 C++ 的 Arduino 语言来进行的。开发前，Arduino IDE 已经准备了很多的示例代码，有软件开发经验的使用者只要看一看就能大概明白该怎么使用。即使是新手，也有可能在开箱后 10 分钟以内做好一个能让 LED 闪烁的电路和程序。

虽然 Arduino 有这么多让人啧啧称赞的规格，但它有一个大问题，那就是跟 Shield 一起搭配使用的话尺寸也会增大。Arduino 的大小会决定设备的大小。因为将 Arduino 用于教育也属于制造 Arduino 的一个目的，所以人们很重视其通用性。虽然其结构固然比采用 H8 微控制器等时要大，但从商品化观点来说，当前要单独使用 Arduino 还有些困难。

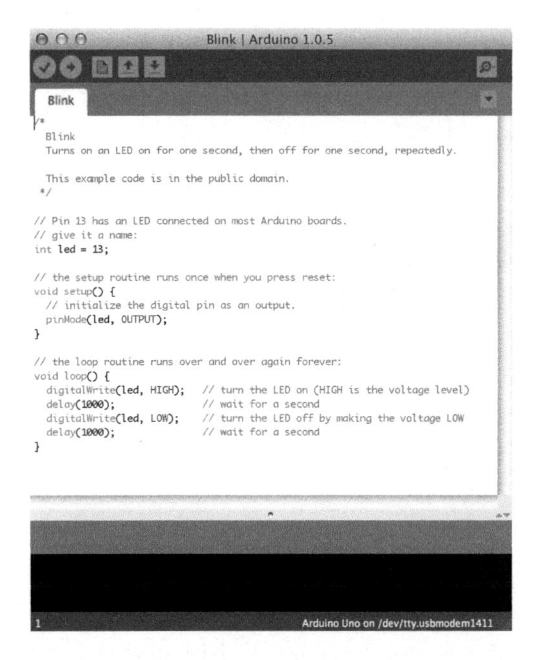

图 3.11 Arduino IDE

这里，原型工具有多棒就不必多说了。拿能以最低开发成本构建硬件这点来说，原型工具就是最适合用于试做的产品。对硬件开发有兴趣的人不妨尝试着接触一下。

◉ Raspberry Pi

Raspberry Pi（树莓派）是一款搭载有 ARM 处理器的单板计算机，由英国树莓派基金会开发（图 3.12）。Raspberry Pi 的出现无疑给单板计算机热潮再添了一把火，它也因此而著名，但其实 Raspberry Pi 原本是为编程教学而开发的。

其系列产品包括 Raspberry Pi 1 model A、A+、B、B+ 以及 Raspberry Pi 2 model B 这 5 种。这 5 种产品搭载的端口和内存等规格都不同，在此，就以最新型号 Raspberry Pi 2 model B 为例给大家介绍一下。

不管如何，开发者设计 Raspberry Pi 的主要目的都是想把它当作计算机来使用，因此，除了 USB 端口、声音影像输入输出端口、以太网端口等输入输出端口外，使用者还能通过 microSD 卡等外部存储器来连接 Raspberry Pi。从搭载了 GPU 这点也能看出来，开发者的初衷是把它连接到显示器当作 PC 来使用。另外 Raspberry Pi 还安装有 Debian 类 Raspbian 操作系统，标准支持 Python。从 Raspberry Pi 2 model B 开始，Raspberry Pi 的 CPU 就是四核处理器了，并宣布支持 Windows 10。作为一个能实现多种应用程序的平台，Raspberry Pi 备受瞩目。

图 3.12　Raspberry Pi 2 model B

如果想把 Raspberry Pi 当成微控制器主板来用，那么没有模拟输入端子可以说是其一大缺点。虽然和传感器等设备直接连接时需要输入模拟信号（详细情况会在后面说明），但 Raspberry Pi 只能接受数字输入方式。为了处理模拟信号，需要通过 A/D 转换电路把模拟信号转换成数字信号，并连接到输入端口。虽说市面上也有专用的电路板，不过这样就会增加多余的成本。

价格来说，Raspberry Pi 2 model B 售价 4200 日元，比 Arduino 稍微贵一些，但比之后要说明的 Beagle Bone Black 便宜。作为单板计算机来说，Raspberry Pi 2 model B 是一款物美价廉的产品，不过如果想拿它当微控制器，还需要做不少准备，下不少功夫。话虽如此，关于这款产品，能参考的信息还是非常多的（如图书等），还请各位一定要尝试一下。

Beagle Bone Black

Beagle Bone Black（BBB）是德州仪器公司主持开发的一款搭载了ARM处理器的单板计算机（图3.13）。这块主板的惊人之处在于平衡了微控制器主板和PC的性能。

图3.13 Beagle Bone Black

作为硬件，Beagle Bone Black除了搭载有2×46的I/O引脚，还具备512 MB的内存，4 GB的集成闪存，以及以太网、microHDMI、USB、microSD等丰富的输入输出端口。跟Arduino相比，Beagle Bone Black的运算处理能力占据压倒性优势地位，能安装种类更多且自由度更高的软件。

此外，就软件而言，Beagle Bone Black还能从SD卡安装任何Linux操作系统的发行版本，能够轻易而灵活地为开发者搭建出一个他们需要的软件开发环境。

就开发环境而言，用USB把BBB连接到PC来安装驱动后，就能从PC的浏览器访问名为Cloud9 IDE的IDE。用这个IDE就能够通过Node.js来简单地进行行为描述。此外，因为它还能通过命令行来操作各个输入输出引脚的状态，所以能够将其作为脚本来进行行为描述。

BBB有非常丰富的规格，跟我们介绍的其他主板相比，这款主板尺寸稍微大一些，作为商品化产品来使用不免有些困难，这一点跟

Arduino 一样。其价格在 7000 日元左右，定价比一般的微控制器主板要高一些。

此外，中文资料不够丰富也是一个难点，对初学者来说可能会比较费劲。从国际角度来看，Beagle Bone Black 这款产品受到了比较活跃的开发者团队的支持，所以只要有决心去"啃"官方网站和 Wiki 这类网站来填补其不足，Beagle Bone Black 还是一款非常具有魅力的产品的。

◉英特尔 Edison

图 3.14　英特尔 Edison

在物联网开发中具备独树一帜的存在感的就是英特尔 Edison（图 3.14），它搭载了具备双核双线程的英特尔 Atom CPU，以及 100 MHz 的微控制器英特尔 Quark。这个主板的亮点在于彻底地改善了专为物联网设备设置的规格。

跟 Raspberry Pi 和 BBB 一样，英特尔 Edison 也标准安装了 Linux 操作系统（Yocto Linux）。除了具备作为 PC 最基本的功能以外，它还标准安装了 Wi-Fi 和蓝牙 4.0。在物联网设备中有两点是必备的，即节省空间的设计和连通性的实现。英特尔 Edison 极其袖珍，只有 35.5 mm × 25.0 mm × 3.9 mm，但却具备了接通电源就能用 SSH 远程登录的功能，对比以往的微控制器主板，英特尔 Edison 的性能可谓惊人（图 3.15）。

图 3.15　英特尔 Edison 跟笔的比较

英特尔 Edison 主机带有 GPIO 引脚，但因为太小，所以不容易直接开发。英特尔为开发者准备了 Breakout Board Kit 和英特尔 Edison Kit for Arduino（Arduino 兼容板）两种扩展板，将主机插入扩展板之后就可以进行开发（图 3.16）。除了 I/O 引脚，扩展板上还安装有 SD 卡和 micro USB 端口、microSD 端口等，能够轻易地与外部设备相连接。此外，Arduino 兼容板和 Arduino UNO 两者引脚的配置基本相同，可以直接装配使用面向 Arduino 开发的主板和 Shield。

图 3.16　英特尔 Edison Kit for Arduino（Arduino 兼容板）

在软件开发环境方面，英特尔 Edison 也准备了多样且方便的环境（图 3.17）。

初学者一开始使用 Arduino IDE 入门会比较容易，它是专门为 Edison 量身定做的。通过 USB 线把 Edison 连接到 PC，就能通过 IDE 描述代码，往主板中写入信息，进行调试。对于用 Arduino 从事过开发的人来说，开发环境以及所有实现了 Arduino 兼容的环境，都是非常容易上手的。

又因为 C 语言和 C++ 的交叉编译程序已经公开了，所以只要用于开发的 PC 与 Edison 在同一个 Wi-Fi 网络里，就能通过 SSH 把在开发专用的 PC 上编译好的执行文件发送给 Edison 使用。

除此之外，英特尔 Edison 还标准安装了 Python 和 Node.js，开发者能够从众多选项中选择符合自己需要的来使用。特别是英特尔 XDK IoT Edison，如果想实现一个能用 Node.js 来控制硬件的环境，用它是再适合不过了。

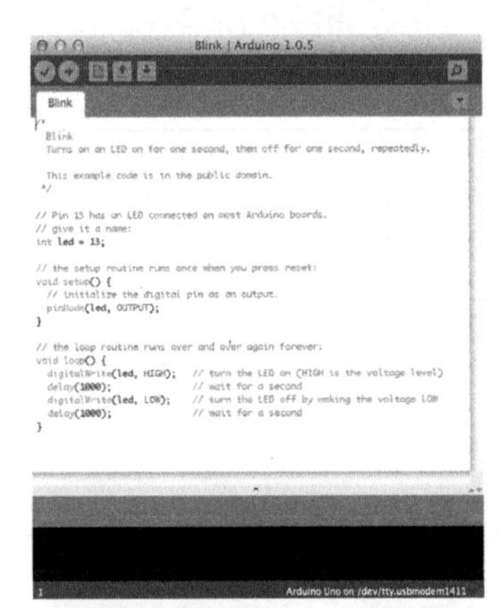

Arduino IDE兼容环境
（Arduino语言）

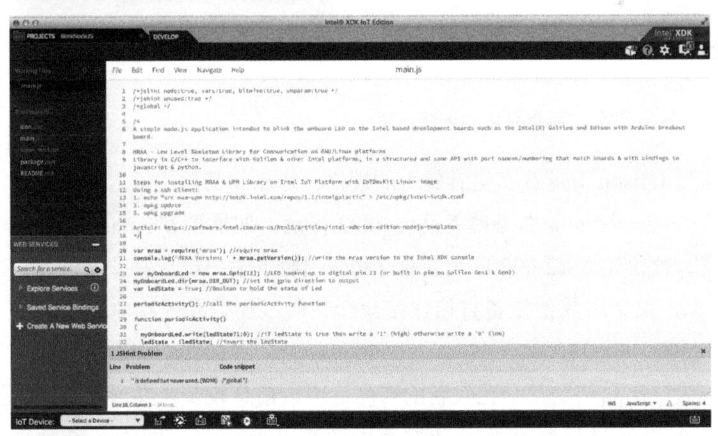

Intel XDK IoT Edition （Node.js）

图 3.17 英特尔 Edison 的开发环境

在灵活运用 Edison 方面有一点很重要，那就是 Edison 的用途不限于原型设计（图 3.18）。虽然在开发初期是使用扩展板来进行原型设计的，不过当产品规格在一定程度上确定了，也有望会量产时，通过制作产品的连接板也可以直接在产品上安装 Edison 主机。从避免发生大规模的规格变更（如在从原型设计到商品化的期间变更处理器）的角度而言，这点非常重要。

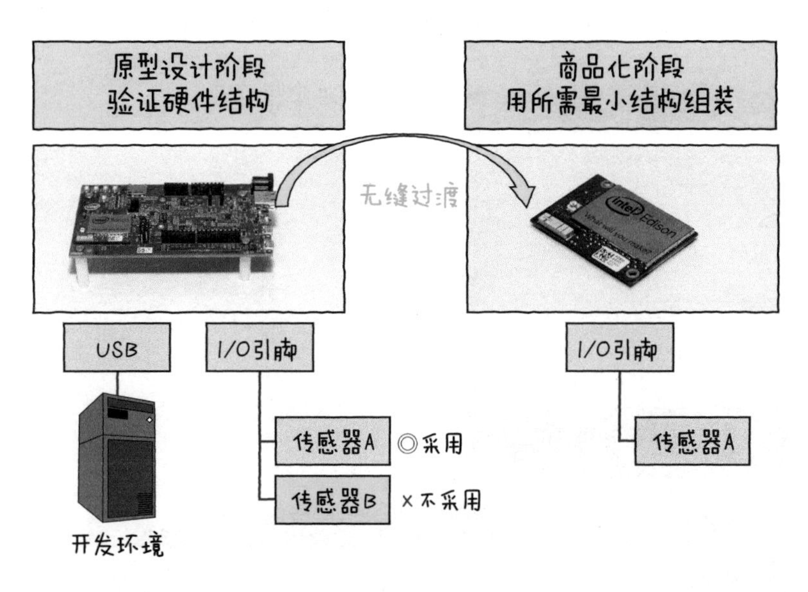

图 3.18　从原型设计到商品化的无缝过渡

虽然 Edison 有这么多富有魅力的规格，但比起其他主板，它的价格要略高一些。Edison 本身单卖就要 7000 日元，如果再和 Arduino 兼容板配套，就得花上 12 000 日元。而且每个引脚的输出电压都非常低，只有 1.8 V，很难跟其他设备直接连接运行。所以还得在连接电路上花一番心思才行。

因为这次介绍的都是比较新的产品，所以信息较少也在所难免，不过大家可以通过那些活跃的开发者团队来获取信息。因为还牵扯到 Arduino 兼容的问题，所以很多地方都应该能挪用 Ardunio 的知识技巧。如果能正确理解其优点与缺点，那么对物联网设备开发而言，Edison 会是一个非常优秀的开发平台。

◉微控制器主板间的比较

目前为止，各位已经看过几个不同类型的产品了。如今，微控制器和单板计算机的分界线日益模糊，为了迎合人们的需要，开发环境也变得多样化。只要比较一下前面介绍的微控制器主板就会发现，它们各自的目标领域还是有着微妙的差别的（图 3.19）。

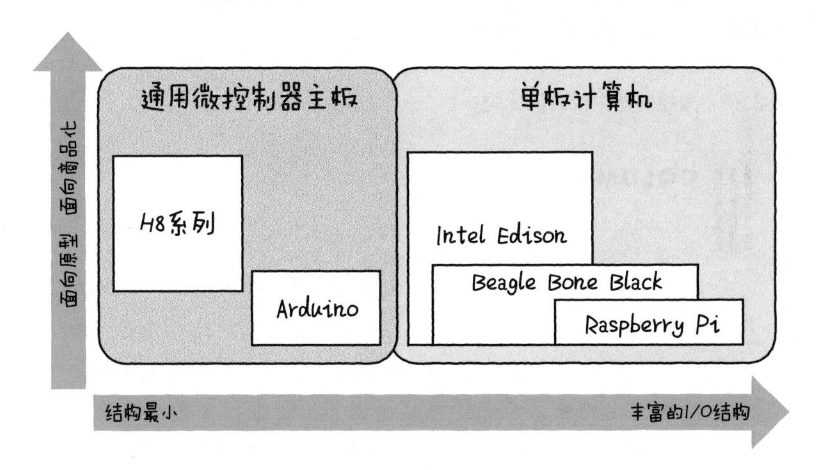

图 3.19 每个产品在概念上的差异

像 Arduino、英特尔 Edison 以及 BBB 这些都是适用于原型设计，而且在通用性和扩展性的平衡方面表现优秀的产品。而 Raspberry Pi 的目标是被当作 PC 使用，所以没有能直接指向设备的模拟 I/O 引脚。

另外，像 H8 系列这样的传统型微控制器，虽然在追求结构最小化这点上出类拔萃，但是一旦涉及连接网络等方面，可以说就比较鸡肋。

这样看来，英特尔 Edison 作为面向物联网设备开发的微控制器主板，不仅标准安装了 Wi-Fi 和蓝牙，还全面涵盖了原型设计和商品化，其存在感越来越强烈了（图 3.20）。

图 3.20 微控制器主板间的比较

COLUMN

开源硬件的兴起

相对于开源软件而言，Arduino、Beagle Bone Black、Raspberry Pi 等被称为开源硬件。开源硬件和 3D 打印等生产技术革新一同受到了人们的瞩目，因为它们像一串钥匙，开启的那扇大门通向一个能够自由而容易地开发产品的世界。近来以美国西海岸为首，新型硬件公司正在全世界逐步兴起，以前文我们介绍的种种产品为主，方便用户的（准确地说是方便开发者的）开发工具正不断出现，它们的出现给硬件开发的工艺创新带来了不可忽视的影响。

3.3 连接“云”与现实世界

3.3.1 与全球网络相连接

有两种让设备连接到网络的方式，一种是由设备本身直接连接全球网络，另一种是在本地区域内使用网关来连接全球网络（图 3.21）。近来，“生活记录”型的设备越来越多，其结构更接近前面说的第二种方式，例如通过蓝牙把可穿戴设备和智能手机配对，通过智能手机向服务器发送数据。

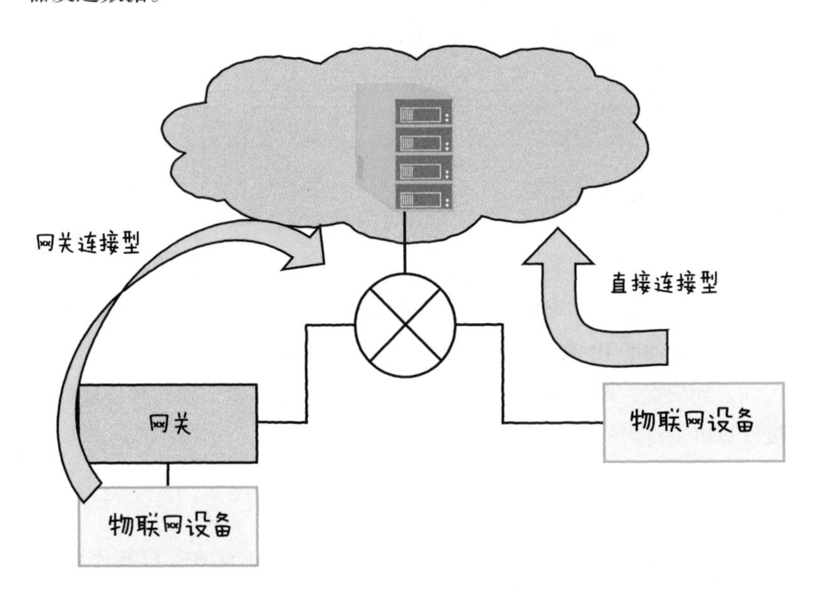

图 3.21　网络连接形式

与物联网设备相比，网关设备的硬件结构大多比较丰富，有的还支持再次发送数据和保存部分数据等功能。另外，网关设备还支持高级加密及数据压缩，在需要保证数据传输的安全性时，采用网关无疑是一个明智之选。

另一方面，直接连接网络时，则需要在物联网设备端实现再次发送等错误处理程序。虽然这点还需斟酌，不过如果采用直接连接方式，构建系统时就不用在意是否存在网关了。这样一来就能单纯地建立设备和服务器之间的连接了。

3.3.2 与网关设备的通信方式

物联网设备和网关设备进行通信的方式有很多种，既有有线的也有无线的。因为每种方式都各有利弊，所以需要大家根据设备的用途和特性来进行选择。

选择的标准包括通信时能够使用的协议、通信模块的大小、耗电量，等等。

在这里我们看一下各连接方式的特征。

3.3.3 有线连接

◉以太网

以太网连接方式采用网关设备和以太网电缆进行有线连接。这种方式不仅不怕无线电频率干扰，能够稳定通信，而且还有一大亮点，那就是能实现普通的 IP 通信协议，跟 PC 进行简单通信。

说到缺点，则包括终端要在一定程度上具备丰富的执行环境（如单板计算机），以及尺寸容易偏大，设置场所受限等。

◉串行通信

串行通信连接方式是指采用 RS-232C 等串行通信来连接其他设备。这个方式的优点包括多数工业产品配备了用于串行通信的端口，容易与现有产品建立连接等。使用 RS-232C 串口时，设备大多使用 D-SUB 9 针端口（图 3.22）。如果网关设备也有串行端口，那么就能用 RS-232C 串口线直接连接设备来进行通信。这里的线包括直通线和交叉线两种，请大家按照设备的结构进行选择。

相反，如果网关设备上没有串行端口，就得用“USB 转串口线”来连接了。请各位注意，在这种情况下网关设备里必须安装有与转换芯片（转换芯片在转换线里）对应的驱动程序。如果安装了与 FTDI 芯片（转换芯片的事实标准）对应的驱动软件，就比较容易找到对应的线了（关于驱动程序，会在下一节讲解）。

想实现串行通信，就需要在收发信息的两方设定表示通信速度的参数“比特率”，以及要发送数据的大小。

C 语言、Java、Python 这些常用的编程语言都准备了这种串行通信程序库，是一个很好用的接口。

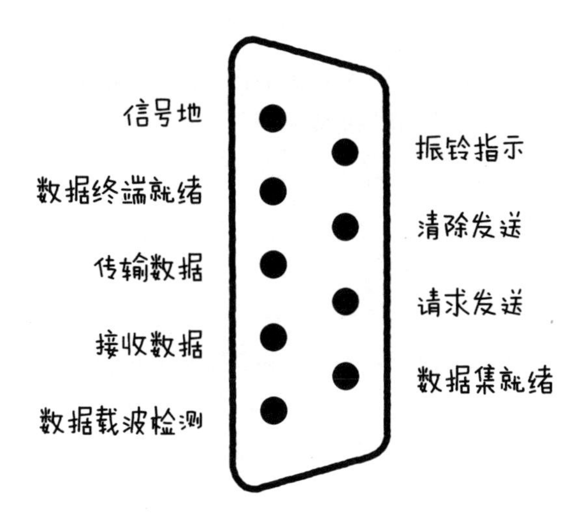

图 3.22 D-SUB 9 针端口

◉ USB

USB 是一个为大家熟知的接口。USB 的插头形形色色，但是在连接网关的时候，多数情况下跟计算机一样，采用一种叫 Type-A 的插头。此外，USB 有多种规格，每种规格传输数据的速度都不相同（表 3.2）。

表 3.2 USB 的规格、传输速度及供电能力

名称	最大数据传输速度	供电能力
USB 1.0	12 Mbit/s	—
USB 1.1	12 Mbit/s	—
USB 2.0	480 Mbit/s	500 mA
USB 3.0	5 Gbit/s	900 mA
USB 3.1	10 Gbit/s	100 mA

要使用通过 USB 连接的设备，就得安装一种叫作设备驱动的软件。因此，用 USB 控制设备和接收数据时，有没有提供与设备对应的驱动就很重要了。打个比方，假设我们想把 USB 相机连接到网关来发送图像。如果想发送给 PC，单纯安装 USB 相机和相机的驱动就行了，而换成网关就不一样了。如果网关是在 Linux 上运行，那么就需要准备

Linux 专用的驱动，制作获取图像的软件。

USB 在 PC 等通用机器上非常普及，其特征在于，比起 D-SUB 9 针等端口，这种端口的小尺寸占据了压倒性优势。

3.3.4 无线连接

◉ Wi-Fi

如果采用 Wi-Fi 连接方式，通过 Wi-Fi 接入点就能够连接网络。通过它，可以在不便进行有线连接的环境中，实现移动型设备和 PC 及智能手机的联动，也就能更加容易地搭建出一个与本地区域内其他设备联动的系统了。

为了防止无线电频率干扰，需要注意接入点的设置。以下这些是所有无线连接方式都会面对的情况，那就是需要在安装设备的应用程序时考虑到通信断开的情况，例如先把数据保存在内部，等能连接上的时候再一口气发送过去等，这点工夫还是要费的。

此外，因为和蓝牙 4.0（后文再叙述）相比，Wi-Fi 耗电量高，所以不适合那些需要长时间进行通信的设备。

◉ 3G/LTE

3G/LTE 连接方式是通过移动运营商的通信线路来连接网络的。只要从运营商购买 SIM 卡，再把 SIM 卡插入设备里就能够通信了。

采用这种连接方式时，只要在信号范围内就能连接上网络，不需要像 Wi-Fi 那样去在意接入点的设置。相反地，在工厂和地下这类信号不好的地方就无法通信了。

想使用 3G/LTE，设备上需要配备用来插入 SIM 卡的插槽，这个条件大大地限制了硬件设计的发挥。除此之外，还会持续产生接入费用，所以也会对设备本身的价格与使用形式产生影响，例如采用月付费模式。另外，在某些情况下，开发终端是需要经过运营商审查的，这点请大家注意。

◉蓝牙

蓝牙是一种近距离无线通信标准，多数智能手机和笔记本电脑都配备了蓝牙。

2009 年，蓝牙 4.0 首次公开，它以内置电池的小型设备为主要应用对象，整合了超低功耗的 BLE（蓝牙低能耗，Bluetooth Low Energy）技术。根据设备的结构不同，它甚至可以实现靠一枚纽扣电池连续运行数年。此外，原本的蓝牙和 Wi-Fi 一样采用 2.4 GHz 频段，容易产生干扰，但是从 4.0 起，这个问题已经得到了大幅度的改善。

除了一对一通信，BLE 还能实现一对多通信，通信机器只要在物联网设备附近且能使用 BLE，就能通过广播发送任意消息了。从 iOS7 起，iOS 就利用这种通信形式标准配备了 iBeacon 功能，iBeacon 能够测算环境中设置的 BLE 信号发送器，即 Beacon 的大概位置和 ID 信息（图 3.23）。这项功能可以给店铺附近的顾客发送最适合他们的广告和优惠券。这种方法也作为一种新的 O2O[①] 服务而备受瞩目。

图 3.23 通过 BLE 广播信息（iBeacon）

---

① Online to Offline：一种服务和方法，通过这种服务和方法可以实现 Web 网站和应用程序等线上信息与线下店铺销售的联动。

除此之外，蓝牙 4.2 还宣布支持 IPv6/6LoWPAN，设备可以通过网关直接连接互联网。从这些特征来看，蓝牙正逐渐占据物联网通信协议中的主要地位。

蓝牙是一种在不断更新换代的通信标准。特别是从 v3.X 更新到 v4.X 时，曾出现非常大规模的兼容性问题。例如，BLE 连接不上支持 v3.0 的机器。蓝牙技术联盟[①]（Bluetooth SGI）负责制定蓝牙的规格并意识到了这些兼容性上的差异问题，于是把那些能跟 v3.X 前面的机器通信的设备称作“蓝牙”，把只支持 v4.X 的机器称为 Bluetooth SMART，把能兼容所有版本的机器称为 Bluetooth SMART READY，以此表示区分（表 3.3）。

表 3.3 蓝牙兼容支持表（○支持；× 不支持）

版本	蓝牙	SMART	SMART READY
1.X	○	×	○
2.X	○	×	○
3.X	○	×	○
4.X	×	○	○

这里需要注意的是，想把基于 BLE 的物联网设备连接到网关时，网关必须支持 Bluetooth SMART 或是 Bluetooth SMART READY。顺带告诉各位，如果换成智能手机，那么只有 iPhone4S 及以后的机型，或者 Android 4.3（API Level 18）之后的版本才支持 BLE。请在直接连接手机之前确认操作系统的版本。

◉ IEEE 802.15.4/ZigBee

IEEE 802.15.4/ZigBee 是一种使用 2.4 GHz 频段的近距离无线通信标准。其特征是虽然传输速度低，但是与 Wi-Fi 相比，耗电量较少。

如图 3.24 所示，ZigBee 可以采取多种网络形式。其中，网状网（mesh network）更是 ZigBee 的一大特征，它能在局部信号断开的情况

① 是一个以制定蓝牙规范、推动蓝牙技术为宗旨的跨国组织。它拥有蓝牙的商标，负责认证制造厂商授权他们使用蓝牙技术与蓝牙标志，但是它本身不负责蓝牙装置的设计、生产及销售。

下继续进行通信。只要采用这个方法，就能通过组合大量传感器来简单地搭建传感器网络。

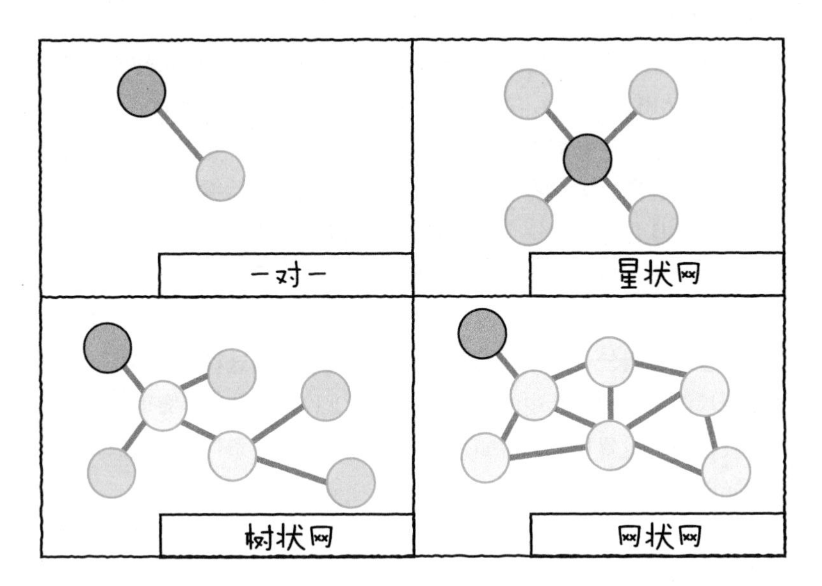

图 3.24 ZigBee 的网络形式

另外，要把 ZigBee 跟 PC、智能手机联动，就需要给这些设备连接专用的接收器。跟蓝牙相比，这是 ZigBee 一个非常大的缺点，因为蓝牙上普遍标准安装了接收器。

◉易能森

易能森（EnOcean）是德国易能森有限公司开发的一种无源无线传输技术。易能森是一个总称，它指的不仅是一种通信标准，还包括感测设备本身（图 3.25）。

易能森旗下设备齐全，包括运动传感器、开关、温度传感器、开关门传感器等形形色色的设备，这些设备都是利用能量采集技术自主发电的。例如，开关就是用按下开关的力量发电通信的，温度传感器则是利用太阳光进行发电并通信的。也就是说，一旦安装后就不用考虑布线和充电的问题了。

日本国内使用的是 920 MHz 频段，因此用 PC 和网关接收信息时，需要给硬件装入专门用于接收信息的模块，或是安装用于接收信息的 USB 模块。

至于通信协议，则必须遵循开发方易能森有限公司和易能森联盟（EnOcean Alliance）规定的方式。易能森联盟主要负责规划易能森的规格，以及普及推广易能森。安装了接收模块的机器需要再安装一个用于接收的应用程序，应用程序还需与机器规格相匹配。

此外，从自主发电这个性质来看，易能森的多数设备都在节电方面做了不少努力。例如，先把信号强度设置得弱一些，这样就不能把设备和接收器的距离设定得太长了。而且，从传感器向接收器发送数据的时间间隔也设置得较长。例如易能森就不适用于下面这种情况，即从发生变化到检测出变化，其中的延迟不能超过 1 秒。在使用设备时，需要仔细检查设备的设置环境，例如是不是满足以上这些条件，有没有充足的自然光以用于充电等。

话虽如此，易能森还是有一个非常有魅力的特征的，那就是“无需维修”，在某些状况下，它会成为使用者的强大伙伴。

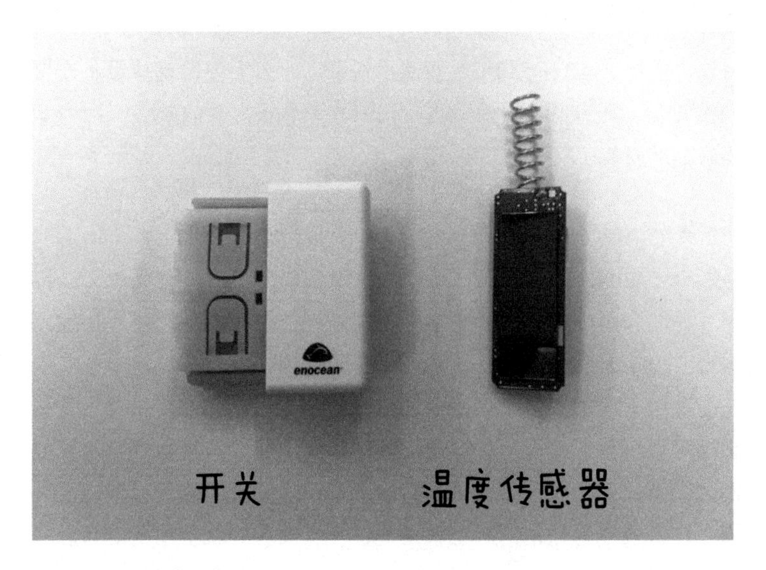

图 3.25　易能森设备

3.3.5 获得电波认证

事实上，在不同国家开发和使用无线通信设备时，是需要获得认证的。例如在日本国内，开发者就需要获得《电波法》[①] 的认证（符合技术标准的证明等）。针对不同情况，有时需要履行一些手续，有时不用，因此建议各位在考虑出售产品时，先向熟悉那个国家电信法律的专家咨询一下（详情会在第 5 章介绍）。

3.4 采集现实世界的信息

3.4.1 传感器是什么

传感器是一种装置，它的用途在于检测周边环境的物理变化，将感受到的信息转换成电子信号的形式输出。人类用五种感官来感知环境的变化，设备则用传感器来感知。

如表 3.4 所示，传感器有很多种类。

每种传感器都包含各种各样的应用方式，“用哪个传感器”对所有从事设备开发的人来说都是一件令他们头疼的事。虽然没有绝对正确的方法，但是如果不了解传感器的机制和特性，就不可能做出设备。

感测技术在日益进化。不少新设备的创意都是从“能用这个方法测量这种东西了”这样的一步步的技术革新中诞生出来的。这里非常重要的一点是，传感器的知识不仅对技术人员而言很重要，从产品设计和经营战略的角度上来看，学习传感器知识也是非常重要的。

接下来就让我们一边了解传感器最普遍且最基本的测算手法，一边来加深对传感器的理解。

① 日本的法律，目的在于确保无线电波能被公平且有效地利用。

表 3.4 具有代表性的传感器

类型	用途
温度 / 湿度传感器	测算周围的温度 / 湿度，将结果转换成电子信号 应用实例：测量室内环境（用于家庭、工厂、温室大棚等）
光学传感器	检测光的变化，将结果转换成电子信号 应用实例：防盗照明、自动控制百叶窗
加速度传感器	计算施加在传感器上的加速度，将结果转换成电子信号 应用实例：智能手机、健身追踪器
力觉传感器	测算施加在传感器上的力度，将结果转换成电子信号，形状有片状乃至开关状，各种各样 应用实例：用于高龄老人起床时
测距传感器	测算传感器和障碍物之间的距离，将结果转换成电子信号。通过照射红外线和超声波搜集反射结果，基于反射结果来测量距离，其中还包括能够扫描二维平面的激光测距仪 应用实例：汽车
图像传感器	在宏观上来说，相机也属于传感器。近来还出现了一种先进的图像传感器，把它跟测距传感器组合在一起就能测量物体的 3D 形状（详细情况会在第 4 章解说） 应用实例：人脸识别、智能手机

3.4.2 传感器的机制

下面将为大家介绍两种感测方法。

①利用物理特性的传感器

②利用几何变异的传感器

◉利用物理特性的传感器

每种传感器根据其用途而内置有不同的检测元件（图 3.26）。检测元件这种物质的电子特性会根据周围环境的变化而变化。

检测的方法大体上分为两种。

第一种方法是用输出电压的变化来表示环境的变化。例如，力觉传感器就是依靠一个叫作应变仪的金属力觉元件来发挥作用的（图 3.27）。对传感器施加力，应变仪就会产生微小的变形。因为金属的阻值（输出电压）会根据形变而变化——这是金属的性质——所以只要让一定量的电流流过应变仪，那么根据欧姆定律（电压 = 电阻 × 电流），输出电压的值就会变化。例如，把应变仪安装在桥梁和高层建筑物的支柱上，就能感测到细微的变形。只要通过网络把采集到的这些数据汇集到服务器，就能持续监测基础设施了。

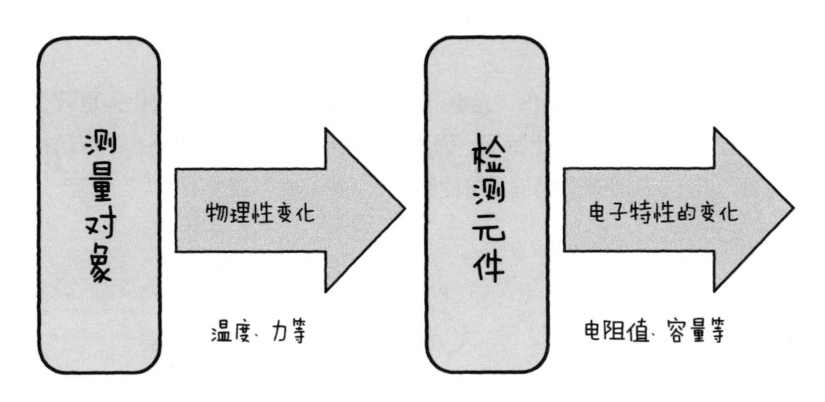

图 3.26 利用物理特性的传感器

从广义上来说，这些传感器与变阻器（通过调节刻度盘来增减阻值的一种电阻）没有什么差别。同样利用这种特性的还有 CdS（光学传感器）和温度传感器等。

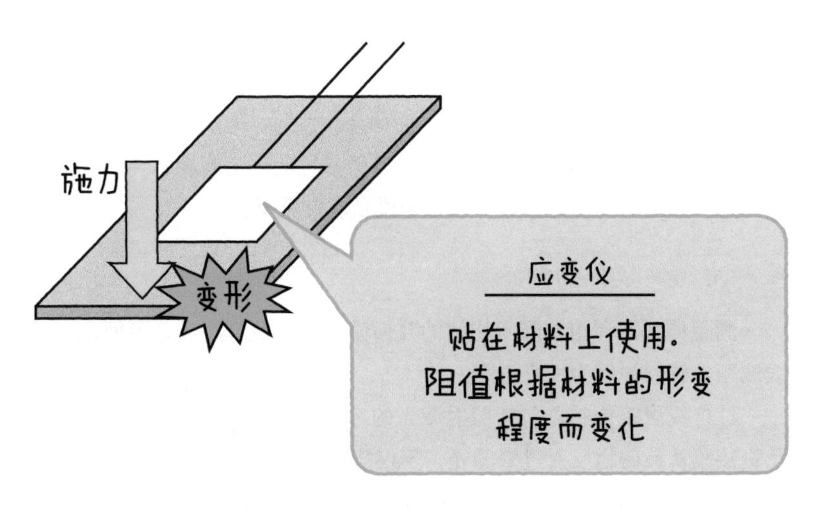

图 3.27 应变仪（阻值会变化的传感器）

第二种方法是用输出电流的变化来表示环境的变化。例如会对光产生反应的光电二极管，只要一照射到光，这种半导体元件就会像太阳能电池那样在两个端子间产生电动势和电流（图 3.28）。变异是作为电流变化输出的，但实际上是用一种叫运算放大器的 IC 把电流变化转换成电压变化的。就结果而言，跟刚才第一种方法情况相同，也是用电压的变化体现环境的变化。

比起前面介绍的 CdS，光电二极管能更快感应到光的变化，也就是说它有“响应迅速”这个特征。因为它需要电流电压转换电路，所以结构偏大。不过在需要进行精确测量的情况下，人们大多会采用光电二极管。

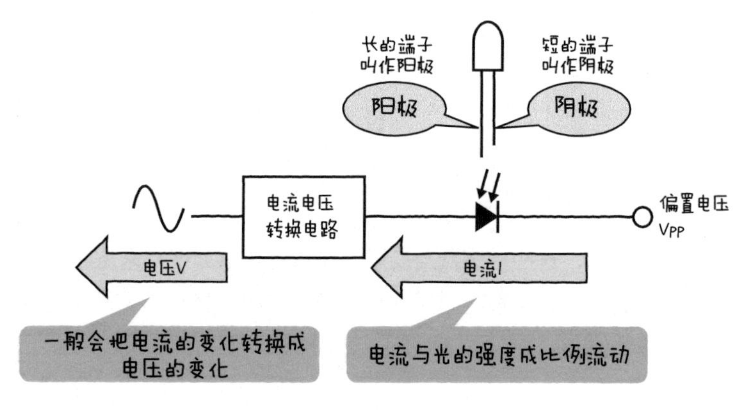

图 3.28　光电二极管（电流值会变化的传感器）

虽然在平时使用传感器的时候很少会注意到，但从微观上来看，传感器巧妙地利用了物质的性质这点是显而易见的。正确理解传感器的特性并选择匹配的传感器，对开发者来说是非常重要的。

◉利用几何变异的传感器

测距传感器利用与障碍物间的几何学关系来测算距离。下面以红外线测距传感器为例为大家说明。

红外线测距传感器包括照射激光的部分和光接收元件。光接收元件负责接收从障碍物反射过来的光，不仅能测算 ON/OFF 信息，即有没有照到光，还能测算光照到了光接收元件的哪里。然后利用图 3.30 所示的几何学关系，通过测算得到的值来测量距离。

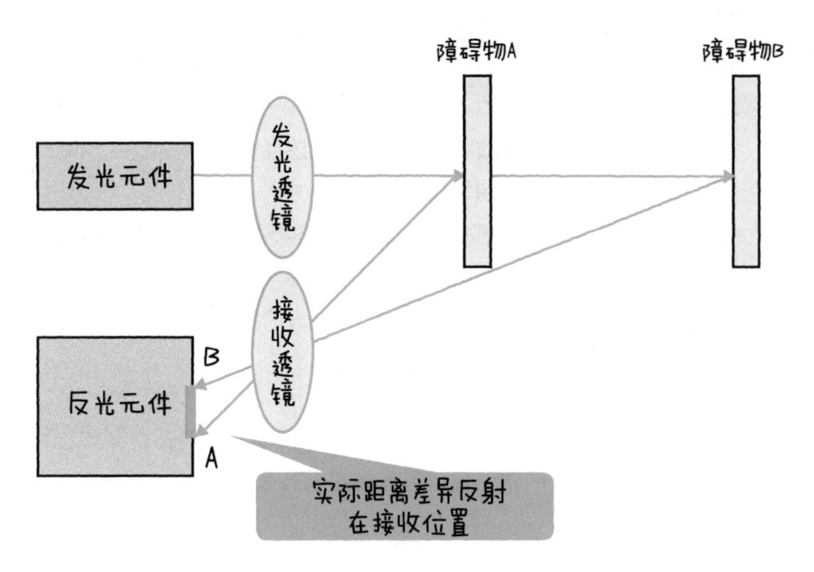

图 3.29 测距传感器的机制

实际上，测距传感器上有 INPUT、GND、OUT 这 3 个端子。把 INPUT 和 GND 分别接上电源，距离的测量结果就会以电压变化的形式反映在 OUT 的端子上。每个传感器上都事先准备有电压值和距离的对应关系图，对照关系图就会得出实际的测量结果（图 3.30）。

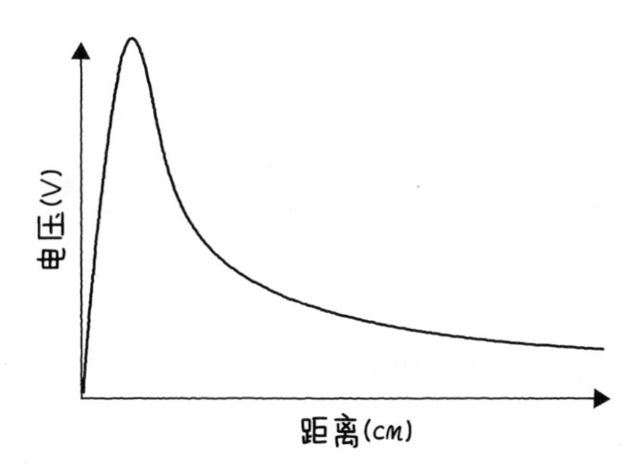

图 3.30 输出和距离的关系图例

3.4.3 传感器的利用过程

前文已经为大家介绍了传感器的机制，接下来看看如何才能把这些传感器装入设备以及如何使用。

前面已经介绍过，微控制器负责接收传感器输出的信息及控制设备。那么具体要如何用微控制器处理电子信号呢？

要想知道答案，就需要理解传感器输出的电子信号的特性。所有的传感器都普遍具有以下特性。

- **毫伏级的微弱信号**
- **输出的是含有一定噪声的模拟信号**

针对上述这种情况，从传感器信号中获取所需信息时，就需要进行一种叫作“信号处理”的预处理，流程如图 3.31 所示。

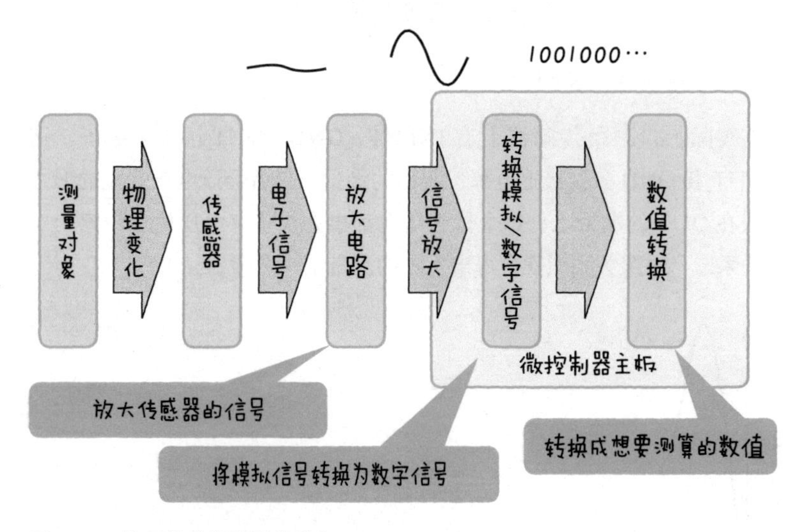

图 3.31 处理传感器信号的流程

下面就来详细讲解一下各流程都进行的是怎样的处理。

3.4.4 放大传感器的信号

为了利用传感器的微弱信号，需要将其放大到微控制器等设备可以读取的强度，这就需要用到放大电路了。

放大电路的核心是一个叫作运算放大器（operational amplifier）的IC芯片。其实它就是由晶体管（控制电流的元件）等组成的一个复杂电路，除了放大信号外，也用于模拟运算。

举个简单的例子，大家看图3.32，这个电路叫作非反相放大电路，它在保持输入信号的极性的同时将其放大输出。可以看出，图中三角形处就是运算放大器，它的各个端子连接着电阻等元件。

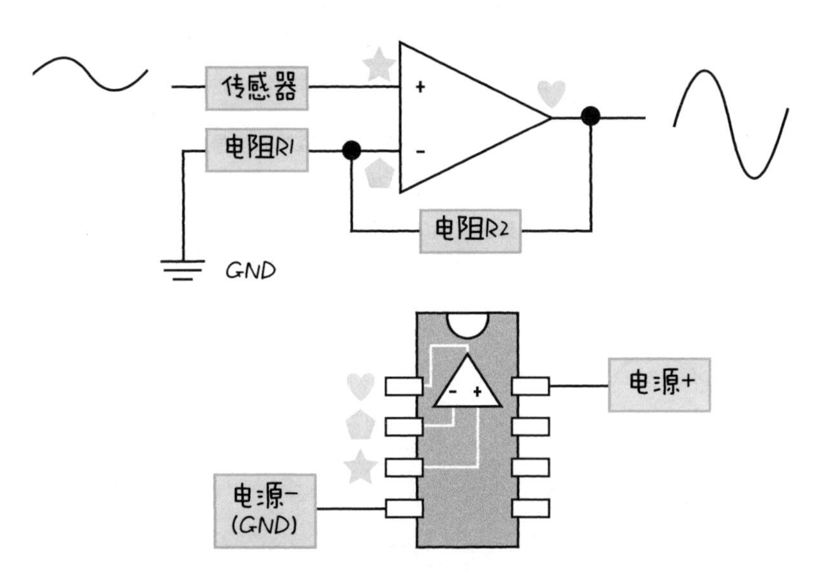

图3.32 非反相放大电路

连接在运算放大器上的电阻之比表示的是要将信号放大多大程度。调节放大的倍率也就相当于调节“灵敏度”，倍率越大越能检测出细微的变化。而另一方面，如果把倍率调节得太大，就会检测出一些我们不想去检测的微弱信号（如噪声等），因此需要设定一个合适的倍率。若使用变阻器（通过调节刻度盘来增减阻值的一种电阻），就能在组装好电路后调节灵敏度了。想检测出微弱的变化时，用这种方法进行微调就好。

以下这些方法也同样用到了运算放大器，使信号放大为各种各样的形式。

- **反相放大电路：反转极性（把正负极反过来）并输出放大的值**
- **差分放大电路：把两个输入电压的差值放大并输出**

建议大家根据传感器和所要获取的信息的类型来安装和使用合适的放大电路。

3.4.5 把模拟信号转换成数字信号

把传感器获取的测量值用连续的电子信号表示出来，就是模拟信号。想用 PC 处理模拟信号，就需要进行模拟 / 数字（A/D）转换，把模拟信号转换成离散值，即数字信号。A/D 转换操作分成以下 3 个步骤。

- **采样（sampling）⇒用某个频率来区分模拟输入信号，获取值**
- **量化 ⇒把采样后的值近似表现为离散值**
- **编码（coding）⇒把量化后的数值编码成二进制代码**

下面用图示来简单说明一下（图 3.33）。

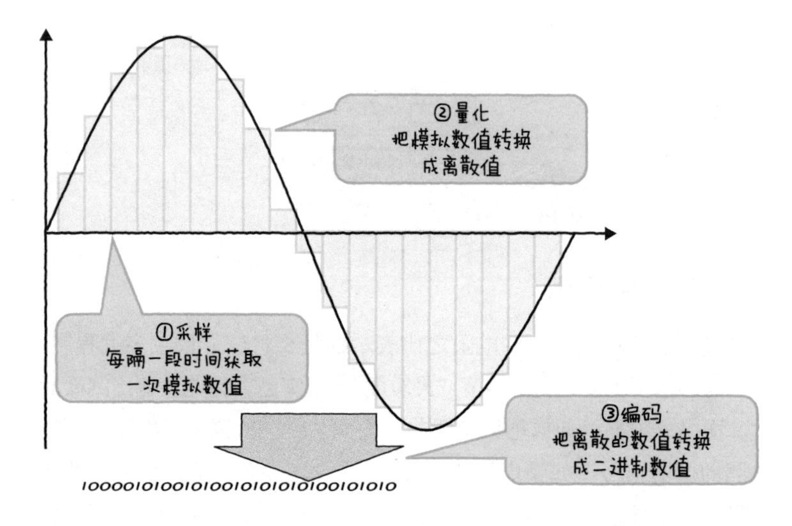

图 3.33　A/D 转换机制

选择微控制器的时候，一个重要的出发点就是 A/D 转换器的性能。虽然指标各不相同，但首先应该检查采样频率和分辨率。

采样频率是一个指标，它决定了每次采样应该隔多长时间。如果对输入信号的频率应用了过低的采样频率，就会出现如图 3.34 所示的情况，即出现一个与本来的波形完全不同的波形，这个波形是冒充测算波形的假波形，这样的假波形叫作混叠。具体来说，采样频率必须在输入信号最高频率的两倍及两倍以上，这样才能预防出现混叠。

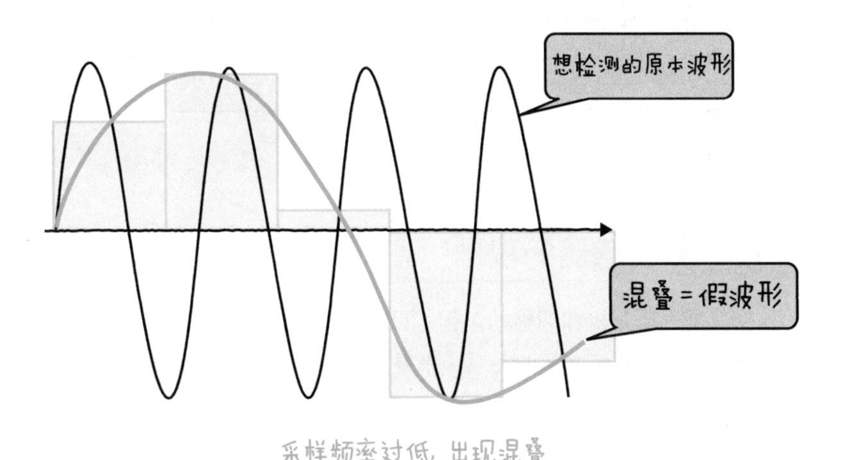

图 3.34　采样频率和混叠的关系

而分辨率也是一个指标，它表示的是能把模拟信号分割到多细，表现形式为“最多能分到多细”。例如 8 bit 的 A/D 转换器就能分成 $2^8 = 256$，这就是分辨率（图 3.35）。打个比方，微波炉用这台 8 bit 的 A/D 转换器处理 10 V 区间的信号时，就无法测出低于 39 mV 的电压差。

建议大家充分考虑传感器的特性，选择频率和分辨率合适的 A/D 转换器。

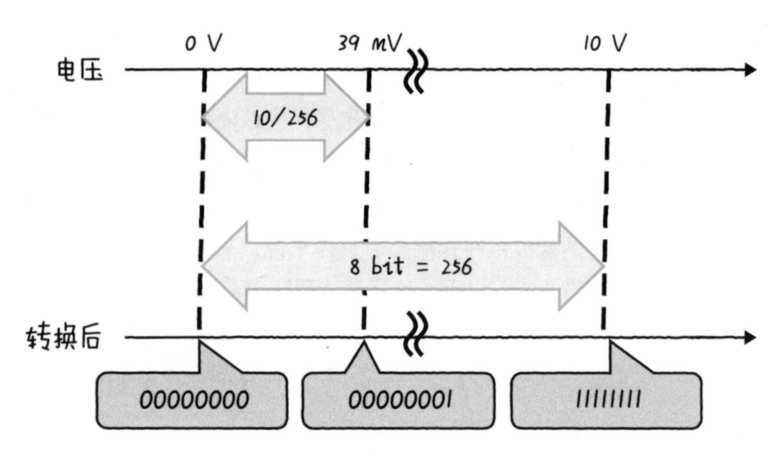

图 3.35　分辨率

3.4.6 传感器的校准

校准是一项分析和调整的工作，目的在于通过比较要测量的状态量与传感器的输出数值之间的关系，来得出正确的测量结果。

就像大家在前文看到的那样，传感器把测量好的结果用电子信号（电压）的形式输出。因为我们无法直接从电子信号中获取想测量的参数，所以就需要一个公式，来把测算的数值转换成参数。例如，在使用红外线测距传感器的情况下，就需要输出电压和距离的关系图。

在市面上出售的传感器中，也有一些传感器提供了详细的数据表。表上也有上述这种关系图，请大家在使用传感器前检查一下传感器是否附带了这种数据表。

话虽如此，实际上传感器还是存在着个体差异的。此外，很多传感器的测量值会受电路板温度等因素的影响。校准就是针对这种误差因素而进行的，目的是保证感测的稳定性。一旦涉及校准，传感器的再现性[①]禁不禁得住考验这点就显得重要起来了。这里我们就以电位器为例，来一起思考一下（图 3.36）。

① 在改变了的测量条件下，对同一被测量的测量结果之间的一致性，称为测量结果的再现性。再现性又称为复现性、重现性。

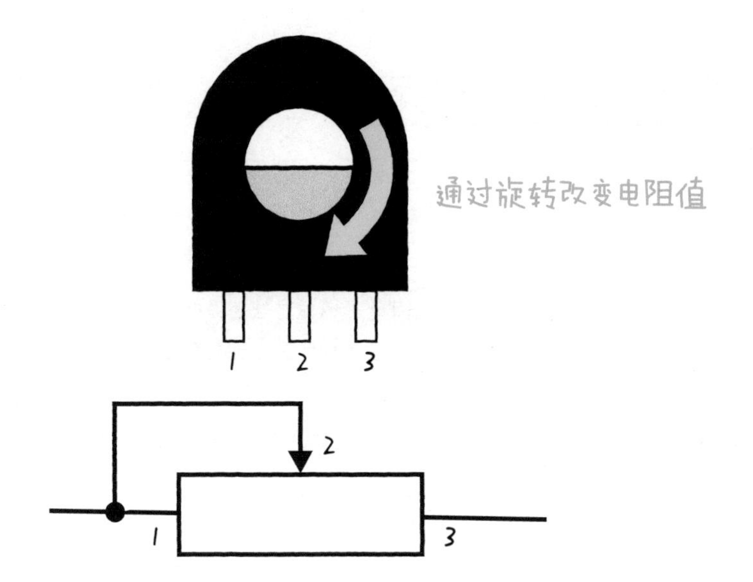

图 3.36　电位器

电位器属于一种变阻器。旋转机体上的旋钮，各个端子之间的电阻值就会产生变化。如果能求出输出电压和旋钮角度的关系式，那么就能用这个传感器求出杠杆的倾斜度，或是机器人身上关节的角度。这种情况下则按照以下顺序进行校准（图 3.37）。

①尽可能多地定义标准值（这里为角度），把此时的输出电压和旋转角度的关系用点的形式标注到关系图上。

②画一条曲线，令曲线通过这些点的中心，求出这条曲线的近似等式。

这样一来，就能在尽量排除个体差异和再现性误差的情况下得到关系式了。另外，刚才我们也提过电路板温度带来的影响，例如电路板在多少摄氏度的时候会产生多大程度的偏移。当这个影响程度为一定值时，能够跟温度传感器一起来修正其影响。如果能刻意去改变电路板的温度，记录下输出电压是如何迁移的，那么就能把电路板温度带来的影响作为修正项加到前面求出的关系式里。

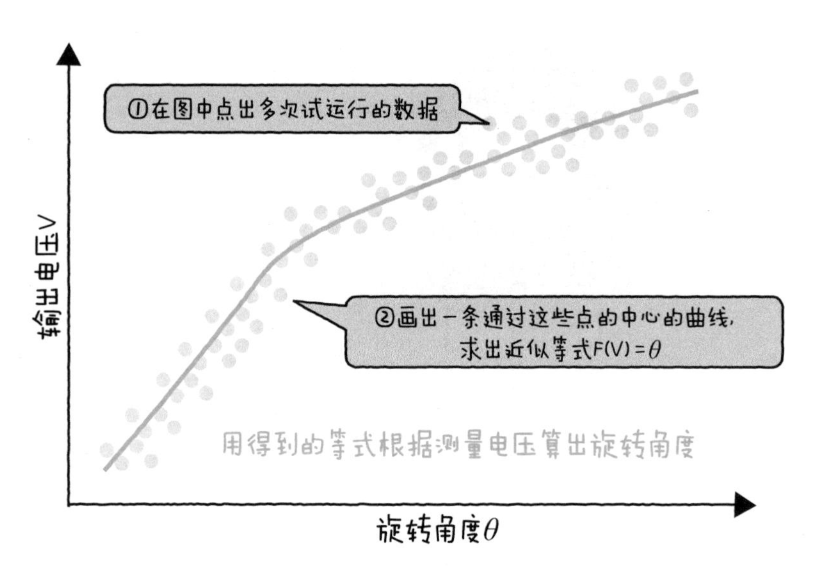

图 3.37 校准的示例

为了用传感器进行精确的测量，需要事先细致地做一些准备。测量精度会因是否进行过校准而天差地别。

大多数情况下，进行校准是需要相应的工具和环境的。像刚才使用电位器那种情况，如果真的想精确测量，就需要另外准备一台高精确度的传感器来测算测量的标准，也就是旋钮的旋转角度。要怎么才能尽量省事地得到精确的标准值呢？这很大程度上取决于开发者下的工夫。请大家去试着摸索一些适合传感器的校准方法。

3.4.7 如何选择传感器

◉明确目的和条件

在设计设备时应该考虑到方方面面，如果是深入人们日常生活中的那些物联网设备，例如可穿戴设备和需要根据环境配置的设备等，就需要将其结构小型化和简单化。为此，在设计设备的阶段就要预想到以下这几点。

- **通过利用设备要实现一个什么样的状态**
- **为了实现这个状态需要测算哪些物理量**
- **这台设备是用在什么样的环境中，要怎么使用**

就硬件开发而言，一旦做出了产品，再想修正就很耗费时间和精力。因此，开发者需要事先充分模拟设备的使用条件，明确需求规格和使用条件。对目标用户和顾客进行情景应用也是一种有效的手段（图 3.38）。

图 3.38 通过用户角色分析（personas）来具体化设备的应用情景

◉明确手段

明确了目的和使用条件后，就该把准备好的传感器拿出来了。为此，大家除了要理解 3.4.2 节提到的传感器的基本原理，还要掌握有关传感器性能指标的正确知识，重要的是能够对比和研究。通常使用的性能指标如表 3.5 和图 3.39 所示。

表 3.5　传感器的性能指标

类型	概要
分辨率	能够检测出的变化的细微程度
零点	输出电压为 0 V 时的测量对象的大小
位移	测量对象为 0 时的输出电压
灵敏度	传感器对于测量对象的感应程度
测量范围	传感器能检测出的值的范围
再现性	重复测量相同变化时的偏差的大小
运行环境	保证传感器运行的环境条件，如温度和湿度等
环境依赖性	由温度等外界变化带来的影响的具体大小

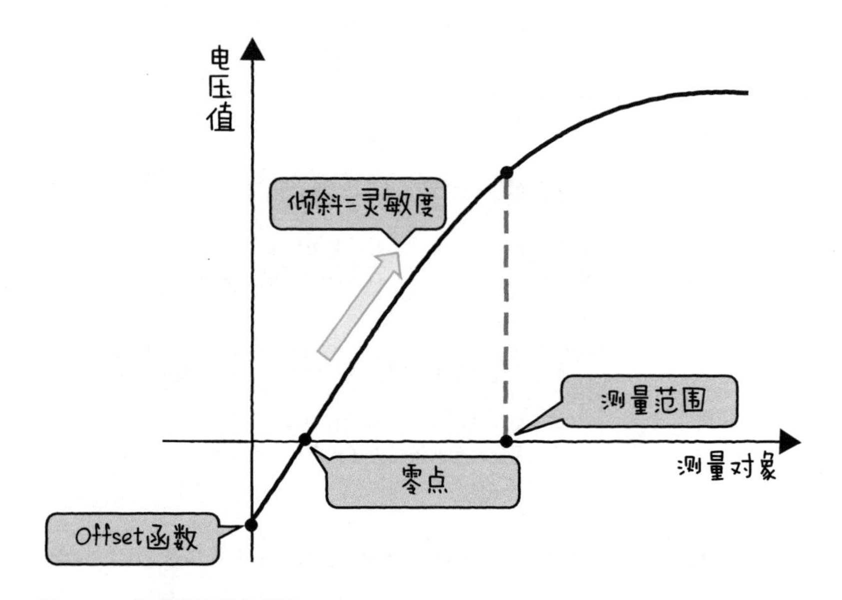

图 3.39　传感器的性能指标

每个传感器都有一个数据表，表中包含了它们各自的特性。大多数情况下，这些数据表会公开在开发方的 Web 网站上，我们可以在网站上确认这些指标。根据提前分析过的使用目的和条件，来选择一个符合这些目的和条件的传感器。

3.5 反馈给现实世界

3.5.1 使用输出设备时的重要事项

前面大家已经学习了如何在设备开发中利用传感器。物联网设备的使命就是把通过传感器采集到的信息跟云端的系统挂钩并处理这些信息，基于处理结果把用户和环境引向最佳的状态。在这一连串的反馈中，负责“把用户和环境引向最佳的状态”的正是“输出设备”。

在设备开发中，一个非常重要的设计观点就是要高效利用输出设备。以智能手机为例，大家会发现光一台智能手机就配备了扬声器、显示屏、振动装置、LED 等各种各样的输出设备。

灵活应用输出设备时，需要遵循几个重要的步骤（图 3.40）。尤其重要的是刚刚说的传感器的设计，以及输出设备的设计，这二者有着密切的联系，因此它们的设计需要一并进行。

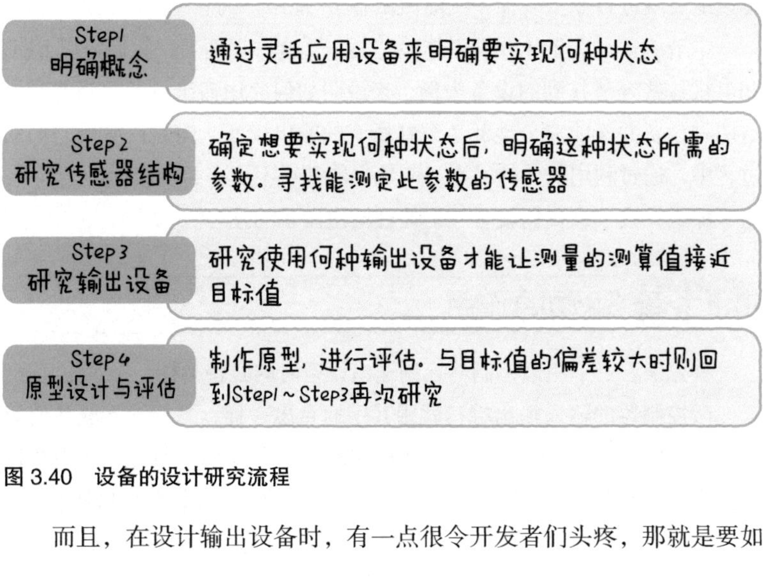

Step1 明确概念	通过灵活应用设备来明确要实现何种状态
Step2 研究传感器结构	确定想要实现何种状态后，明确这种状态所需的参数，寻找能测定此参数的传感器
Step3 研究输出设备	研究使用何种输出设备才能让测量的测算值接近目标值
Step4 原型设计与评估	制作原型，进行评估，与目标值的偏差较大时则回到Step1～Step3再次研究

图 3.40 设备的设计研究流程

而且，在设计输出设备时，有一点很令开发者们头疼，那就是要如何评估开发出来的设备（图 3.41）。为了确认设备的可用性，需要明确实际测量的数值距离想要控制的状态量的目标数值有多远。除此之外，开发者还需要从多角度出发进行评估，例如设计性和环境适应性等。当然其中也包含很难直接数值化的指标。可以说，设备开发的真正难处就在于要怎么样提取这些模糊而又必要的条件。

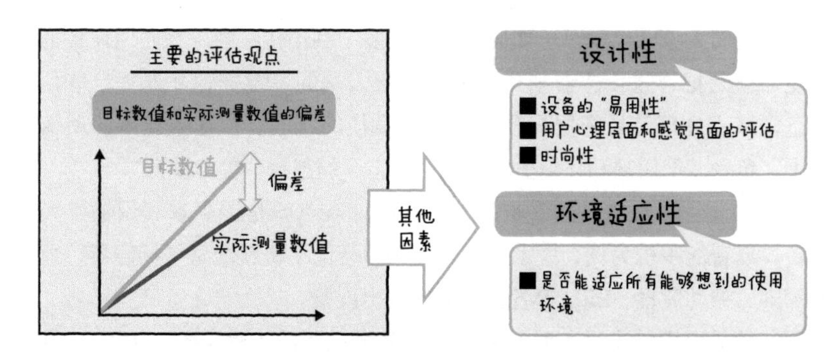

图 3.41 评估输出设备

要想恰当地评估设备，并把结果反馈到设计和开发上，就必须尽量迅速地反复进行原型设计（实际做做看），把用户的意见反映在产品上。

本节的重点在于让开发者体验“制作”这一工序上，我们将以 LED 和电机这些容易找到的设备为例，来说明如何应用输出设备。当然光用这两种设备并不能充分地涵盖解释所有的输出设备，但是在应用它们的过程中，通过利用其他的因素，应该也能获得不少有益的启示。

那么，接下来我们就看一下处理输出设备的技巧。

3.5.2 驱动的作用

首先来看一下用微控制器控制输出设备时的必备结构。

微控制器的输入输出端口就跟其字面意思一样，既能够接收从传感器发来的信号，又能输出信号。这时有人可能要说了，“那赶紧把电机接到微控制器端口上试试”。难就难在，事情并不如各位想象得那样简单。

因此，一般来说，微控制器的输出电压都是 3.3 V 或 5 V，电压很低，而且电流值也很低。只是让一个小 LED 灯闪来闪去倒是没什么问题，不过要是数量多了，或是必须驱动电机，这么一点输出肯定就不够了。

驱动正是解决这一问题的关键所在。驱动就好比是水管的水龙头，微控制器自身只负责控制水龙头的开或关，实际流入设备的电流跟微控制器输出的电流是两股电流，各位需要给流入设备的电流另外准备一个电源来供给电流。

最简单的驱动电路包括开关电路，它利用了一种叫作晶体管的电子器件，这种器件能控制电流。

晶体管有两种类型，分别是 NPN 型晶体管和 PNP 型晶体管。它们都具备发射极（Emitter，简称 E）、集电极（Collector，简称 C）和基极（Base，简称 B）这 3 种端子。因为它们类型不同，所以电流通过的路径也不同，这里以 NPN 型为例进行说明（图 3.42）。

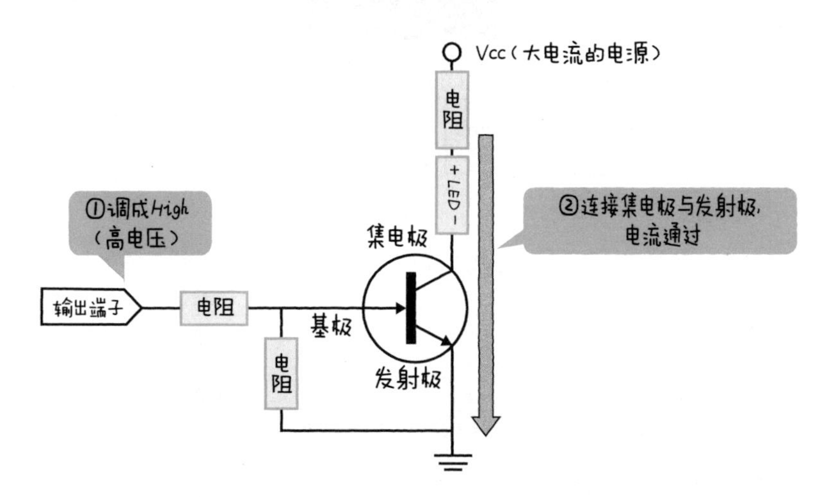

图 3.42 使用了晶体管的开关电路

当微控制器连接到基极，且微控制器的输出电压低（0 V）的时候，集电极与发射极之间是没有电流流过的。反过来，把基极的输出电压调高，再让电流流过，电流就会从集电极流到发射极了。这个机制非常像开关，把电流加在基极上，就能控制集电极 – 发射极之间的开或关。这里有一点很重要：即使加在基极上的电流只有小幅度的变化，也会导致晶体管切换开关状态。把大型电源连接到集电极，就能在很大程度上放大并输出基极的电流。如图 3.42 所示，可以通过控制微控制器的输出来令 LED 点亮或熄灭。

另外，有很多驱动也跟各自所连接的设备相搭配而成为了一种专用的 IC 芯片。例如，应用直流电机时使用的就是一种叫作电机驱动的 IC 芯片（图 3.43）。按照控制输入端子给出的信号，电机驱动能够让连接在输出端口上的电机停止运行，或者让它正着转或反着转。其中还包括能够根据模拟信号控制旋转速度的芯片（下一章将会提到如何处理模拟信号）。

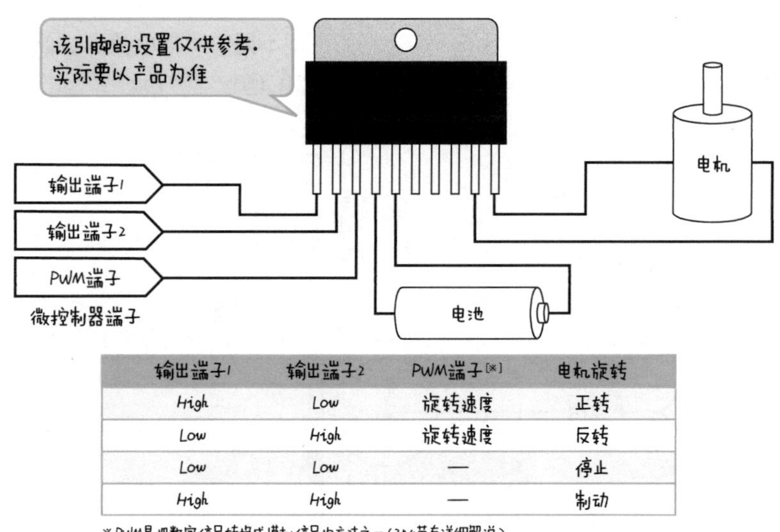

输出端子1	输出端子2	PWM端子[※]	电机旋转
High	Low	旋转速度	正转
Low	High	旋转速度	反转
Low	Low	—	停止
High	High	—	制动

※PWM是把数字信号转换成模拟信号的方法之一（3.5.4节有详细解说）.

图 3.43　电机驱动的使用方法

在这里，我们把用于控制微控制器的电源叫作控制电源，用于驱动电机的电源叫作驱动电源。使用电机驱动能够管理大型驱动电源，并轻松控制电机。

3.5.3 制作正确的电源

刚才我们提到了设备的电源特性，希望各位即使是在设计电路时，也要特别注意对电源的处理。

所有的IC、传感器、电机和LED都有各自的额定电压和最大电流等参数，这些参数在产品的数据表上都有明确记载。一旦连接了大于等于额定电压的电源，就会导致设备异常发热或着火等。因此正确理解设备的规格，构建一个安全且稳定性高的电路是非常重要的。

针对这种情况，我们经常会用到一种叫三端稳压管的电子器件，它的作用是调整电源（图3.44）。就像它的字面意思一样，它有Vin/Vout/GND这3个端子。三端稳压管在内部对输入的电压进行转换，输出一定强度的电压。不同的三端稳压管输出的电压分别有3.3 V、5 V、12 V等，最大电流也有规定，根据电路的结构来进行选择，就能轻松制作出一个稳定的电源。

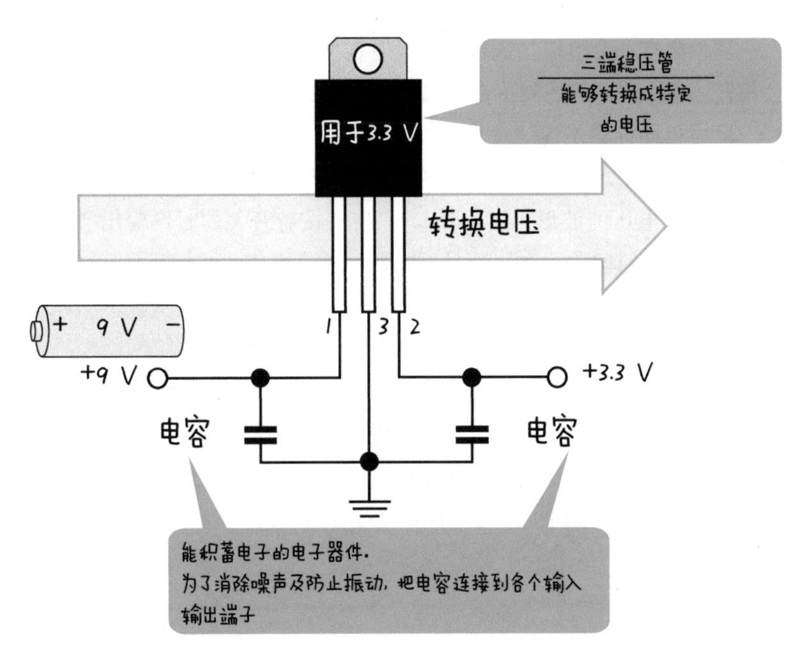

图3.44 三端稳压管

使用三端稳压管时，有一点需要引起大家的注意，那就是发热。三端稳压管很容易形成高温状态，会影响其他元件。有些产品还有附带的散热板（用于散热的板状器件，装在三端稳压管上使用）。因为需要制作出一个散热性良好的结构，所以各位把三端稳压管组装到电路里时要多花些心思，比如使其远离其他的器件，或是在设备上开个散热孔等。

3.5.4 把数字信号转换成模拟信号

前面提到过“根据模拟信号控制旋转速度”。大家也在 3.4.5 节学过 A/D 转换了。这里我们要反着来，也就是说下面要讲的是如何把数字信号转换成模拟信号，即“数字 / 模拟（D/A）转换”中具有代表性的方法：脉冲宽度调制。

脉冲宽度调制（Pulse Width Modulation，简称 PWM）方式通过高速切换输出高 / 低电压来实现近似输出模拟信号，很多微控制器都采用了这个方式。

请想象有一台电机，这台电机只有在使用者按着开关不放的时候才会旋转，那么要如何控制这台电机的旋转速度呢？

最简单的方法是连续按动开关，调整按下去的时间。PWM 方式正是利用了这个原理。请各位再想象一下自己每隔 T 秒钟就按着开关 W 秒时的输出电压的波形（图 3.45）。只有在按着开关的时候输出电压才会变高，其他时间输出电压都是低电压。这个起伏的波形就是“脉冲宽度调制”。在这里，T 是周期，W 是脉冲宽度。另外，表示高电压在周期中所占的时间的比率的（也就是 W/T）叫作占空比。

虽说要输出精确的模拟信号，就需要有 D/A 转换器这种特殊的转换器件，不过 PWM 信号本身也可以当作伪模拟信号来用。有很多微控制器都能输出任意占空比的 PWM 信号。通过改变占空比，就能够控制电机的旋转速度和 LED 的亮度，等等。

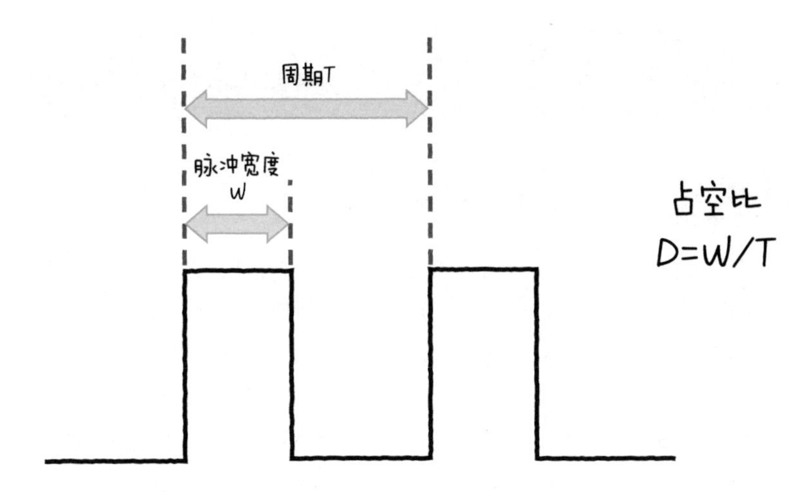

图 3.45 如何算出在 PWM 方式中的占空比

控制 LED 亮度的电路结构如图 3.46 所示。占空比越高，高电压时间也就越长，LED 就会越明亮。

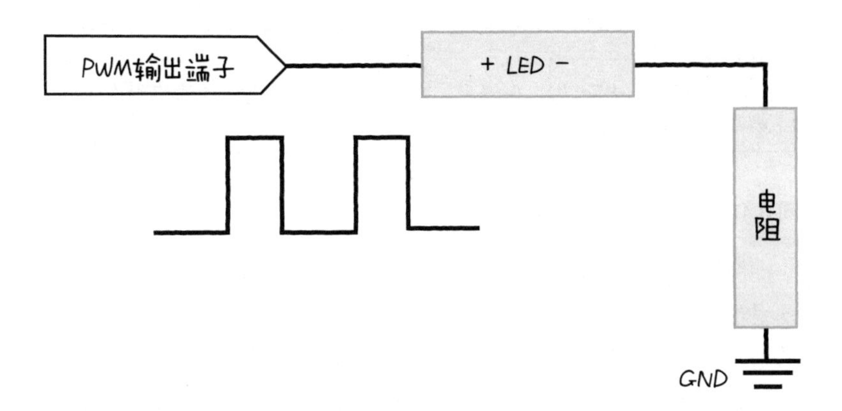

图 3.46 用 PWM 方式控制 LED 的亮度

3.6 硬件原型设计

3.6.1 原型设计的重要性

原型设计是一道开发工序，开发者通过原型设计，在设计和开发产品的过程中结合书面研究和实际行动，反复制作测试版（即原型），在获取反馈的同时逐步将商品规格具体化。

原型设计在软件开发和硬件开发两个方面是通用的，然而在项目的初期阶段，基本上产品的规格都不明确。虽然所有开发相关人员会通过市场调研、反馈、讨论等进行问题或需求分析，以及具体化产品概念，但在这个过程中还会产生各种各样的问题（图 3.47）。

图 3.47 设计开发阶段的烦恼之源

例如，开发者往往对市场的特性和业务等方面理解得不够到位，因此很难正确把握用户的需求，也有开发者基于“以目前的技术能达到的效果”进行开发，结果做出了不适应市场需求，也不满足用户需求的产品。除此以外，想提交给用户目标规格，但无法明确设计阶段应该使用哪些技术手段的情况也时有发生。在这些情况下，开发者在后期工程中就会承担很大的风险。一方面，开发方想要明确告知顾客“做得到”“做不到”“做得到但需要一定成本”等判断标准，尽可能详细地描述产品的本来面貌，而另一方面，具体要用什么样的形式去体现产品的本来面貌，又是一个让开发者无尽烦恼的问题。

原型设计就是解决这些问题的一个方法，首先尝试实现一部分产品的功能和要素，然后开发者和用户分别对其结果进行反馈。当然，因为两者立场不同，所以得到的信息也大相径庭（图 3.48）。

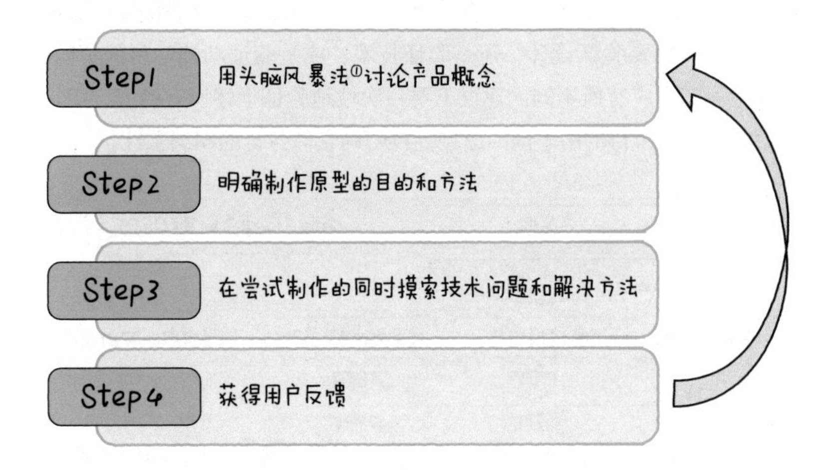

图 3.48 原型设计的过程

首先，开发方要在制作产品的同时确认产品的运行状况，针对自身的设计对产品进行调试，看产品是否能如预想中一样运行。列出试作过程中发现的新问题和研究中的遗漏之处，同时研究针对这些问题的解决方法。在实际开发产品前，通过进行上述研究，不仅能减少前面说的开发过程中的风险，还能借助一部分测试成果来缩减开发需要的时间。

除此之外，通过让用户与书面的说明相对比，并实际感受原型产品，还能够获得新的灵感和发现。产品越新，得到的效果也就越大，用户的反馈往往还会清楚地呈现出开发方没有意识到的观点和问题。从这个层面而言，原型设计可以说是连接开发者、用户，以及市场的一种沟通工具。

3.6.2 硬件原型设计的注意事项

下面介绍一下进行原型设计时需要注意的两个事项。

第一个需要注意的是明确原型设计的目的（图 3.49）。很多原型设

---

① 无限制的自由联想和讨论，其目的在于产生新观念或激发创新设想。

计都是以产生创意为名进行的，如果目的不明确，那么常常是想法没能成形就烟消云散了。虽然边做边想很重要，但大家也应该意识到，要尽可能压缩一次原型设计中要验证的项目，使其既能够实现目的又具有最小的结构。想要验证设计，还是验证技术，或是验证功能？目的不同，原型的形态也应有所不同。建议不要一次性地验证上述所有内容，而是先做出针对各个目的的不同的原型，再明确它们各自的制约条件。

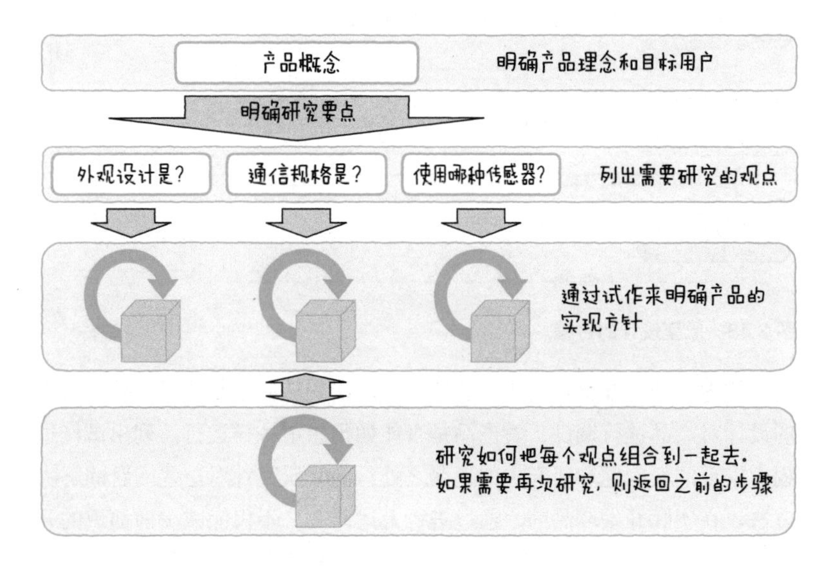

图 3.49 明确原型设计的目的

第二个注意事项是要非常重视速度和成本。相较于软件开发，硬件开发更费钱耗时（图 3.50）。实现一项功能需要准备很多零件，而我们还需要计算准备零件花费的时间和精力。而且，因为零件也经常会出现故障，所以修复零件也要花上不少工夫。除此之外，在评估过程中，如果规格需要变更，就不得不再次研究产品尺寸和用例设计等，这种情况并不少见，而重新设计和开发需要很高的成本。希望各位开发者好好进行时间管理，把时间安排得富余一些，同时努力用有限的资源创造出一个能实现目标的最简结构。

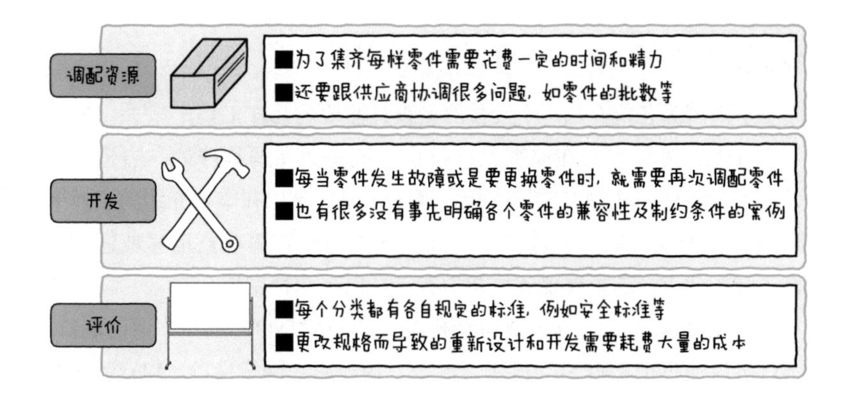

图 3.50 硬件开发的成本

各位也知道，在开发物联网设备的时候，常常会同时开发应用程序。软件方面的开发者需要充分理解硬件开发的这种特性，灵活应对。此外，硬件方面的负责人需要把应用程序开发过程中发生的种种重要情况恰当地反映在原型上，同时还要尽早把想法付诸实际。这个齿轮是否能顺利转动，关系到设备的开发能否成功（图 3.51）。

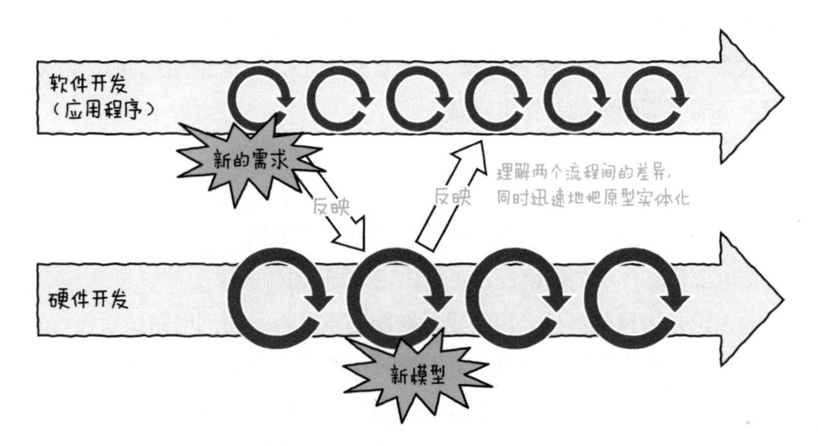

图 3.51 应用程序和硬件的最佳整合

3.6.3 硬件原型设计的工具

下面就为各位介绍一下硬件原型设计需要的几样工具。

首先，为了方便在原型设计过程中能一边重写程序，一边进行验证，大家需要一块微控制器主板。通常来说，各位在本书介绍的主板中随便选一个就可以，不过如今的判断基准是能够简单且迅速地进行制作。基于此点，这里建议各位初学者选择以下两种主板。

首先是 Arduino。虽然标准结构的 Ardunio UNO 没有以太网的端口，不过可以通过把它跟 Shield 组合起来，快速附加网络接口。想安装无线通信的时候，请使用 Wi-Fi Shield 和 Xbee Shield 等。

此外，如果英特尔 Edison 有 Arduino 兼容板，那么基本上也可以同样使用。因为英特尔 Edison 标准安装了 Wi-Fi，从这点上来说它更适合用于物联网设备的原型设计。虽然主板本身价格要比 Arduino 稍微高一些，不过，这样一来就无需购买 Shield 了，从整体上来看成本也相差无几。集齐所有需要的设备对原型设计而言是非常重要的。

此外，连接这些微控制器主板还需要用到电路，在生成这些电路中起到重要的作用的就是电路试验板。有些人可能比较抵触制作电路，理由大多是“感觉焊电路板好难”。请各位放心，只要使用电路试验板，完全不需要焊接就能制作出电路。

电路试验板表面排列有无数个小孔，把元件插进去就能制作出电路。如图 3.52 所示，这些小孔内部都是相连的，就像线一样。把元件跟跳线（导线）组合使用，马上就能组装好一个电路。两侧的小孔是用来连接电源的，中央的凹槽设置正好能用来插入 IC 芯片。

无论是否擅长焊接，原型设计初期基本上都会用到电路试验板。先在电路试验板上装一次电路，充分验证电路能正常运行后，再往电路板上安装。这时除了检查传感器和驱动器以外，还要检查产品的性能。通过事先检查需要的结构，就能“嘭”地一下把电路由大变小，电路运行起来也会更稳定。

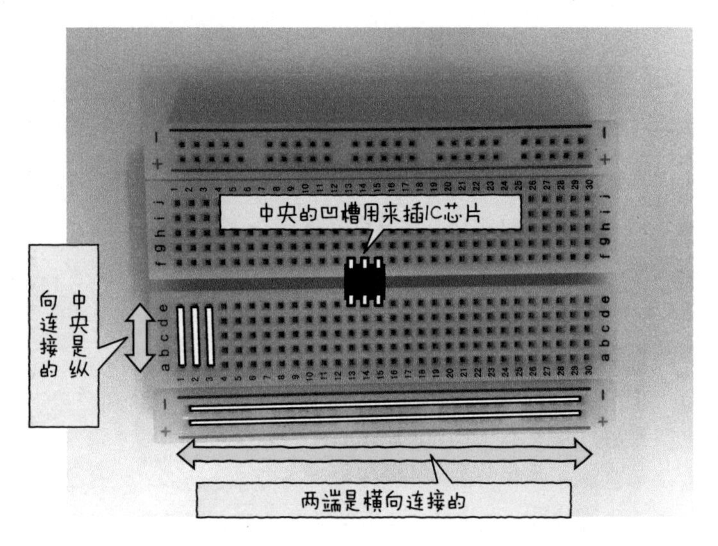

图 3.52 电路试验板的使用方法

COLUMN

挑战制作电路板！

电路试验板是一个非常方便的工具，但如果想知道在设备上实现功能时，电路尺寸会有多大，使用起来感觉如何，就需要实际制作一个电路板。制作电路板包括以下两种方法。

一个是把元件焊在一种叫作通用电路板的万能板上。在日本，学校授课以及通常情况下的焊接基本上用的就是这种板子。连接元件时采用镀锡线和聚氯乙烯线来代替之前的跳线，这个方法在电路板少的时候是非常好用的，但是当要做的电路板增多时，也相应地就越费时间，这点很令人头疼。

另一种方法是使用印刷电路板。印刷电路板的表面上有小孔和连接这些小孔的线路图案，把元件插进小孔里再用焊接的方法固定，就能制成一个电路。如果需要重复制作很多相同的电路板，那么用这个方法制作会更简单。

大家可以按照以下步骤制作印刷电路板。

①设计电路板的布线方式

②按照设计来加工电路板

生成布线图首先需要专用的CAD软件。EAGLE是一款用于电路设计的非常优秀的软件，很多开发者都在使用EAGLE。一旦生成了电路图，还能在一定程度上自动生成布线图。由于这款软件是外国制造的，大家刚开始可能会感到有些迷茫，不过从Web上可以查到很多相关的信息，新手也是可以使用这款软件的。

对新手而言，困难的部分无非在于第二步，即制作电路板。印刷电路板的制作方法有雕刻法和蚀刻法（溶解电路板的表面）。两种方法都需要备齐好几种工具，还需要使用部分药品。到这里也确实容易让人退缩。我推荐一个最简单的方法，那就是把这一段外包。事实上有很多制造商只要接到步骤①里生成的CAD数据，就能制成印刷电路板（每个制造商能制造的电路板的尺寸和数量是有限的，还请大家注意）。在需要制成一定数量的电路板时，不妨考虑这种方法。

3.6.4 原型制作结束之后

进行了原型设计，也明确了产品的概念后，就该进入下一个步骤了。也就是进行针对商品化的研究。接下来，该把从原型设计中得到的种种知识融合成一个产品了（图3.53）。

功能规格是肯定要验证的，除此之外，还需要从零件成本、加工成本、维护等多个角度来验证设计。还要针对量产化以及负责制造的工厂进行研究和探讨。

另外，物联网设备多使用无线通信，所以多数情况下需要获得符合技术标准的证明标志。获得标志也会耗费时间，因此就需要在设计阶段去确认获得标志的条件和日程安排。

如果能高效灵活地应用原型设计，那么在这种进行具体设计的阶段，条件和标准就应该全部明文记载下来了。不知各位是否实际地感受到了原型设计作为引导硬件开发走向成功的一把钥匙所起到的重要作用。

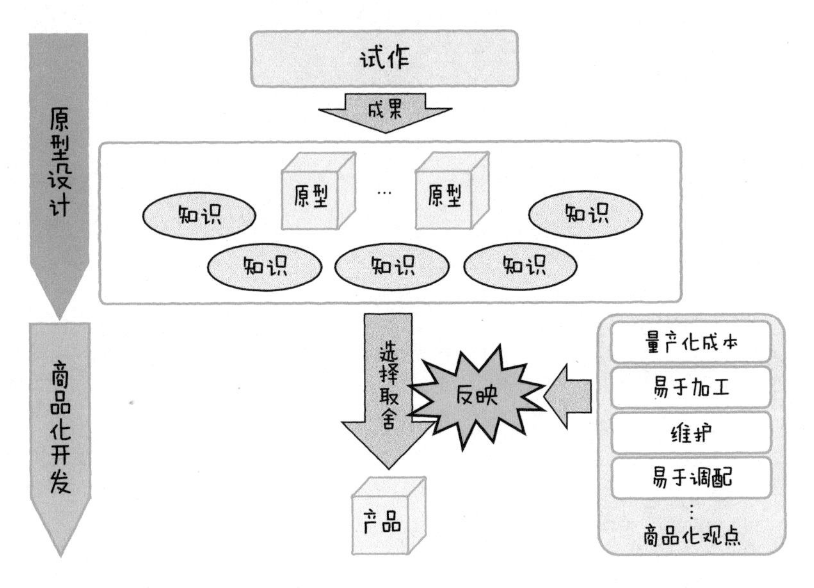

图 3.53 原型设计后的开发流程

第4章

先进的感测技术

4.1 逐步扩张的传感器世界

在前面的章节中，传感器的概念是“用来获取温度和湿度等纯数据的电子零件”。温度传感器和加速度传感器等确实是用来获取简单数据的小零件，我们可以将其理解为构成智能手机等电子设备的一个要素。

然而，随着零件的小型化和高性能小型处理器的出现，市面上出现了具备先进能力的传感器。这类传感器能轻松地获取那些原来难以当成数据来处理的信息。这样的传感器与其说是零件，不如说是狭义上的设备，或者说是多个因素复杂协作的“系统”（图 4.1）。本章将会为大家讲解这些功能先进的新型传感器。

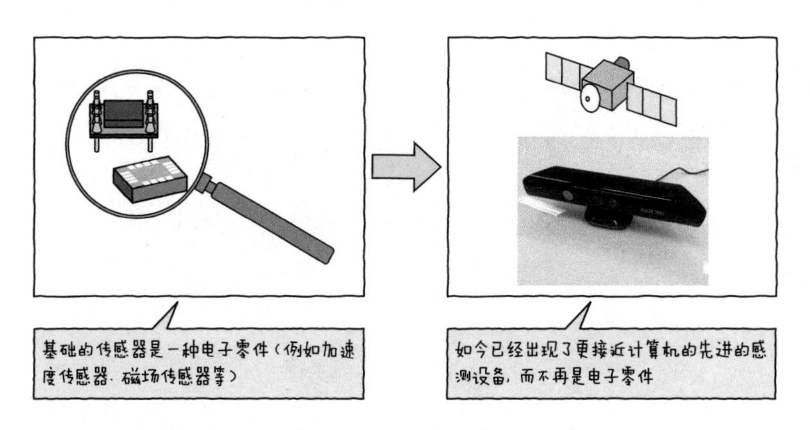

图 4.1 作为电子零件的传感器和功能先进的传感器

4.2 先进的感测设备

首先要说的是用于感测的设备。

就像各位在前文看到的那样，使用传感器能够制造出用以获取人和环境等相关信息的设备。例如，第 3 章就以冰箱为例，讲解了微控制器的应用。微控制器不仅能使制冷机和鼓风机运转，如果基于用传感器获取的信息来进行控制，还能设定冰箱的温度。这样一来，它就既能根据用途改变冰箱的设定温度，还能达到省电的效果。

那么，先进的感测设备到底是什么呢？就是把多个传感器和处理器组合在一起，从而获取更复杂信息的新型传感器。传感器已经不再是一个电子零件，而是一个具备强大信息获取能力的、更方便的物件了。然而，使用这种先进的感测设备时必须注意一件事，即传感器的进化可能会造成“信息获取过剩”（图 4.2）。

图 4.2　先进的传感器很强大，不过也需要注意先进带来的副作用

搭载了加速度传感器的智能手机可以检测人的行动，办公室和百货商店的厕所里也有自动开关灯的感测机制。

对于应用了传感器的系统而言，像这样用简单的传感器来获取必备的最低程度信息的设计是非常明智的。只要找到能用少量信息达成目的的方法，就无需大量传感器和高配置计算机，也减少了无意中侵犯隐私的可能性。

综上所述，在应用先进的感测设备时，我们就需要考虑到传感器能在无意中获取什么样的信息。

虽然谈了不少消极的方面，但先进的感测设备能比传感器感测到更多的信息，所以它才能够实现单凭以往的传感器无法实现的服务，才会极具魅力。毫无疑问，日益进化的感测设备丰富了我们的生活。接下来就一起看一下这些具有代表性的感测设备。

4.2.1 RGB-D 传感器

如果传感器能测量出人和物之间的距离，就能实现便民服务。如果传感器能帮我们自动测量房间大小和家具尺寸，那么我们在要买新家具的时候也不会发愁了。一进厨房灯就自动打开，同时不知何时起居室的灯就关上了……这样是不是很方便呢？至今为止，为了用传感器实现这些功能，开发者们付出了很多努力。

一般情况下，获取物品位置时使用的是测距传感器。然而，测距传感器只能获取某一点的距离信息，还不能分辨测量点上的是人还是物。虽然我们也能通过把普通相机和图像处理结合起来进行分辨，但一般情况下，用这种拍摄获取的信息里不包括距离信息。因此，要同时实现这两个目的是非常困难的。不过近年来，为了解决这个问题，人们开发出了一种叫作 RGB-D 传感器的感测设备，这种设备已经逐渐得到普及和应用（图 4.3）。

图 4.3 用 RGB-D 传感器获取的图像中，每个像素都含有距离信息

RGB 是红（Red）、绿（Green）、蓝（Blue）这 3 个英文单词的首字母缩写，由这 3 种颜色能进一步变幻出各种各样的颜色。在用计算机等设备表示颜色的时候经常用到 RGB 色彩模式这个说法。最近，计算机上的绘图软件也都普遍使用 R、G、B 这 3 个参数来调整色调。

那么 RGB-D 又是什么呢？如刚才所说，RGB 表示的是 3 种原色，而 RGB-D 最后的 D 是深度（Depth）的首字母。说深度可能比较难以理解，请大家理解成“传感器到传感器所能捕捉到的物体的距离”。大多数情况下，就以往的图像数据（如位图格式等）而言，每个像素都有色彩信息。RGB-D 在此基础上还包括了距离信息。也就是说，RGB-D 传感器在相机原有的功能上又添加了测量距离的功能，它甚至能测量传感器到被拍摄物体的距离。

第 3 章讲过测距传感器的机制。请把 RGB-D 传感器想象成测距传感器和相机的组合强化版传感器。有几种方法可以实现 RGB-D 传感器，这里要讲的是 RGB-D 传感器的一般机制及其特征。

◉立体相机

很久以前就有人在研究如何用相机来测量距所拍摄物体的距离，立体相机便是其中历史最为悠久的一门技术。立体相机有使用胶卷的，也有连在计算机上使用的。这两种立体相机都有两个镜头（如图 4.4 所示）。这两个镜头就跟人类的眼睛一样，利用双眼视差（左右眼看到的角度不同）来捕捉距离。

图 4.4 立体相机的大体形态

正如我们所知，人类对空间进行立体上的认知时，利用的是双眼视差原理（两眼捕捉到的图像有所偏差）。普通的立体相机利用的原理也跟它很相似。在此，我们来一边了解这个原理，一边思考立体相机的机制。

请看图 4.5。大家用双眼看物体时，左眼和右眼捕捉到的影像存在着微小的差异。这是因为左眼和右眼之间隔着几厘米的距离。凭借这段距离，人类就能获取捕捉物体立体影像时需要的信息。于是，从这两个有着微妙差距的位置中捕捉到的影像就在我们的大脑中得以合成，并作为立体影像被处理。

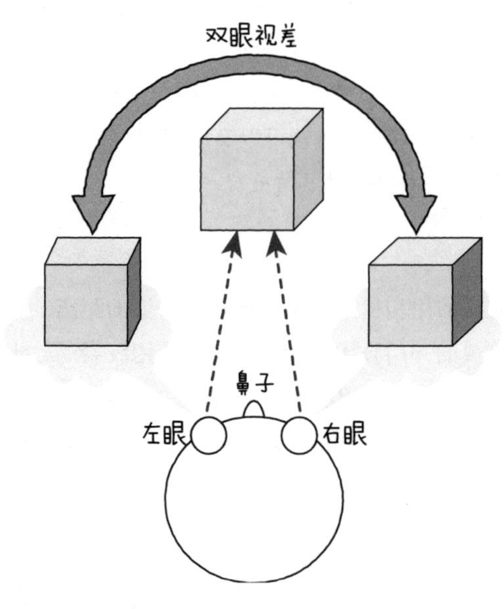

图 4.5　双眼捕捉到的不同影像在大脑中得到合成

那么人类具体是如何感觉到纵深的呢？捕捉近处和远处的物体时，我们的眼睛里又发生了什么呢（图 4.6）？

看近处的物体和看远处的物体时，两眼视线形成的角度（辐辏角）相差很大。离得远，角度就小；离得近，角度就大。大脑负责把眼睛的转动信息与影像进行合成，这样我们才能感觉到远近。

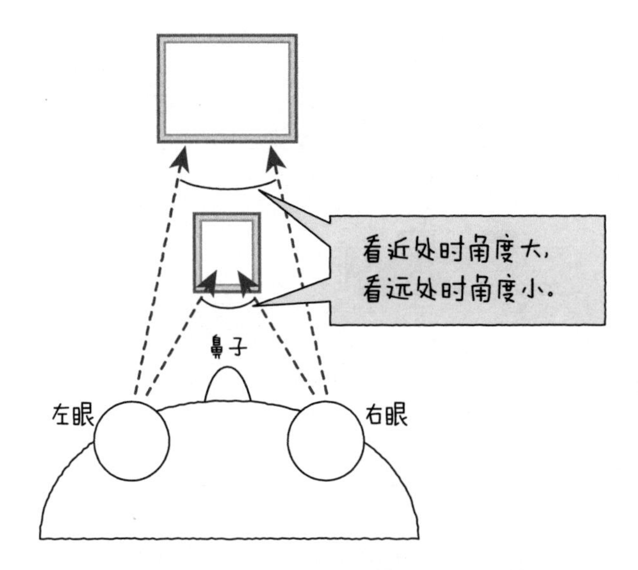

图 4.6 看近处和远处时，视线形成的角度是不同的

与此相对，立体相机中两个镜头的角度通常是固定的。根据左右镜头拍摄的图像的差距，就可以测算出所拍摄图像中的距离（图 4.7）。首先，把用一个镜头拍摄下来的图像细分成一幅幅小图像。接下来利用图像处理的手法，调查一下分割好的图像相当于另一个镜头所拍摄图像的哪个部分。这样一来，就能知道图像某一部分会是另一个镜头中的哪一部分。虽然拍摄是在同一个地方，但镜头位置不同，所以会产生微小的偏差。对这个偏差进行几何学计算，就能算出图像中的距离。另外，对分割的图像分别地反复进行同样的操作，还能计算相机图像上任意一点的距离，从而制作出整体图像的距离分布模型。

立体相机是利用两个镜头来计算距离的。基本上，只要两个镜头里都有这个地方，就能对其进行测量。不过，如果两幅图像间重复的地方太多，或是有透明玻璃等无法拍摄出来的地方，就无法测量相机到这些地方的距离。另外，如果想提升测量的精确度，则需要基于两个镜头的距离关系，以及相机本身的规格来决定参数。

此外，也许是因为技术方面的成熟，近年很多汽车上配备的辅助功能（如快追尾时自动减速等）也应用了用立体相机测量距离这一测距方法。

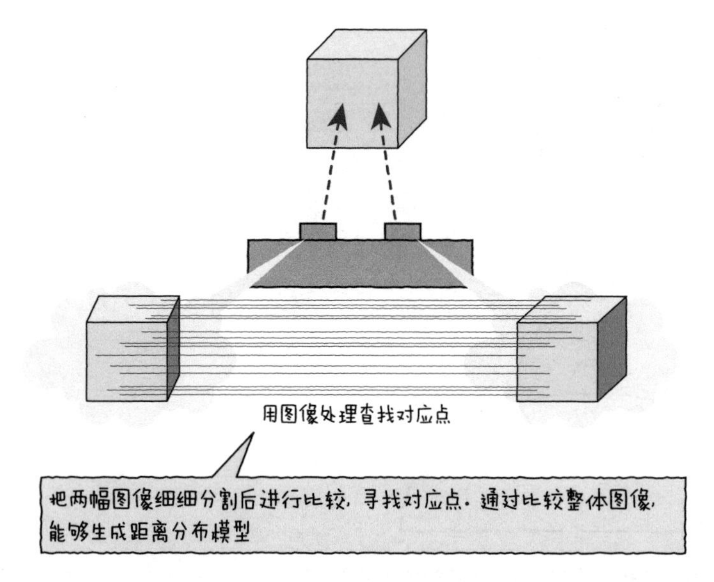

图 4.7 立体相机的机制

◉点阵图判断法

立体相机是利用两个镜头来测量距离的，其实还有用一个镜头就能测量距离的方法。这个方法就是点阵图判断法。点阵图判断法就是拿一幅叫作点阵图的图案来作为标志，从多个方向投影这幅图，再根据投影的变化检测出物体之间存在的纵深关系。

点阵图判断法本身不是 RGB-D 传感器，这门技术只能检测出纵深（D）。不过拍摄中会用到镜头，所以可以跟图像相结合。请看图 4.8，使用点阵图判断法需要点阵投影部位、点阵识别部位、判断装置这 3 个要素。通常这些模块都是集中在一台设备上的，所以操作起来并不困难。

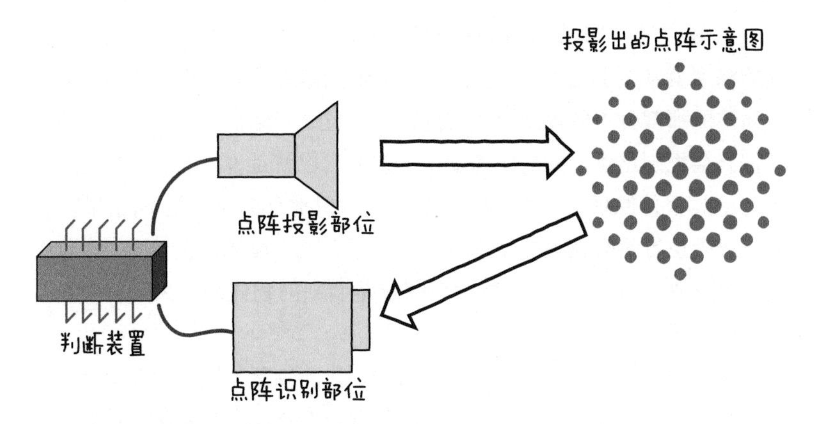

图 4.8 点阵图判断法的构成要素

下面来看一下点阵图判断法的原理。

一开始，点阵投影部位会发光，把点阵图投影在要测量的对象上。通常在投影点阵时使用的是红外线，所以我们用肉眼是看不到的。图 4.9 的左侧是投影出的点阵图的示意图。只要像这样把点阵图投影在物体（例如房间的墙壁）上，点阵识别部位就会将点阵检测出来。点阵识别部位通常采用能检测出红外线的镜头模组。此时，如果对投影的点阵图进行拍摄，平面上就会浮现出点阵图，这样一来就能不偏不倚地对其进行识别了。

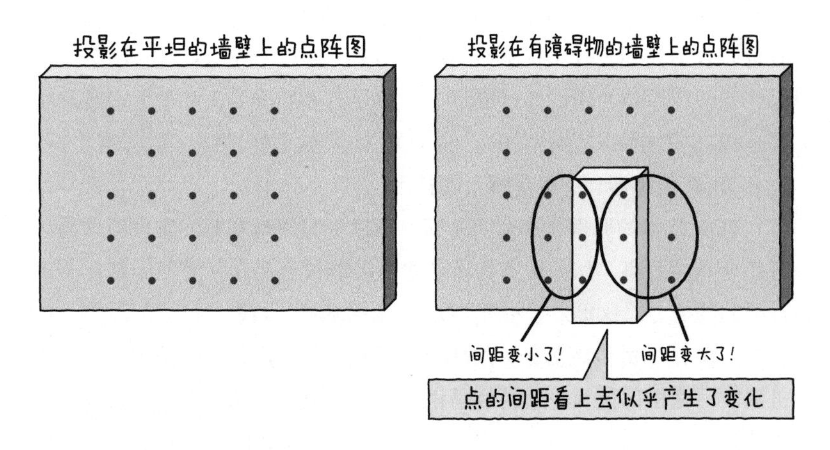

图 4.9 点阵图判断法的原理

如图 4.9 的右侧所示，在墙壁前面随便放个物体。这样一来，投影处的深度就发生了变化。这次是已识别的图案发生了变化，因为只有存在物体的那部分点的投影会比较近，所以位于投影位置旁边的点阵识别部位就会识别出点之间的距离发生了改变。也就是说，点阵图判断法利用的也是视差原理。因为投影点的模块和识别点的模块是不同的零件，所以设置位置是有偏差的（这跟我们的左右眼不可能存在于同一个位置是一个道理）。因此，点的位置会随着距墙壁前物体的距离而在左右方向上产生偏差。

点阵图判断法只有一个镜头用于识别，而判断装置负责存储原始的点阵图。这样一来，就能与设想的图案进行对比，寻找差距，从而判断物体的深度关系。

另外，点阵图判断法和立体相机一样，在有透明玻璃等时，无法正确判断距离。不过，只要是红外线点阵图能识别出来的场所，就算有很多地方相同，也能测出距离。

◉ TOF

关于 RGB-D 设备的机制，最后要为大家介绍的是一种叫 TOF（Time of Flight）的技术，直译过来就是“飞行时间”。它的原理也跟其名字一样，是通过测量从发射光线到光线反射回来的时间来求出距离。

前面给大家说明的立体相机和点阵图判断法都存在一个难点，即测量时容易受到干扰（扰乱控制的外部作用，如阳光、灯光、阴影等）。因此如何在屋外使用设备就成了一个必须突破的难关，基本上多数产品都是以在室内使用为前提的。而 TOF 技术抗干扰性强，精确度也高，是 RGB-D 传感器当下最受瞩目的技术。

TOF 技术的原理非常简明易懂，不过解释原理和开发实现原理的设备完全是两码事。如此优秀的设备之所以能被商品化，其原因都在于工程师们的努力。这里来看一下 TOF 技术的基石：创意。

TOF 技术的传感器分为两部分：发光部位和内置有特殊传感器的相机部位。相机部位和普通的数码相机一样，镜头里都含有感光元件。传感器通过这个元件来感应光线，以此来记忆图像的各个点是什么颜色的，从而形成一张完整的照片。通常的数码相机到这一步就结束了，而采用 TOF 技术的相机会在此基础上向各个点追加距离信息。

为了获取距离信息，需要调查光反射回来的飞行时间。也就是说，只要测量出从发光部位发出光的瞬间开始，直到感光元件的各个点捕捉到光的这一段时间，就能判断每个感光元件拍摄了多远的物体（图 4.10）。实际上测量光的反射时间时，需要调查发射出的光和接收到的光这两者的相位差（两个波动的差），不过从思路上来说两者是没有差别的。

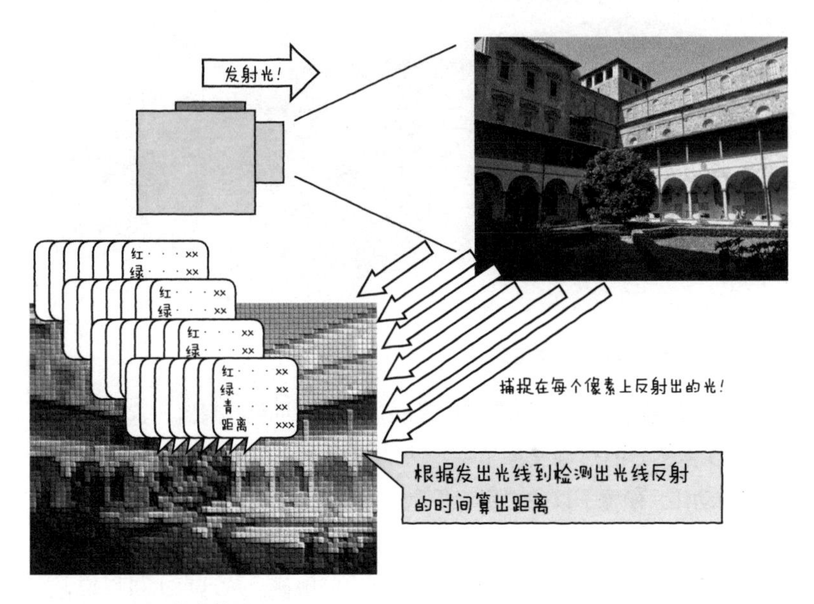

图 4.10 TOF 技术的原理

除此之外，TOF 技术还包含了利用超声波测距的技术。超声波与光不同，就算是透明玻璃之类的物体，也能测出到此物体的距离。

4.2.2 自然用户界面

RGB-D 传感器都用在什么方面呢？

RGB-D 传感器最广泛最普遍的用途是用在一种叫作自然用户界面的设备上。自然用户界面就是利用了人类的手势和语音的用户界面，英语记作 NUI（Natural User Interface）。在实现 NUI 时，我们会用到很多 RGB-D 传感器的技术，下面就为大家介绍几个主要的 NUI。

◉微软 Kinect

现在各种各样的制造商都销售 RGB-D 传感器，其中最著名的产品就是微软公司的 Xbox 360 Kinect 传感器（以下简称 Kinect）（图 4.11）。

图 4.11　Xbox 360 Kinect 传感器

Kinect 是微软公司的游戏机 Xbox 360 的一种控制器，这款产品为 RGB-D 传感器的热潮又添了一把火。它支持语音识别，能够识别用户全身的动作，颠覆了以往"用双手拿着控制器才能玩电子游戏"的常识。

过去也有过不用手操作的控制器，比如玩跳舞游戏用的毯型控制器等，而 Kinect 就不需要与控制器有物理上的触碰。从这点上可以说，它是一款前所未有的控制器。虽然微软官方尚未公布准确的信息，但已知第一代 Kinect 内部装有 PrimeSense 公司的传感器模块，在三维空间识别方面应用了点阵图判定法。

虽然后续机型 Xbox One Kinect 传感器采用了 TOF 技术，但 Kinect 的强大之处不在于测距，而在于能够从距离图像中检测出人的位置和姿势。过去那些使用毯型控制器的游戏无法判断双手的位置，而 Kinect 却实现了用双手双脚来玩游戏。因为 Kinect 感测技术的详情并未公开，所以本书无法介绍其详细机制，不过笔者相信，今后会出现更加直观的传感器。真让人期待不是吗？

Leap

Kinect 的出现带来的冲击已经颠覆了人们以往关于传感器的常识，而给新型传感器时代的到来砸下定音之槌的则是 Leap（Leap Motion Controller，厉动控制器），它是 Leap Motion 公司于 2012 年公布的一款小型用户界面设备，从外表上看，是一个长约 8 cm 的立方体（图 4.12）。

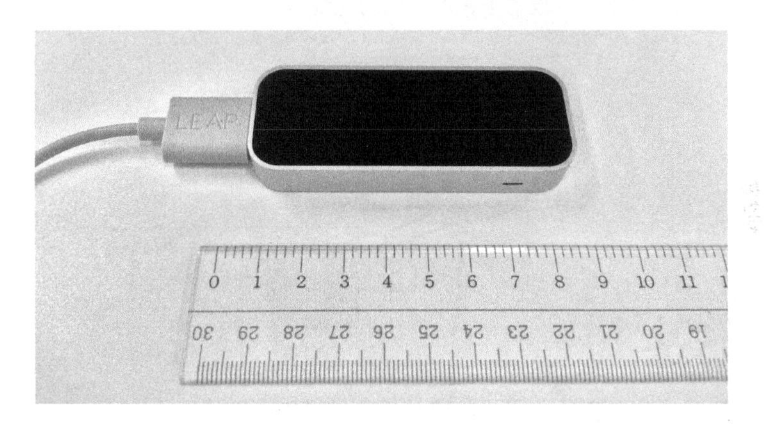

图 4.12 Leap

把 Leap 放在桌子上，它就能高速且精密地追踪其上方半径约 50 cm 范围内的人类手指发出的动作，其精确度最高在 0.01 mm（图 4.13）。

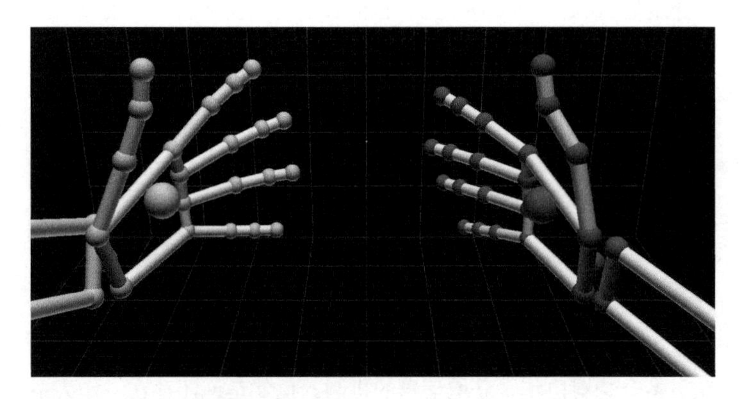

图 4.13 用 Leap 捕捉到的双手

那么 Leap 是如何捕捉手指动作的呢？

Leap 配备有两个摄像头，一个用来捕捉照射在机体上的红外线光，另一个用来捕捉反射出的红外线光（图 4.14）。也就是说，Leap 和立体相机都是利用相同的原理去捕捉人手的，只不过 Leap 应用的是红外线。另外，因为拍摄利用的是红外线，所以它有一个强大的机制来对抗外部干扰，比如从设备上方投射下来的房间内光线等。

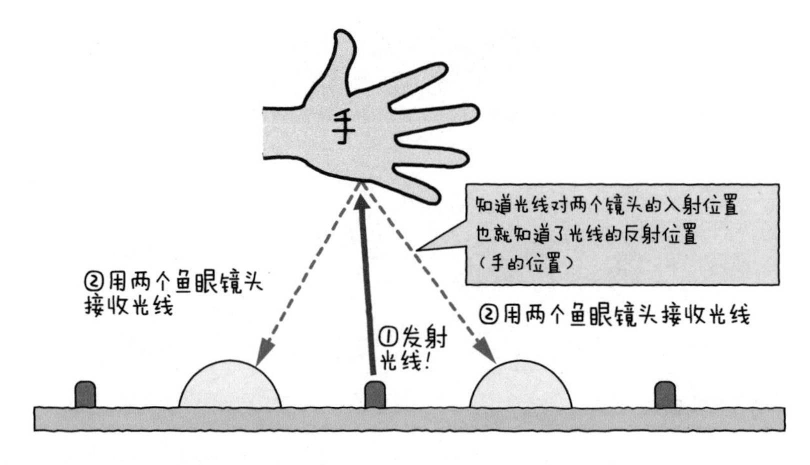

图 4.14 Leap 的原理

这里介绍的 NUI 可以识别手势，也能够轻易地识别出人的动作。此外，作为 RGB-D 传感器而言，Kinect 操作简单且可用性强，也能够用作实验用途。

4.3 先进的感测系统

通过前面的学习，相信大家已经了解到，传感器不只是一个电子零件，还“作为设备”而存在着。然而当代传感器不仅限于这个层面，其中还存在靠多个装置协作来获取信息的机制，也就是说还存在“作为系统”的传感器。

4.3.1 卫星定位系统

“定位”就是测定位置。“卫星定位系统”这个词听上去给人感觉很生硬也很复杂，换成 GPS（Global Positioning System，全球卫星定位系统）这个说法，想必大家就不陌生了。GPS 传感器在车载导航系统和智能手机上也有所应用，在除工程师之外的人群中也有着很高的知名度。并且想必各位也知道，GPS 是一款利用人造卫星测量位置的传感器。

前面说的还是作为电子零件的传感器，不知不觉地，现在话题竟上升到宇宙层面了。那么就索性一起来思考一下这浪漫的 GPS 的机制。说到宇宙层面大家可能有点犯怵，不过只要有初中程度的数学知识就足以理解 GPS 定位的基本原理，所以不必担心。

◉ GPS 的结构

虽然我也想赶紧讲解 GPS 原理，不过在那之前先来理解一下 GPS 系统的结构。对理解系统运行来说，理解结构是至关重要的。请看图 4.15。

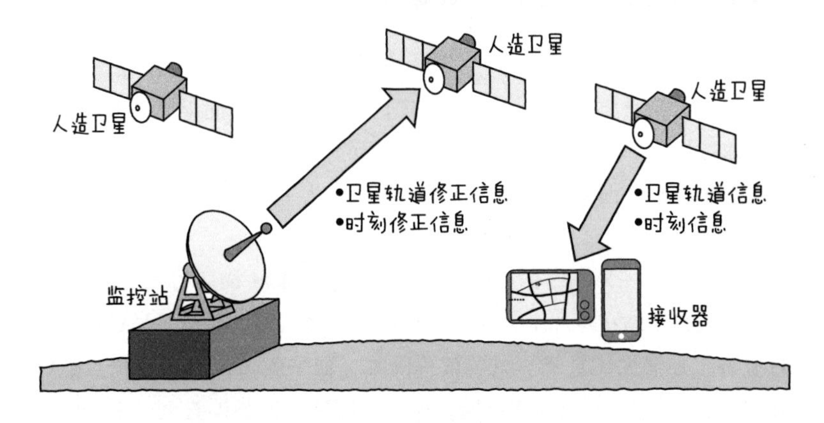

图 4.15 GPS 的结构

首先，如果大家想借助 GPS 的力量，则需要专用的“接收器”。接收器的功能不同，其尺寸和价格也不同。小到用在智能手机上的小接收器，大到带有精密的土地测量功能的接收器，可谓是一应俱全。因为接收器是接收无线电波用的，所以还能够把接收器分解成天线，以及解析无线电波的装置。这里就不往深处讲了，不过请大家记住，接收器中装有一台能够知道现在时刻的“时钟”。

接下来该谈谈“人造卫星”了。GPS是由不少于24颗的人造卫星组成的，这些卫星无时无刻都围绕着地球旋转（图4.16）。基础轨道是由24颗人造卫星负责的，事实上用于GPS的人造卫星约有30颗左右，第25颗及以后的卫星则用于提升可靠性和精确度。

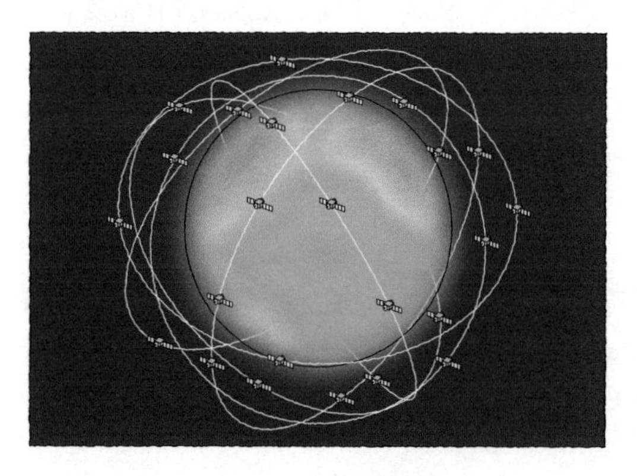

图4.16 绕地球旋转的GPS人造卫星

还有一个重要角色大家可不能忘了。那就是从地面上监测卫星状态的“监控站”。监控站是GPS的一个重要的构成要素，它负责确认轨道，修正卫星时刻的偏差。GPS原本是美国政府为了军事目的而配备的，当然现在也仍然为美军所用。

那么来看一下GPS的原理，首先请想象图4.17描述的状况。

你现在正站在草原上，周围没有任何高楼大厦，脱离了平日里闹市的喧嚣，心情无比舒畅。只要夜幕降临，似乎就可以看见繁星点点的夜空。然后你拿着GPS接收器，现在就用这台接收器查询一下你的当前位置。

一启动接收器，接收器就会开始接收卫星发射出的无线电波。这里有个地方比较容易被误解，还请大家注意。即，GPS接收器并不会向卫星发射信息，它毕竟只是一台用来接收卫星发来的无线电波的设备。正因如此，不管有多少人使用 GPS，也不会出现 GPS 被挤爆的现象。

图 4.17　假设在无障碍物的理想空间内拿着 GPS 接收器

可想而知，如果有 24 颗用于 GPS 的人造卫星在绕着地球周围旋转，那么有一半都在地球的内侧飞着。而剩下的 12 颗中可能有差不多一半刚好在绕地平线飞行，或是在森林的另一边。这样一来，通常能观测到的人造卫星最多也只有 6 颗左右。

话说回来，在这些卫星发射出的无线电波中，都含有什么样的信息呢？由 GPS 人造卫星发射的无线电波与手机和 Wi-Fi 一样，都包含刻意生成的数据。下面两条信息尤其重要。

- **发射无线电波时的准确时刻**
- **卫星在宇宙空间中的位置**

第一条是准确时刻，这无疑是 GPS 最重要的要素。自动校正时刻的“无线电时钟”已经在日本普及开来，不过近来甚至连更方便的“GPS 无线电时钟”在市面上都有售卖。由于用于 GPS 的人造卫星上搭载有相当精确的时钟——原子钟，这种产品才得以实现。这里就不细讲原子钟了，大家把它视作世界上最精确最难产生误差的时钟即可。

第二条是卫星的位置，这或许有点难以想象。在前面讲过的 GPS 的结构里，出现了监控站这一事物，大家还记得监控站的作用吗？监控站起着检查卫星轨道的作用，更进一步说，监控站负责计算卫星的位置，并将这些信息输入卫星。简单点说，请大家想象宇宙空间里有一个坐标系（x, y, z），卫星的位置信息是用这个坐标系来表示的。卫星会使用无线电波告诉我们自己位于宇宙空间的何处。

这样一来需要的信息就齐了，接下来看看计算方法。

◉ GPS 定位法

用一句话来概括，GPS 定位就是“寻找球的交点”。关于这个球，大家可以在脑海中先形成一个圆的概念。请回到之前那片草原上。

现在，你手中的接收器接到了从卫星发来的无线电波。当然，要用肉眼找到卫星是极其困难的，不过你可以估算出人造卫星所在的轨道离你有多远。这又是怎么一回事儿呢？请大家回忆一下，GPS 接收器里是内置有“时钟”的。那么人造卫星发出的无线电波里包含着什么样的信息呢？里面包含有“发射无线电波时的准确时刻”，也就是说接收器知道“无线电波从卫星飞过来用了多长时间”。因为用时间乘以速度就可以求出距离，所以，根据无线电波的传播速度（光速：2.99792458×10^8 m/s）就可以求出接收器与卫星之间的距离。这样一来就可以把你跟接收器的位置缩小为“以卫星为中心画的圆周上的某一处”了（图 4.18）。

当然光这样是确定不了位置的。大家在智能手机的地图应用和车载导航上应用的 GPS 显示的不是“一条线上的某一处”，而是清晰的一个点（尽管可能存在误差）。这里就需要用到“球的交点”这一思路了。刚才我们考虑的是接收 1 颗卫星发来的无线电波的情况，而实际上地球周围被 24 颗用于 GPS 的人造卫星包围着，这点前面已经讲过了。现在假设接收器正同时接收 2 颗卫星发来的无线电波，此时的情况如图 4.19 所示。

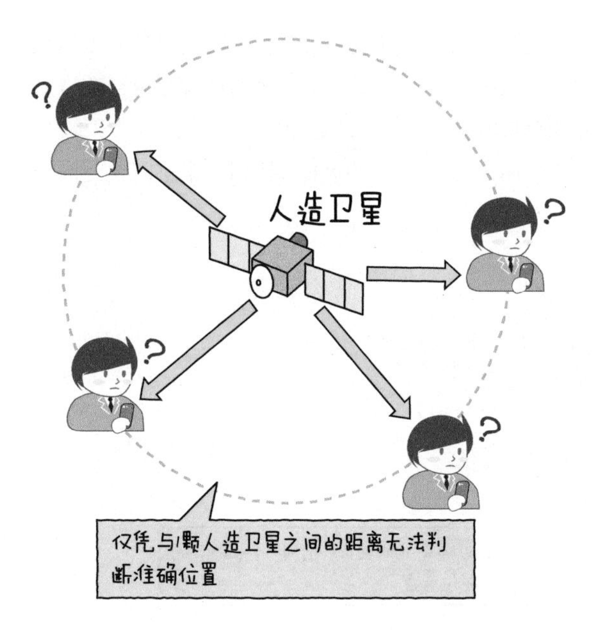

图 4.18 仅凭与 1 颗人造卫星之间的距离来判断，所在位置会有无数种可能

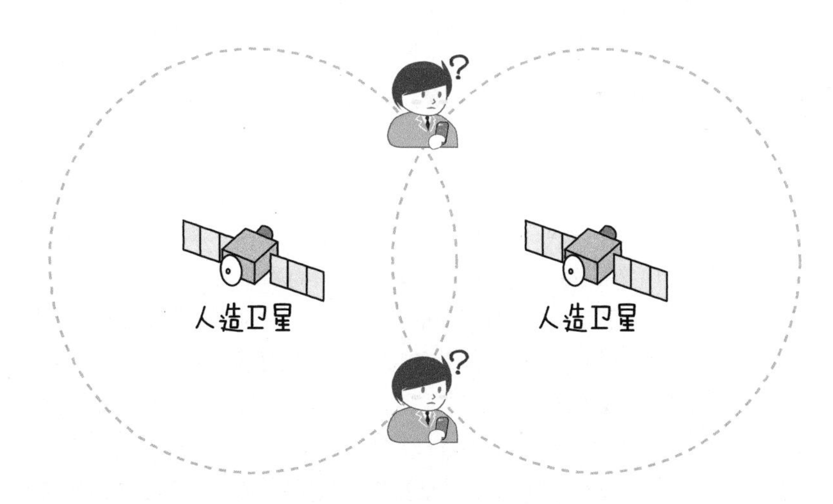

图 4.19 知道距多颗卫星的距离，就能确定具体位置（二维平面）

我们知道，2 颗人造卫星离接收器的距离是各不相同的，所以两个圆的大小（半径）也不同。这两个圆周表示的是你（接收器）可能所在的位置。那么当然，你实际所在的位置就是两个圆周的交点处。因为从地球上来看，其中一个交点的位置刚好跟人造卫星的位置相反，所以就算有两个交点，也不难判断出哪个才是你的当前位置。

前面都是基于二维平面来考虑的。实际上，换到三维空间也是同一个思路（图 4.20）。

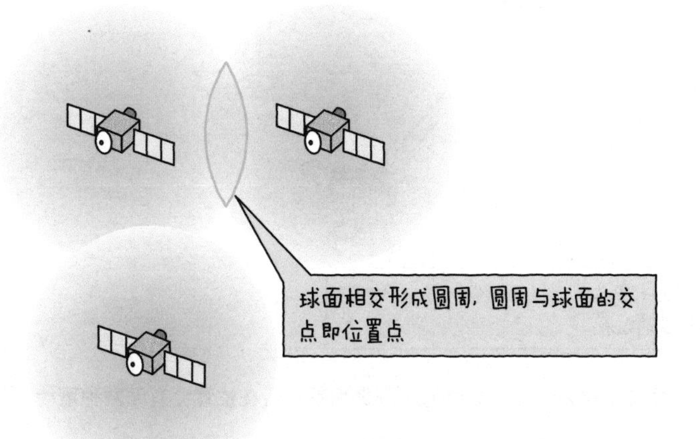

图 4.20　从三维空间的思路出发，如果知道距 3 颗卫星的距离就能把目标位置缩小到两个

从人造卫星的角度来看，可以推测出接收器的位置在球面的某处。用 2 颗人造卫星时，接收器的所在区域就被缩小到两个球相交而成的圆上，如果再加 1 颗人造卫星，所在位置就是圆周和球面的交点，其可能范围就缩小到了两处。跟二维平面的例子一样，因为其中一个点位于卫星的另一侧，所以能够判断出哪个交点才是接收器的所在位置。

现在话题一步步深入到了二维和三维，下面来思考一下“现实世界”中的计算。这里可能有人会奇怪：“咦？不能直接用三维空间来计算吗？”毫无疑问，我们的世界是三维世界，但是在前面的解说中有个部分我们一直没提。那就是“接收器内部时钟的误差”。请回忆一下这些知识。

- **GPS 接收器里内置有“时钟”**
- **人造卫星里内置有相当精确的时钟——原子钟**
- **地面上的监控站负责修正人造卫星内的时钟的误差**

在这里，接收器和卫星差别很大。人造卫星的时钟显示时刻永远都是精确的，而接收器的时钟却并非如此（图 4.21）。

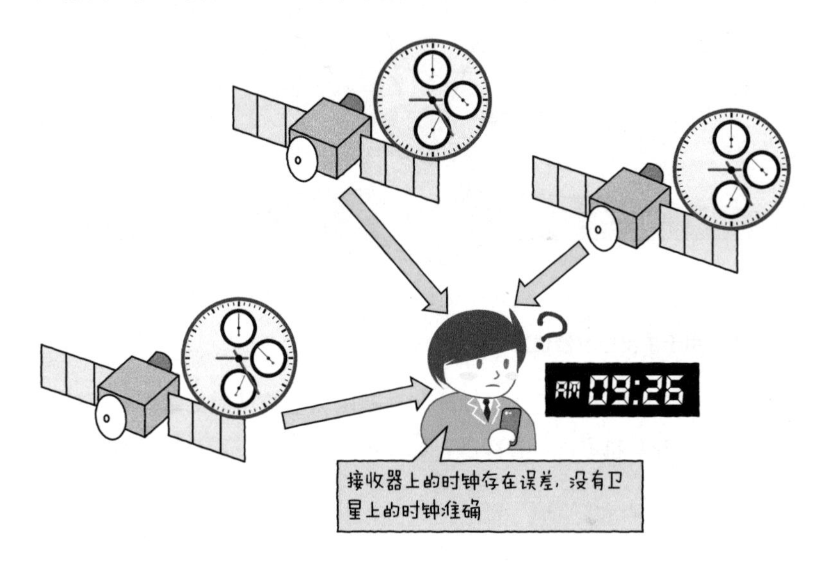

图 4.21　卫星和接收器上的时钟的误差

接下来就用数学公式思考一下，也算是对前文的总结。大家可能会觉得这些内容有点难，不过只要有初中程度的数学知识就足够了。下面的内容对于理解 GPS 的机制很重要，请大家好好思考。

那么，让我们再次回到草原。如图 4.22 所示，假设你拿着接收器站在草原的 O 处。现在，有 4 颗人造卫星 A、B、C、D 正在绕着上空的轨道飞行。

此时，你想用 GPS 求出你现在所在的坐标 O(X_o, Y_o, Z_o)。因为公式里全是字母，所以需要区分一下未知值和已知值。

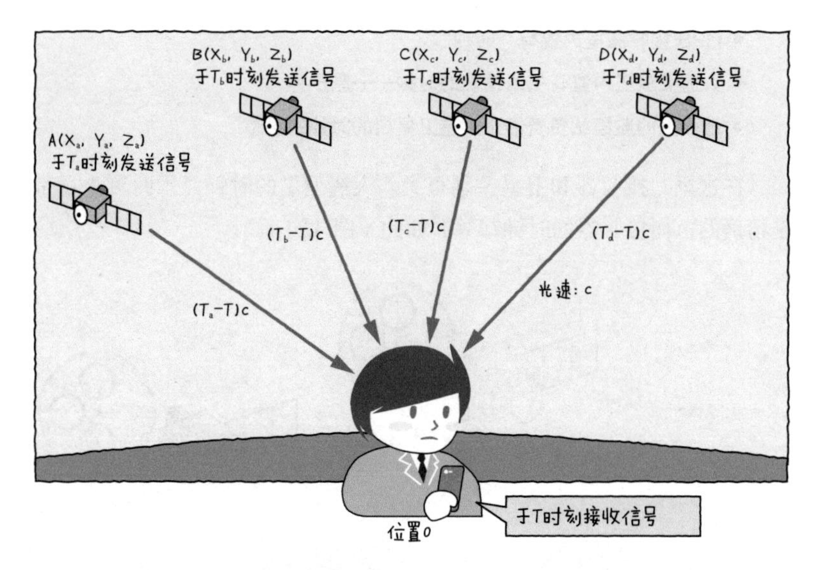

图 4.22　用于求出接收器位置的计算公式

4 颗人造卫星的位置是已知的。这是因为监控站时刻掌握着人造卫星的轨道，并对轨道进行着修正。也就是说，4 颗人造卫星的位置，即

A(X_a, Y_a, Z_a)
B(X_b, Y_b, Z_b)
C(X_c, Y_c, Z_c)
D(X_d, Y_d, Z_d)

这些都是已知值。

那么，是不是还有其他已知值呢？按理说，我们还知道接收器接收到无线电波的时刻，以及每颗卫星发射出无线电波的时刻。设这些时刻如下。

接收器接收到无线电波的时刻：T
A 发射无线电波的时刻：T_a
B 发射无线电波的时刻：T_b
C 发射无线电波的时刻：T_c
D 发射无线电波的时刻：T_d

这些也都成了已知值。

然后，被发射出去的无线电波和光的速度相同。因此只要知道光的速度 c，以及发射或者接收无线电波的时刻，就能求出卫星到接收器的距离。

A 到接收器的距离：$(T_a - T)c$
B 到接收器的距离：$(T_b - T)c$
C 到接收器的距离：$(T_c - T)c$
D 到接收器的距离：$(T_d - T)c$

一起来想想还有哪些方法能表示距离。例如用 AO 表示 A 到接收器的距离，就能用勾股定理将距离表示如下。

$$AO^2 = \{(T_a - T)c\}^2 = (X_a - X_o)^2 + (Y_a - Y_o)^2 + (Z_a - Z_o)^2$$

已知这个公式里需要求的值只有你所在位置 O 的坐标，即 (X_o, Y_o, Z_o) 这 3 个坐标。数学好的读者或许会马上想到："这样啊！既然有 3 个变量，那就用同样的公式表示 B 跟 C，再联立方程式求解，不就能求出来 O 的坐标 (X_o, Y_o, Z_o) 了吗！"不过，这里有一个陷阱。那就是接收器时钟的误差。请再回忆一下前面的公式。

A 到接收器的距离：$(T_a - T)c$
B 到接收器的距离：$(T_b - T)c$
C 到接收器的距离：$(T_c - T)c$
D 到接收器的距离：$(T_d - T)c$

为了让这些公式成立，需要用同一个时钟测算 T_a、T_b、T_c、T_d。卫星内部用于测算 T_a、T_b、T_c、T_d 的时钟一直受着严密的管理，所以，虽然从物理角度来说是 4 个不同的时钟，但可想而知，它们的时刻是一致的。然而接收器的时间就不同了。接收器接收到无线电波的时刻 T 再怎么说也只是"接收器的时钟所表示的时刻"。

用于 GPS 的卫星是在 20 200 km 的高空上沿轨道旋转的，因此如果发射出的无线电波速度为秒速 300 000 km，那么不超过一秒就能发到接收器那里。举个极端的例子：如果接收器的时钟慢了 10 秒，那么接收到的无线电波中包含的 T_a、T_b、T_c、T_d 所指的应该是未来的时刻。

那么要怎么办才好呢?

实际上这是个很简单的问题。把接收器的时钟产生的误差 τ 提前加入公式里就好了。就是说，用 $T-\tau$ 来表示接收器接收到无线电波的准确时刻。这样一来，接收器和每颗卫星间的距离就得改成以下这样的形式了。

$$[\{T_a-(T-\tau)\}c]^2=(X_a-X_o)^2+(Y_a-Y_o)^2+(Z_a-Z_o)^2$$
$$[\{T_b-(T-\tau)\}c]^2=(X_b-X_o)^2+(Y_b-Y_o)^2+(Z_b-Z_o)^2$$
$$[\{T_c-(T-\tau)\}c]^2=(X_c-X_o)^2+(Y_c-Y_o)^2+(Z_c-Z_o)^2$$
$$[\{T_d-(T-\tau)\}c]^2=(X_d-X_o)^2+(Y_d-Y_o)^2+(Z_d-Z_o)^2$$

不知大家是否注意到了，为什么要以4颗卫星为前提条件呢?没错，现实世界中不止有 X_o、Y_o、Z_o 这3个未知数，把误差 τ 也算在内，一共有4个未知数。想求出4个未知数就要用到4个等式。所以才需要准备4颗人造卫星和接收器的关系式，用联立方程式解这4个公式，就能求出当前位置O。

事实上在现实世界中，GPS接收器测定位置时，需要一个能从4颗卫星接收到无线电波的环境。

以上就是GPS定位的基本计算方法。乍看上去很复杂的宇宙规模的系统，其原理并没有那么复杂。此外，像GPS这样，使用到多个参照点的距离来求出当前位置的方法不只适用于GPS。这里测量的前提是测量时间要精确，而用一般的设备是很难达到高精确度的，不过之后也会讲解一下这些位置测量技术。

在讲解之前，先来一起看一下卫星定位近来的发展趋势。

◉从GPS到GNSS

近几年，相对于GPS而言，GNSS（Global Navigation Satellite System，全球导航卫星系统）这个词的使用频率逐渐增多。只要拿着接收器，任何人都能享受到GPS带来的福利。然而GPS说到底只是卫星定位系统的名称之一，使用的是美国人造卫星。现在除了GPS，还存在着各种各样的卫星定位系统。这些卫星定位系统的统称是 GNSS，其中美国版的系统叫作 GPS。顺带一提，接下来要为大家介绍一些只能在特定地区使用的卫星定位系统（如准天顶卫星等），这些系统叫作 RNSS（Radio Navigation Satellite System，卫星无线电导航系统）。

除了 GPS 以外，著名的 GNSS 还有俄罗斯的 GLONASS[①]。GLONASS 的起源能够追溯到苏联时代。跟美军开发 GPS 的目的一样，当时的苏联政府对 GLONASS 的定位是：用于导弹制导等方面的具有高精确度的位置测定系统。苏联政府就是基于此定位逐步整顿 GLONASS 的。相传 20 世纪 90 年代，苏联已经发射了数量相当多的人造卫星。苏联解体后，GLONASS 就由俄罗斯联邦政府接管。不过因为没能进行充分的维护，GLONASS 失去了它原本的价值。

然而迈入 21 世纪以来，俄罗斯政府宣布了要重新整顿 GLONASS 的计划，恢复了运行所需的卫星数量。如今 GLONASS 已经能为普通百姓所用，支持 GLONASS 的接收器也已经普及开来。举个例子，大家如果去苹果公司的 Web 网站查询最新款 iPhone 的规格，就会看到其支持 GPS 和 GLONASS 这两种卫星定位系统。

像这种支持多种 GNSS 的情况就叫作“支持 GNSS”或“多重 GNSS”。除此之外，还有欧盟的 Galileo 和中国的北斗等能在世界范围内使用的卫星定位系统。

◉ GNSS 时代的优点

如果世界各国都配备了 GNSS 卫星，那么对我们来说有什么好处呢？

最大的优点是“测量的精确度提升，能够测量的范围扩大”。大家读到这里应该已经知道，要用 GPS 获取当前位置，需要能看到 4 颗卫星（接收到 4 颗卫星发来的无线电波）。又因为地球周围围绕着的 GPS 人造卫星有 24 颗，所以定位时实际能够利用的卫星最多也只有 6 颗左右。如果总是能在草原中央使用 GPS 倒没什么问题，但实际上人们拿着智能手机打开附有 GPS 导航功能的地图时，基本都是在市中心找目的地所在

---

① 又作格洛纳斯，是俄语“全球卫星导航系统”（GLOBAL NAVIGATION SATELLITE SYSTEM）的缩写。

的办公大楼，或是在找一家没去过的店铺。像这样被大楼包围的地方，往往连 4 颗卫星都很难捕捉到。我们无法指望着卫星轨道上总是有 4 颗没被大楼挡住的卫星，而且这 4 颗卫星还正好在我们头顶的正上方。

不过现在是 GNSS 时代了。大家手里的智能手机和移动电话上或许已经配备支持多种 GNSS 的接收器了。如果装有这种接收器，那么即使只有一颗 GPS 卫星在我们的正上方，也有可能通过把这颗卫星跟 GLONASS 卫星或 Galileo 卫星相结合，来保证卫星的个数在 4 颗及以上。通过世界各国的合作来使 GNSS 这门覆盖全世界的技术变得更加方便，这不正是 GNSS 的魅力所在吗？

4.3.2 准天顶卫星

卫星定位的相关事宜应该引起日本国民的关注。为什么日本国民要关注呢？答案很简单，因为日本也已经发射了人造卫星。即近年来被人们所热议的“准天顶卫星”。

那么准天顶卫星是什么样的卫星呢？“准天顶”听着别扭，读成“准・天顶”就能理解了，即“大致位于正上方”。

可是为什么需要这种大致位于正上方的卫星呢？前文也解释过了，地球周围有 24 颗 GPS 卫星，还配备 GLONASS 等卫星，定位越来越方便了。为什么日本还要在这种情况下单独配备人造卫星呢？

关键就在于位置条件和 GNSS 的匹配度。为了在市中心和山区等各种场所使用 GPS，人们用多重 GNSS 来增加卫星的数量，这样就易于补充无线电波了。但实际上仅仅增加卫星数量并不能做到完美。因为要是人进到大楼的夹缝中间，要捕捉到人造卫星就会变得异常困难。

解决这个问题的办法就是在正上方设置卫星（图 4.23）。

日本已经配备了第一颗准天顶卫星“指路”号，当下正处于试验阶段。日本的准天顶卫星与 GPS 相兼容，通过与 GPS 组合使用，就可以扩大能够精确定位的地区范围。

此外，日本还计划把准天顶卫星用作发生自然灾害时的通信卫星。

图 4.23 只要有准天顶卫星，即使周围被大楼包围，也会有很大概率成功定位

据称，准天顶卫星还配备了与前文那些卫星定位系统不一样的技术机制。如果能够实现，预计误差最大不会超过几厘米。这种技术一旦普及，想必会在各个领域掀起一场技术革新的浪潮，例如能够让农用拖拉机自动驾驶，而且不会破坏田垄。

4.3.3 IMES

凭借多重 GNSS 和准天顶卫星，即使处于大楼的夹缝和山区，都能得到 GNSS 的帮助。那么在室内又如何呢？

例如地铁里的地下商业街。新宿周边的地下商业街，其结构出了名的复杂，复杂程度在日本国内也是屈指可数的。这种情况下正好是该 GNSS 出场的时候，但地下收不到卫星发射的无线电波，获取到的位置信息无法精确到可以拿来导航。不只是地下，博物馆和百货商店等所有类型的建筑物中都存在这个问题（图 4.24）。

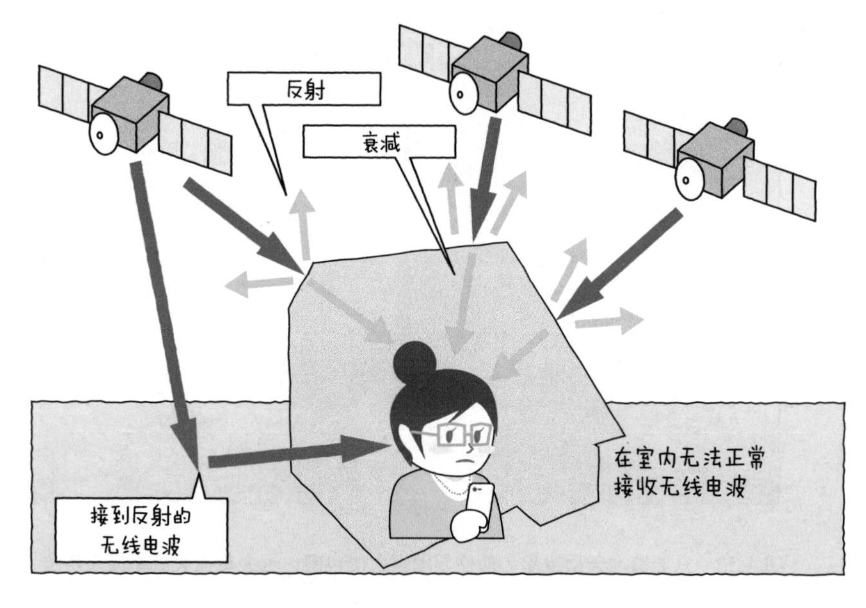

图 4.24 在室内无法正常接收到人造卫星发射的无线电波

很早以前，IT 和机器人领域就开始研究估算位置的方法了。本章开头介绍的 RGB-D 传感器等，也被广泛用于研究位置估算。然而在技术层面实现和在服务层面实现是两回事。即使在技术层面能够实现，也还存在着一个问题，即因为做不出小型且廉价的设备，所以难以普及。GPS 原本是作为用于室外的定位设备而被人们熟知的，在这种情况下，有人尝试改良 GPS 的机制，试图让室内也能使用 GPS，这门技术就叫作 IMES（Indoor Messaging System，室内通信系统）（图 4.25）。

IMES 最大的技术特征就是兼容 GPS。IMES 通过发出和 GPS 所用频宽相同的无线电波来传送信息，使用者只需更换 GPS 接收器的软件就能够使用 IMES。不过 IMES 也有一些与 GPS 相差甚远之处。

请看应用示意图 4.25。如果一台接收器能同时支持 GPS 和 IMES，那么就有望实现两种技术的无缝结合服务：在室外用 GPS 导航，进到室内自动切换成 IMES 继续导航。此时，GPS 卫星和 IMES 的发送终端发出的无线电波使用的是相同的频宽，不过里面的数据形式却是不同的。就像前面讲的那样，GPS 的无线电波里包括卫星的位置和时刻数据，测算时需要从不少于 4 颗卫星那里接收数据，再根据数据算出位置。而 IMES 的终端发送的是 IMES 终端的位置信息，使用前要先给每个终端设定坐标或楼层编号等信息，把这些终端安装在天花板等处。这样一来，IMES 的发送终端就会持续发送其所在场所的位置信息，并向经过其附近的接收器提供位置信息。

图 4.25 在室外使用 GNSS，在室内使用 IMES

从这种机制可知，IMES 接收器的位置精确度取决于设置间隔，以及发射的无线电波的强度。如果单纯用于导航，其精确度是不成问题的，而要达到精确度为几厘米的程度就不容易了。JAXA（日本宇宙航空研究开发机构）等研究机构正在推进 IMES 的开发。虽然 IMES 还没有广泛普及，但经过实证实验，已顺利地取得了一定成果。如果有朝一日 IMES 得到普及，那么或许人们在室内和室外都能用智能手机等设备享受到无缝的导航服务。

4.3.4 使用了 Wi-Fi 的定位技术

对于那些经常使用车载导航的人来说，GPS 是一种再熟悉不过的事物了。那么我们身边还有哪些设备是使用无线电波来定位的呢？众所周知，Wi-Fi 已经普及到家庭、办公室、大学等各种各样的场所，在这里就为大家介绍一下使用了 Wi-Fi 的定位技术。

◉接收信号强度

先想个最直接的定位方法，那就是利用 Wi-Fi 的信号强度来定位。大家在使用移动电话中碰到通话 / 通信不顺畅时，一般都会查看屏幕上显示的天线标志（图 4.26）。

图 4.26　表示接收信号强度的标志

就跟大家注意到的那样，这个标志意味着无线电波（信号）的接收状态。虽然接收状态也会受到障碍物等因素的影响，不过接收状态的特征是强度随距离成比例减弱。打个比方，移动电话离基站越远，接收到的信号就越弱。利用这个性质就可以算出大概的距离和位置（图 4.27）。

接收到的信号越强，就说明离无线电波的发射地越近。更何况发射地有 3 处，这样一来就能从信号的强弱差异来判定位置。

但实际上，就算直接把上述想法拿来用也没法得到所期望的精确度。使用环境的影响是一方面，另一方面，无线电波的反射和干扰等因素的影响也会导致信号强度和距离的比例关系失效。

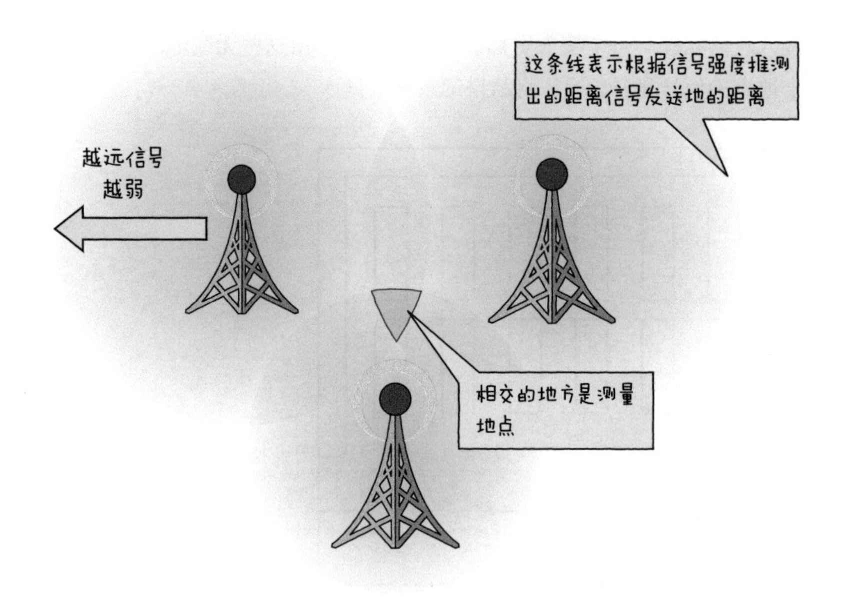

图 4.27 如果接收信号强度 = 距离，就能求出位置？

◉指纹定位

那么，是不是就不能用 Wi-Fi 测定位置了呢？

Wi-Fi 首先在家庭中普及，而后又普及到办公室和购物中心等地。如果 Wi-Fi 能测定位置，那么应该有很多人会使用 Wi-Fi 来定位。近年来人们热衷于研究 Wi-Fi 定位技术，并逐步在优化这门技术。其中有种方法成果显著，叫作“指纹”（Fingerprint）。

从指纹这个词大家就能想象到，这种方法要用到某些固有的信息。指纹这个概念在 Wi-Fi 里有很多版本，一般指的是“某个地点的无线电波状态”。

前文提到了应用 3 个无线电波发射地来测定位置的方法，但是这个方法并不好用。这是因为墙壁等物体的反射会造成无线电波状态紊乱。这项备受瞩目的技术正是把“无线电波的紊乱”作为指纹记录下来，从而推测位置的。

来看一下具体该怎么做。图 4.28 显示的是房间内设置了数个 Wi-Fi

接入点的状态。每个接入点都发出无线电波，由这些无线电波来测量各个地点的信号强弱情况，将结果记录到数据库。

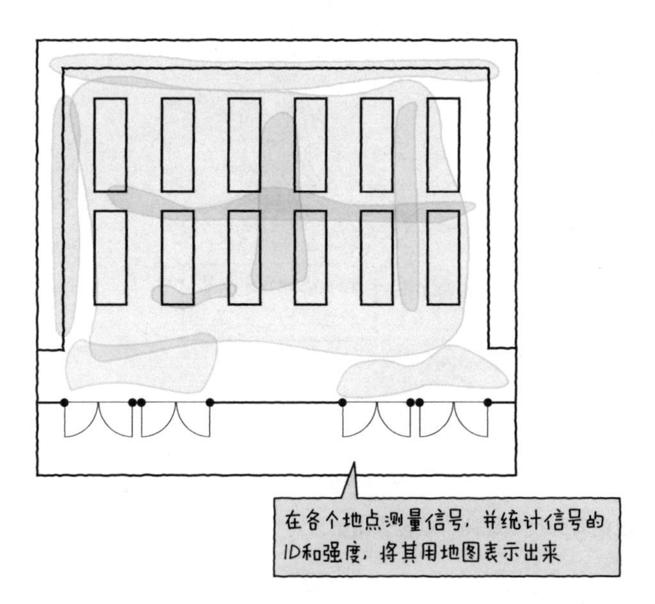

图 4.28　记录无线电波在各个地点的状态，进行比较

实际进行定位的时候，先用智能手机等支持 Wi-Fi 的设备测量当前位置的信号状态，再从注册到数据库的内容里找出距离自己较近的发射地。这样就能明白自己现在在哪里了。

这个方法要事先测量，比较费工夫，不过现在也出现了一种服务，据称该服务的测量误差不超过 1 m。如果能用模拟判定等来达到事先测量的目的，想必这门技术会更易为人们所用。

4.3.5 Beacon

近几年有一种定位技术很是热门，这种技术利用了接收信号的强度，它就是 Beacon。说起 Beacon，我们常常听到它被用于雪山搜救方面。若是登山者要去危险的地方，就先让他 / 她带上 Beacon。万一遇到灾难，救助人员就会拿着接收器去 Beacon 发出的信号较强的地方寻找。

Beacon 是一门近来引发人们热议的新技术。它使用了第 3 章介绍过的 BLE 技术这种省电的通信标准。最近的 iPhone 也以 iBeacon 为名向用户们提供了一种使用 Beacon 的途径，其基本用法和用于灾难搜救中的 Beacon 并无不同。打个比方，各位来试着想象一家品牌专卖店（图 4.29）。

图 4.29 应用 Beacon 后的服务示意图

品牌商品价格昂贵，如果不能让消费者理解商品的精妙所在，消费者就不会来购买。就算安排员工在店内为顾客说明，人手也有限。要是在附近贴上大量的说明单子，还会破坏店铺的气氛。有没有什么好的方法能向顾客详细地说明每件商品呢？这时候，Beacon 技术就派上用场了。

首先，在不破坏店铺气氛的前提下，悄悄给各个商品（或者货架）安上 Beacon 发送器，并接通发送器电源（大部分机器只需要放入电池），发送器就会发射出 BLE 标准的信号。这个信号中只包含事先定好的 ID。

接下来，请来到店里的顾客用支持 BLE 的智能手机打开专用的应用程序。顾客一靠近商品，也就是 Beacon 的发送器，智能手机就会接收到信号。然后应用程序会获取信号中包含的 ID，再访问这个品牌的服务器，显示商品的信息就可以了！

像这样，Beacon 能够把信息巧妙地提供给用户。除了前面举的关于商品说明的事例，或许还能实现以下服务：利用 Beacon 向来店的顾客赠送优惠券，或者根据接收到的 Beacon 的 ID 告知顾客其当前所在位置。

必须注意的是，发送器不同，Beacon 输出的无线电波信号的强弱也不同，并且，接收器（即智能手机）被放在手机套或背包里时，无线电波信号可能会减弱。在开发应用时，需要事先进行试验，选择发送器信号的强度。此外，在设计时还需要考虑到各种各样的情况，例如接收器接收到强度为多少的信号时才会有响应，以及接收到多个信号时要怎么办，等等。

4.3.6 位置信息和物联网的关系

本章从 RGB-D 开始讲起，介绍了许多测量位置信息的传感器。作为最后的总结，让我们一起来思考一下位置信息和物联网的关系。

位置信息是如何应用在物联网的世界里的呢？

有很多像 GNSS 和 Wi-Fi 指纹定位这样帮助用户确定自己当前位置的技术，这些技术方便了我们的生活，比如导航。智能手机的问世使得很多人能够立即浏览当前位置和周边地图。这些进步在 10 年前都是无法想象的。还有，即使丢失了手机，也能用远程操作锁定手机，并让手机把位置信息发送过来。虽然乍看起来会让人觉得这些事例似乎跟物联网世界之间的联系很微弱。话说回来，正因为能如此轻松地获取位置信息，物联网世界才会多了几分现实感。

通过设置大量的传感器来采集大量的数据，或者通过设备间的通信力图实现新的服务，这就是物联网和机器对机器通信这些技术的背景。这些服务或许是监管水坝的储水量，或许是守护濒危物种，又或者是优化运输路线，以及在海洋上监测海啸。无论想要实现哪种服务，位置信息都是不可或缺的。

有些情况下，位置信息本身就具有极大价值，例如守护濒危物种，以及优化运输路线；也有些情况是需要用位置信息来掌握测量点，或者管理设备的，例如监管储水量和监测海啸。在位置信息的相关技术中，虽然有些部分乍看起来很复杂，其应用方法也难以理解，然而这种技术却是支撑着物联网世界的宝贵的技术。

第5章

物联网服务的系统开发

5.1 物联网和系统开发

从字面意思就可以看出，物联网指的是“物”连接到互联网及其机制。物联网做到了对现实世界信息的感测和反馈，但把物联网系统化指的又是什么呢？是把传感器数据存储在数据库中呢，还是从云端自动控制空调和灯光呢？

笔者认为，把物联网系统化就是应用传感器等各类设备来形成一个持续解决问题的机制。也就是说，不只用传感器进行测量，还通过对测量数据的监测和分析来发现能量损耗，预测机器故障，从而创造出新的信息和价值。而且，系统化并非暂时性的，在成本和应用的基础上生成一个持续运行的机制才是系统化。

对物联网服务而言，系统的主体是设备，因此在进行系统开发时，也有一些是设备方面需要留意的地方。本章将会为大家介绍一下笔者们开发出来的物联网系统，这个系统是利用前面几章介绍过的架构以及物联网设备开发出来的。另外，本章还会借助开发案例，针对那些应用了物联网设备的系统特有的问题进行说明。

5.1.1 物联网系统开发的问题

正如第1章提到的那样，物联网服务潜藏着无限的可能性，然而一旦着手开发物联网系统，又会碰到各种各样的困难。这里从系统的使用者和开发者两个侧面来讲解。

首先对使用者而言，难以事先预测服务的导入效果，或者说没法下定决心导入服务。虽然物联网服务是基于采集传感器数据等各类数据来掌握和分析现状的，不付诸实践就无法得知实际效果，但也不见得花了钱就能收到相应的成效。

至于系统开发者方面的困难，从本书涉及技术面之广就能够看出，从事物联网系统开发需要的技术面要比从事一般的Web开发更广（图5.1）。

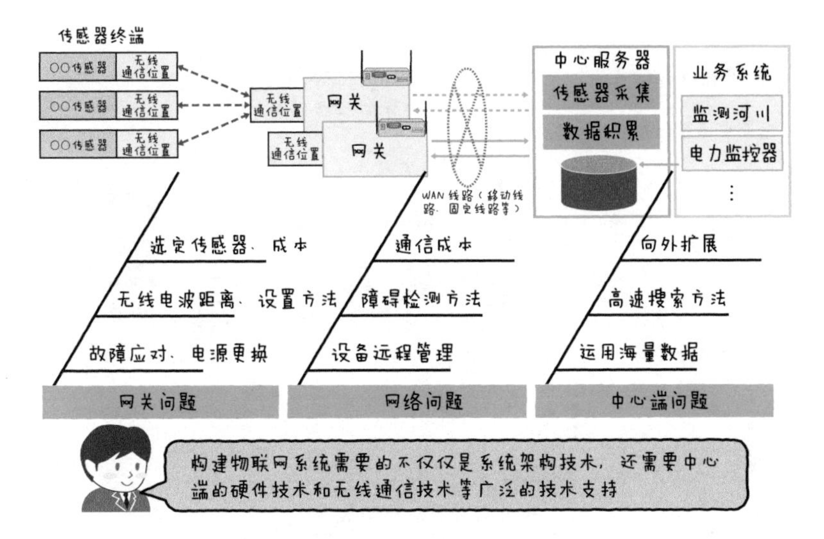

图 5.1 物联网系统是由众多领域的技术构成的

就算是小规模的物联网服务，也需要多方面的知识。除了在服务器端运行的应用程序外，还需要掌握构成设备的硬件、嵌入式软件、连接设备与传感器的网关、无线通信技术和网络等多方面的知识。当然这并不是说如果没有完全掌握这些知识就不能进行设备开发，而是说如果事先了解各个领域的技术内容和机制，就可以防止在开发和使用过程中出现问题。

5.1.2 物联网系统开发的特征

在开发物联网服务时有一点不能忘记，即“物联网服务是一种包含设备的服务”。

因为应用了物联网数据的大数据分析是以积累的海量数据和日志为对象的，所以不一定存在设备。然而物联网服务则名副其实，服务肯定与设备（物）相挂钩。又因为设备是构成物联网服务的主体，所以物联网系统存在其独有的特征，具体如图 5.2 所示。

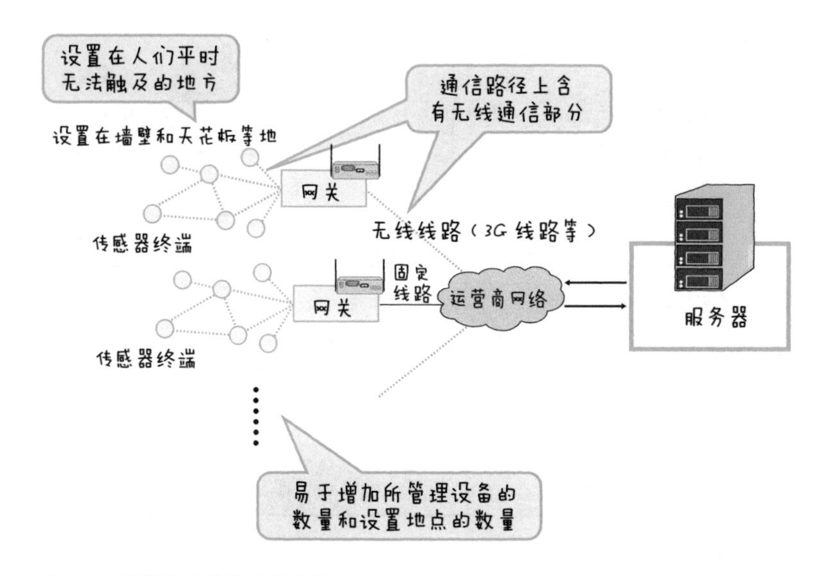

图 5.2 物联网系统独有的特征

这些特征给人感觉都是理所当然的，可是一旦不考虑这些特征就去进行开发，在应用阶段进行检修或维修终端时就会付出预想不到的代价，所以大家要将这些特征牢牢记下。

◉易于增加所管理设备的数量和设置地点的数量

物联网服务由传感器终端等多台设备及集合这些设备的网关终端构成。根据应用状况，这些设备的种类或终端的数量往往会不断增加。

例如在办公大楼或是商业楼层中，对温度、湿度、二氧化碳浓度等进行环境感测时，楼层的场所不同，测量到的值也有差异，因此不能光感测楼层的某一处，还要对多个场所进行感测，这样一来就需要在一个房间里设置数个传感器终端。

此外，为了在应用设备的同时增加设备的数量和种类，多数情况下需要追加连接设备。打个比方，假设已经设置了传感器终端，并进行了监控，但从测量结果来看，有时获取的信息并不足以让我们采取行动，也没有达到理想中的效果。这种情况下为了更详细地进行测量，就需要设置新的传感器来增加测量地点，从其他角度进行分析。而且一旦设置传感器并获得成效，就能将其推广到别的楼层和设施里去。增加设置地点时，新设置的传感器数量跟之前的设置数量是相同的，根据情况不同传感器的数量也会激增。即使是在获得一定成效后，还有很多情况是需要增加设备的，例如增加了其他用户等。

◉设置在人们平时无法触及的地方

办公室和商业设施里的设备和网关大多都设置在平时人们无法触及的屋顶或者墙壁等处，因此应用这些设备并不容易。如果要更换设置场所或变更终端内的软件，不仅需要请求设备管理者进行更换，还需要与设置场所的管理人员协调日程，有些情况下还需要跟承包商进行协调。

◉存在无线通信部分

有一点很容易被遗忘，那就是数据通信路径上利用的是无线通信。就像第 3 章介绍的那样，传感器终端和网关之间通信使用的传感器网络主要是无线通信。此外，连接网关和运营商网络时使用的接入线路也利用了 3G/LTE 等无线通信技术。

当然有时人们也会用有线方式来连接各个设备，但在各类场所追加设置传感器终端等设备时，人们会更多地选择无线通信。一般来说，相较有线通信而言，无线通信的通信品质较低，设备有可能会因为障碍物的设置等现场环境的变化而连接不上通信线路，线路也有可能会因为周边无线电波的干扰而变得不稳定。

5.2 物联网系统开发的流程

光用笔头很难算出物联网服务的成本效益，如果不去实际地反复采集并分析数据，是无法确切掌握导入效果的。站在服务开发的角度上来说，我们提供的就是以设备为主体的服务，因此需要调配符合要求的设备。然而如果要立即调配或是制造出那种能实现需求的设备，还要保证设备数量充足，这是一件相当困难的事。

在这种情况下，重要的是要逐步进行事前验证。不要一开始就去构建大规模的系统，而是要采用小规模的原型系统来验证导入系统的效果。然后利用数台设备来进行比较选择，讨论应用方法。由此，物联网服务的系统开发要点也就出来了，即系统开发分为 3 个阶段进行，它们分别是“验证假设”“系统开发”“应用维护”（图 5.3）。

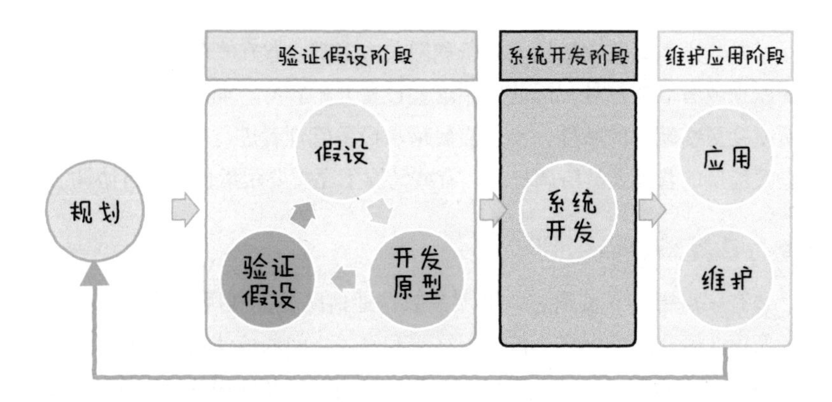

图 5.3 物联网服务的系统开发流程

5.2.1 验证假设阶段

此阶段进行的是效果验证和技术验证，效果验证通过构建小规模的原型和导入服务来验证，技术验证的目的则是实现物联网服务。前者利用物联网设备感测到的数据，分析创造出的信息是否拥有与成本相符的价值。除此之外，通过让使用者使用原型系统，还能探讨使用情景等需求。

技术验证则针对的是构成物联网服务的服务器和设备，尤其对于设备，一定要事先仔细验证。因为物联网服务的主体是由设备进行的感测和反馈，如果设备无法完成目标动作，那么系统本身也就不能成立。因此在验证假设阶段需要谨慎地选择传感器终端等设备。我们将此阶段的实施要点归纳为以下几点。

选定设备

- ☑整理设备需求
- ☑调查、调配、试作设备，验证设备的运行情况
- ☑设计设备的设置
- ☑设计设备的维修与使用

服务的原型开发与使用

- ☑选定运营商网络
- ☑开发网关和服务器端系统的原型
- ☑从设备和系统的测试运行中提炼问题

验证导入效果

- ☑验证传感器和驱动的导入效果

5.2.2 系统开发阶段

下面进入服务开发环节，此环节也是真正意义上面向导入的环节。

此阶段基于验证假设环节的原型开发和验证结果来调配在实际环境中将要用到的设备，以及进行服务器端系统的开发。特别是，在使用服务的过程中很有可能要追加设备和设置地点，或是涉及获取数据的存储容量和存储时间等数据使用方面的内容，所以非常有必要跟多个利益相关方进行磋商。如果要把在事先验证阶段构建的原型按原样扩大，那么就需要在事先验证阶段就预见原型在实际环境下的运行，确保系统的品质，设计出一个易于追加设备的系统。

5.2.3 维护应用阶段

在物联网服务的应用中，除了信息系统，还要运用并管理设置设备和网关终端。

如下所示，在应用管理设备的过程中不仅要监测和修复设备异常，

还要根据设备的运行情况更改设备设置参数、修理或更换设备，以及追加新设备等。

- **监测设备的状态、变更设置、修理或更换设备**
- **追加新设备**
- **监测系统状态**
- **运用积累的数据**
- **采集和应用数据**

COLUMN

收益共享

因为导入物联网服务的效果不明显，所以为了降低物联网服务的门槛，前面我们讲了一种方法，即从小处着手，从事前验证逐步开始着手的方法，其实还有另外一种方法，就是以收益共享的形式来签订合同。

收益共享是一种合作方法，这种方法以共同承担风险为前提来分配利益。在导入系统时不像以往那样需要接收委托支付固定的金额，而是以一种合同形式把导入的系统所产生的部分利润支付给开发者。导入系统通常需要高额的投资经费，对甲方而言，通过与乙方共同承担，可以降低导入系统时要承担的风险。

以传感器网络和机器对机器通信系统为代表，物联网系统也在不断引入这种收益共享模式。以节能系统为例，导入节能系统可以把架构系统的费用控制在非常低的价位，而节省下来的一部分电费和水费就能支付给开发者，这种经济模式正在萌芽。

5.3 物联网服务的系统开发案例

下面来看一下物联网系统的开发案例。

5.3.1 楼层环境监控系统

◉系统概要

首先要为大家介绍的是旨在提升以办公室为主的职场环境的舒适度，对楼层环境进行监控的系统（图 5.4）。众所周知，职场环境变得舒适，那么工作效率也会提升。职场环境包含人际关系和劳动时间等各种各样的因素，不过这里我们撇开那些不谈，只看看从环境卫生的角度来实施监控的系统。

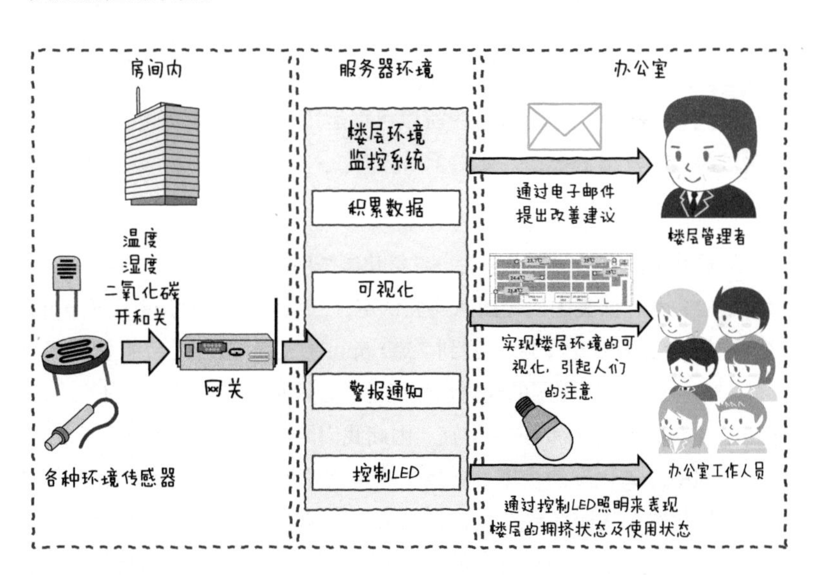

图 5.4 楼层环境监控系统概要

在房间里设置无线环境传感器，实时采集数据，并将测量数据可视化，这就是监控负责的内容。可视化会成为我们根据测量结果来作出判断的依据，如在 Web 页面上显示数据，根据测量状况控制 LED 照明。

具体的监控内容如下所示。

- **测量楼层内的温度以调整空调设置**
- **测量不适指数以预防流感**
- **测量二氧化碳浓度以防止注意力下降**
- **测量厕所单间门口的排队状况以削减排队上厕所的时间**

测量楼层内的温度以调整空调设置

办公室的空调温度夏天最好设置为 28℃，冬天则设置在 22℃为宜。然而即使设置在 28℃，实际上有时室温也会超过 28℃而让人感觉到热，另外室温也会根据座位的位置而有所不同，因此需要定量测量楼层环境的室温，将测量结果可视化。

测量不适指数以预防流感

每年从深秋转入初冬这段时期，都是一个流感多发的时期，员工有可能会患上流感。因此需要根据温度和湿度计算出不适指数，由于这个指标与流感易感性之间有联系，所以可以运用它持续监控不适指数，一旦超过阈值就发出警报，并要求予以应对。

测量二氧化碳浓度以防止注意力下降

从提升工作效率的观点来看，二氧化碳浓度和人的注意力之间也存在着一定的关系。据美国研究团队实验认定，二氧化碳浓度超过 1000 ppm 时人的思考能力就会下降，达到 2500 ppm 时思考能力则会明显下降。此外，厚生劳动省[①]制定的建筑物环境卫生管理基准也提倡房间内的二氧化碳浓度以不超过 1000 ppm 为宜。因此我们用二氧化碳浓度传感器来监控了房间中二氧化碳的浓度。在楼层和房间这种密闭空间内，人会不断呼出二氧化碳，从而导致二氧化碳的浓度不断上升。由测量值可知，二氧化碳的浓度会根据办公室内的人数和换气设备的运行情况而产生变化（图 5.5）。因此二氧化碳浓度偏高时，监控系统就会提醒人们注意换气。

---

① 日本负责医疗卫生和社会保障的主要部门。

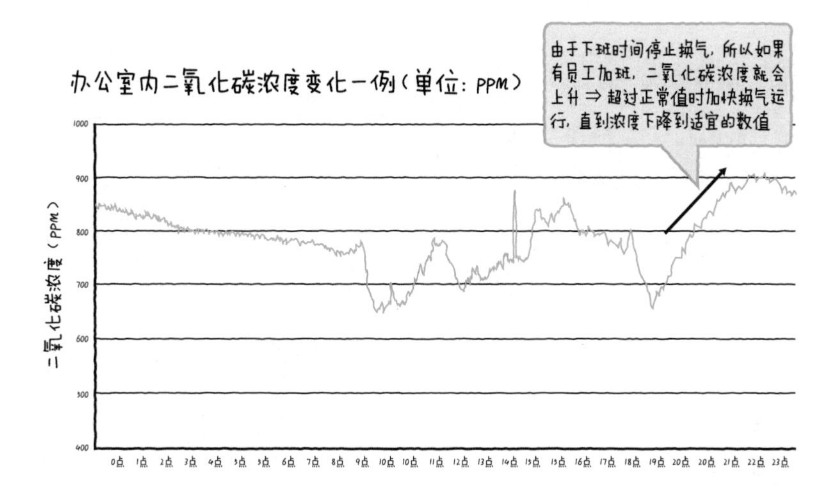

图 5.5　办公室内二氧化碳浓度的变化

测量厕所隔间的排队状况以削减排队上厕所的时间

就改善职场环境方面，这里搜集了一些意见，其中有人抱怨男厕所隔间要排很久队。停下工作（从座位上站起来）去上厕所时，如果所有厕所隔间都有人在用，就只能回到自己的座位上等会儿再去，这样就白跑了一趟。就白跑这一趟倒无所谓，不过要是连续多次在座位和厕所之间往返，那就不仅浪费了很多时间，还会让人感到压力很大。如果先用开关传感器来测量厕所的排队状态，再把厕所当前的排队状况反映到Web上，同时相应控制LED照明，这样一来，不用打开浏览器就能实时从视觉上感知当前的厕所排队状况。这个机制能节省在座位和厕所之间往返所浪费的时间，减轻往返所带来的压力。

◉系统结构

本系统由环境传感器等无线设备、网关以及中心服务器构成（图5.6）。

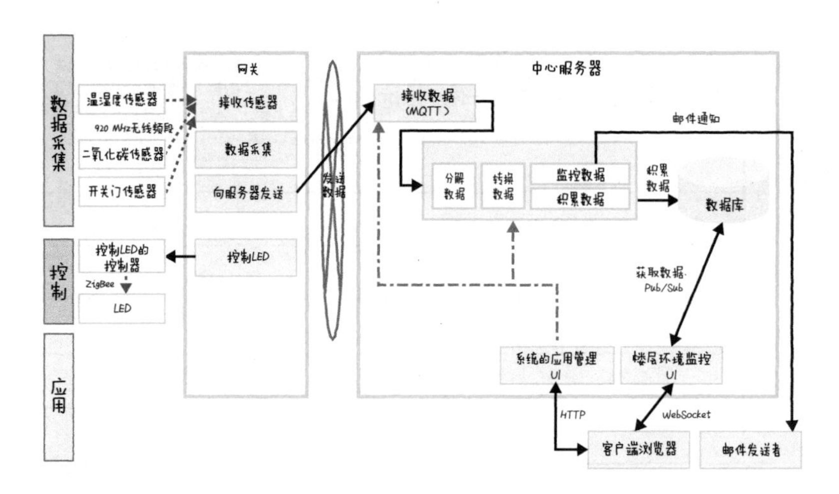

图 5.6 楼层环境监控系统的系统结构

设备终端包括传感器终端、温湿度传感器终端、二氧化碳传感器终端、开关门传感器终端以及红外线传感器终端，驱动机器包括 LED 照明。网关终端采集了各传感器终端的数据，同时具备控制 LED 照明的功能。

中心服务器由以下部分构成：消息队列，负责接收从网关发来的传感器数据；流处理部分，负责分解和处理接收到的数据；数据库，负责积累数据。虽然业务应用程序已经跟数据库实现了协作，但要做到用 Web 页面实时显示，还需要用第 2 章介绍的 Publish/Subscribe 来连接数据库。此外，流处理阶段会把各个功能模块化，监控传感器数据，在一定条件下发出邮件通知等。

5.3.2 节能监控系统

◉系统概要

接下来要介绍的是对形形色色的设备进行节能状态监控的系统，其目的在于实现商业设施和办公室节能（图 5.7）。

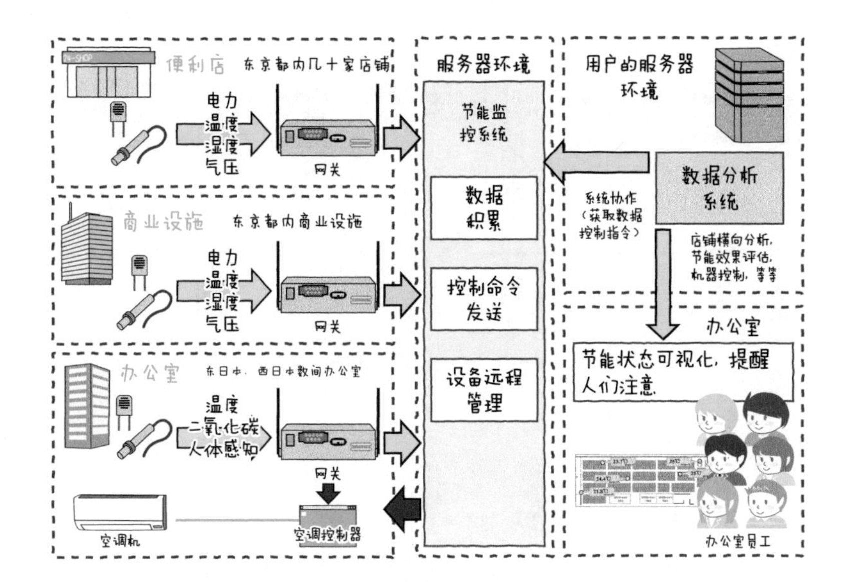

图 5.7　节能监控系统概要

本系统除了在东京都内的几十处场所设置了设备，还以西日本的办公室为对象设置了各种环境传感器，为实现各个设施的节能状况可视化，并达到节能目的，还实施了改善措施。例如，在商业设施里的各种场所设置传感器，测量楼层内局部区域的温度、湿度、电力。基于测量的数据，可以提早发现楼层内是否过冷或过热，同时还能通过耗电状况可视化及其对策来实现节能目的。另外，还会在办公室里测算楼层停留人数，并根据人数进行空调控制和换气控制，以达到最舒适的状态。

此外，为了横向分析各处的测算数据，本系统还在不断地将传感器数据采集到云端的服务器环境上。本系统还能在用户系统上对已采集的传感器数据加以分析，实现每处设施的耗电量可视化，提醒办公室员工注意，以及远程自动控制空调机。

◉系统结构

本系统同 5.3.1 节介绍的楼层环境监控系统相同，都是由各种环境传感器终端，以及采集这些终端的网关，还有中心服务器构成的（图 5.8）。

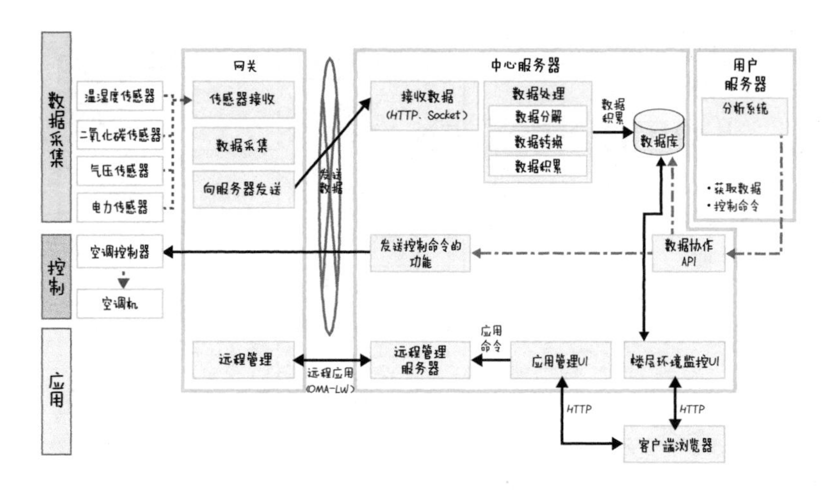

图 5.8　节能监控系统的结构

传感器终端方面使用了温度传感器终端、二氧化碳传感器终端，以及气压传感器和电力传感器。

中心服务器由负责接收数据的数据接收部位，负责处理接收到的数据的处理部位，以及存储数据的数据库构成。就接收部位而言，网关终端到服务器之间的通信协议采用了 HTTP 和 Socket 等多种协议，一边吸收这些协议彼此之间的差异，一边与后续的数据处理部位协作。另外本系统从中心服务器处采集数据，并对设备发送控制命令，而已采集数据的分析则在用户服务器的系统上进行。因此就要经由一道手续（即应用程序编程接口，Application Programming Interface，API）来获取数据，进行控制，以实现系统之间的协作。

应用管理方面，因为在本系统中，设备和网关设置在离管理者较远的位置，所以使用了远程设备管理功能。借助此功能，管理者不必赶到现场，就能在发生故障时确认网关的设置数值和日志信息，进行软件更新。

5.4 物联网服务开发的重点

本节将基于以往的开发和应用经验，就物联网服务特有的开发重点从 5 个角度进行说明，这 5 个角度分别是：设备、架构、网络、安全性、应用与维修。

5.4.1 设备

◉设备的选择

在物联网服务中，设备的选择是至关重要的。根据设备的特征不同，有做得到也有做不到的事，所以事先一定要切实明确目的，选择能够帮助我们达成目的的设备。

传感器的特征

这里举之前楼层环境监控系统检测厕所隔间使用状态的例子。这个系统能实时检测出厕所使用状况，通过数间厕所使用的比例控制 LED 的颜色。因此，我们选取了一些能获取房间使用状况的传感器，并研究和比较了每种传感器的检测特性、环境特性、成本特性（表 5.1）。

表 5.1 不同传感器的特性

传感器	检测特性		环境特性				成本特性	
	检测速度	检测精确度	非密闭场所	无门的环境	房间大小	发生的准确性	电池消耗	价格
距离	在有人的状态下会马上产生变化	高	○	○	×	○	○	○
开关门			○	×	○	○	○	○
相机			○	○	○	○	×	×
热敏元件			○	○	○	○	×	×
流量传感器			○	○	○	○	×	×
运动（人体感知）		中	○	○	○	△	×	△
声音		低	△	△	△	△	△	△
光照度			○	○	○	×	○	○
二氧化碳	在有人的状态下会持续产生变化	高	×	×	×	○	○	△
气味		低	×	×	×	×	○	×
室温			×	×	×	×	○	○
温度			×	×	×	×	○	○

然后，我们从各种传感器中选择了距离、开关门、运动（人体感知）这 3 种传感器，它们实时性强、简单又便宜。我们采用这 3 种传感器进行了试验，结果表明：人在厕所内的动作出乎意料地少，所以运动（人体感知）传感器检出率低，又因为距离传感器只能测量点，所以很难选择设置场所。至于开关门传感器，它会在无人使用厕所时准确地开启厕所门，在有人使用厕所时关闭厕所门，能够实时且精确地检测出厕所当前的使用状况，所以最终我们决定使用开关门传感器。

在要购买或调配传感器终端时，除了需要选择用什么传感器来检测，同时还要选择装有传感器的传感器终端。选择传感器终端时需要讨论的方面大都列在表 5.2 中了。尤其是从系统开发的角度来说，人们一般会基于设置和应用，围绕通电模式（交流电源或电池驱动、更换频率）、数据获取方法和可扩展性来进行选择。

表 5.2 传感器终端的选择

考虑事项	内容
传感器特性	检测特征、使用是否受环境限制
电源	交流电源、电池、充电、自主发电
电池寿命	使用一次性电池或充电电池能用多久
发送 I/F	有线类：串口、以太网 无线类：Wi-Fi、蓝牙、小功率无线收发器、ZigBee
发送频率	发送检测数据的时间和频率
数据获取方法	获取检测数据的方法。例如从接收器取出检测数据（I/F、格式化），等等
终端可扩展性	增设传感器终端的难易度 利用无线类时，是否可设置中继器以扩大终端设置范围
终端尺寸	终端的大小和形状
价格	传感器终端的价格
支持	终端支持及获取终端的难易度

就这里的案例而言，为了能把传感器终端设置在厕所门上，又基于无线接口和应用方面的考虑，我们选择了带有自主电源的传感器终端。另外，这种传感器终端具备可扩展性，当对象数量增加时，可以轻松进行追加。而且除了开关门传感器，还具有温湿度传感器和红外线传感器等阵容，这种应用的灵活性也是其一大优势。

测量误差

在使用传感器终端时，需要在理解传感器使用的测量方法的基础上，留意传感器的测量误差和错误判断。

例如在查看温度传感器终端的说明书时，环境规格和测量规格一栏里写着:“周边温度：-10℃～+80℃；测量范围：-10℃～+80℃；测量精确度：±0.5℃。”也就是说用这台传感器终端测定为25℃时，实际温度则在24.5℃到25.5℃之间。因此在应用程序上使用测量得到的温度数据时，要时刻提醒自己，这个数据存在测量误差。

除了前面提到的传感器，人体感知传感器也可以检测出人的存在，但并不是在任何状态下都能够检测成功。像无源型红外线传感器等是通过红外线来感知的，当感知范围内有与周边温度不同的物体运动时，传感器就会启动（图5.9）。因此，在感知范围内，如果产生热量（红外线）的物体（人或动物）不运动，或是物体的动作太细微，无法传达到感知轴时，传感器就无法检测出物体的存在。

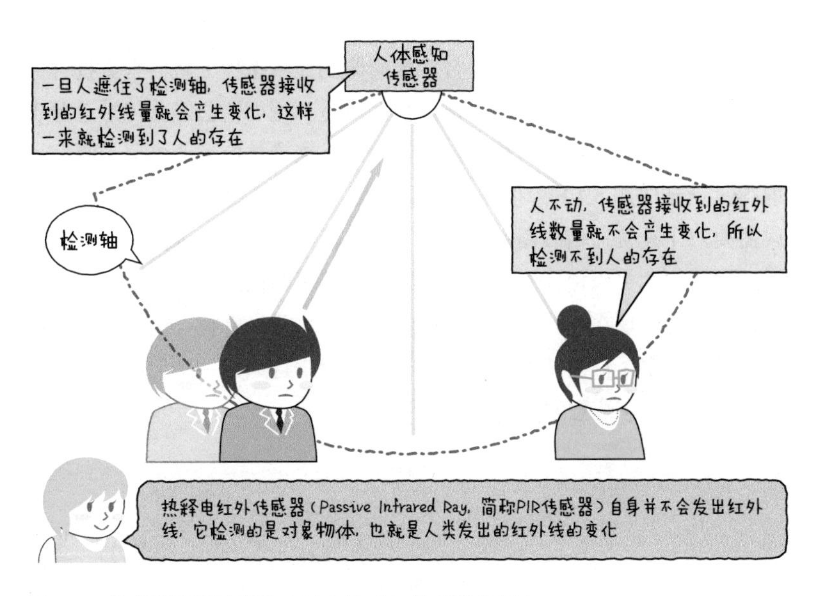

图5.9 传感器的测量误差（以人体感知传感器为例）

因为每种传感器的检测机制都不同，所以大家不仅要选择传感器终端，还需要掌握传感器终端内组装的传感器的机制，检查其是否能成功对测量对象进行测量。

法律制约

还有一点很重要，即确认使用的终端是否符合电波法的规定。日本制定了电波法用来防止有人干扰和妨碍无线通信，以及确保无线电波的高效利用。

凡是符合电波法法令规定的技术标准的无线机器，都带有一个叫作技合标志[①]的标志，没有附带技合标志的无线机器现在（即本书执笔时）基本上不允许使用。尤其在使用进口传感器终端和网关终端时要务必注意。如果把进口传感器终端带进日本，本身使用上是没有问题，而海外的网关产品也有一些插入日本运营商的SIM就能应用，然而如果这些产品没有获得日本国内的技合标志，大家就有可能因此而违反电波法，还请各位多加注意。

一般情况下，如果购买了一台传感器终端，而且这台终端已经装有取得认证的无线机器，那么这台终端内部的无线机器上就会带有技合标志。可以通过向制造商咨询认证信息，或是利用那些已经获得过总务省的符合标准证明书认证的机器的搜索站点，来确认使用的机器是否已经取得了认证（图5.10）。但是无线电波相关的认证制度非常复杂，有时候需要对于连接通信线路的机器进行技术标准认证，或者需要获取无线局的许可证才可以使用。所以，大家若是有不明白的地方，还是咨询专业机构为好。现在有一个动向，那就是促使那些没有技合标志的机器也能在满足一定条件的情况下为大家所用，但是这只是一个动向，所以目前还是需要大家注意的。

---

① 全称为技术标准合格证明标志。

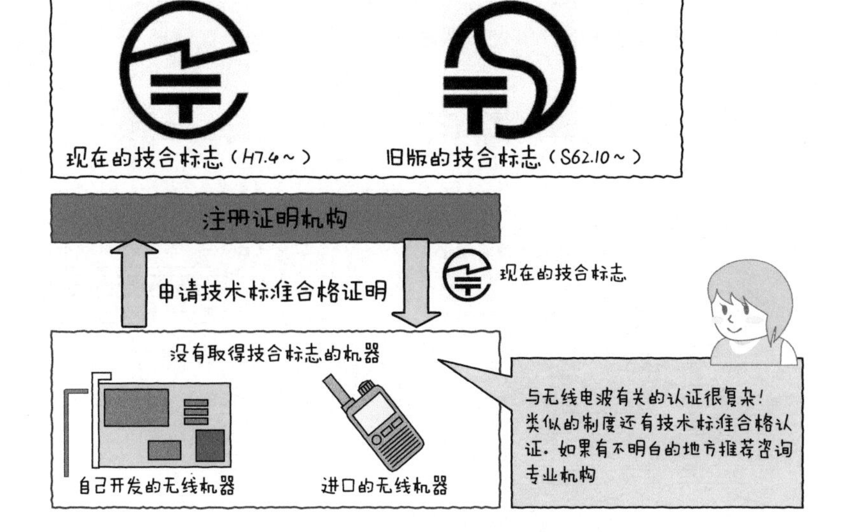

图 5.10　申请技合标志

◉设备的设置

因为物联网系统需要在各种各样的场所设置小型设备，所以设置时还需要留意设置场所。在此就来讲解一下设置设备时需要注意的内容，即设计配置、设置场所以及设置环境。

设计配置

通过改变设备和网关终端的配置设计，可以节省导入费用和应用成本。网关终端具有高性能，并配备多种多样的功能（如连接运营商网络的功能等），因此大多数情况下价格要比传感器终端昂贵。除此之外，从应用方面来考虑，连接到服务器端系统的终端越多，系统在管理上就更费事儿。

因此，一般来说设计配置时都要尽量用传感器终端构成的传感器网络来采集传感器终端，同时尽力减少网关终端的数量（图 5.11）。但是传感器终端输出的无线电波较弱，在开阔无障碍的地方信号就比较好，而在房间和走廊之间这种存在铁门的地方信号就难以通过。这种情况下就需要采用分割传感器网络来增加网关终端的方法。另外，在设计配置时要好好熟悉楼层地图，事先整理好设备信息和设备位置信息。

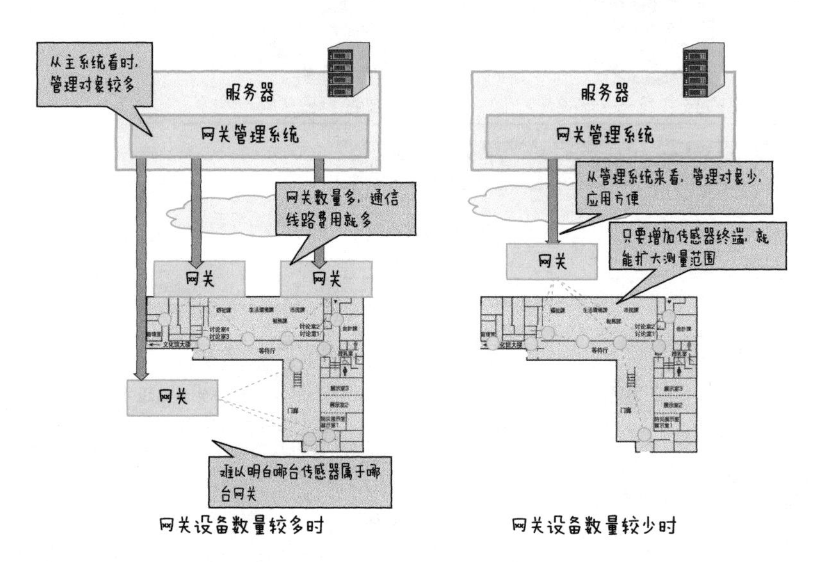

图 5.11　设备的设计配置

设置场所

还需要注意的一点就是设置设备终端的场所。因为传感器终端体积较小，且容易携带，何况还设置在系统管理者看不到的一些地方（如较为偏僻的房间等），所以如果放在人能轻易接触到的地方就有可能被偷走。

可以预想到以下情况：原本设置在房间里的温湿度传感器终端因楼层的更换（搬家）而被人拿走，进而失去了下落，或者安装在厕所隔间里的开关门传感器被人取下来拿走，等等。一旦被人拿走就不容易找回来了，所以大家还是尽量把传感器设置在一般情况下他人无法接触到的地方。

设置环境

一般的传感器终端都设置在室内楼层环境中，几乎不会有环境方面的问题，然而如果要利用感测来进行食品等的温度管理，可能就需要在冷库等气温极低的场所设置传感器终端了。为此，还需要事先确认所使用的传感器终端，检查该终端的应用环境和测量范围。

◉参数设置

设备参数设置也会影响维修的难易度，因此需要引起注意。

感测间隔

传感器终端的数据获取间隔越短，能够采集到的数据也就越多。因此从使用传感器终端的立场出发，人们往往会把感测间隔设置得较短。然而需要大家注意的是，感测间隔和数据的发送频率还会影响维修的频率。

为了能在各种场所大批量设置，大体上物联网设备都遵循着小型、无线通信、电池驱动的原则。近年来也不断涌现出一批新型终端，例如“能量采集”（energy harvesting），这种终端具备自主电源，能实现设备自身发电。然而仍旧有大部分物联网设备是靠电池驱动的。从耗电的角度来看，设备电池电量大部分都消耗在感测和无线发送数据上（图 5.12）。感测频率越高，耗电也就越严重，这样一来更换电池的频率就会加快。因此各位需要考虑到更换电池的频率，根据各种条件设计一个合适的感测及发送周期。

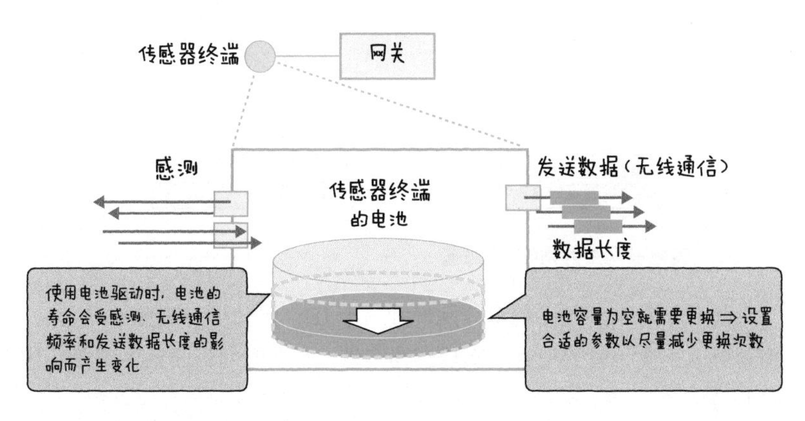

图 5.12 感测间隔和电池容量

传感器网络的设置

使用传感器终端的传感器网络时，需要规定让传感器网络运行的参数。

这里需要注意传感器网络的网络 ID，也有人称其为组 ID 或者采用其他叫法，不过这些叫法指的都是专门识别传感器网络的 ID。只要把所有的网络 ID 都设成相同值，就能够减少初期导入或是追加和更换终端时的设置成本。然而如果存在数台具备接收器的网关终端，这些接收器就会接收到同样的数据，其结果就是传感器端的数据会重复（图 5.13）。这种时候就需要采取一些应对措施，例如白名单方式，即在网关终端内读取传感器 ID，只接收那些在允许接收名单里的传感器数据。

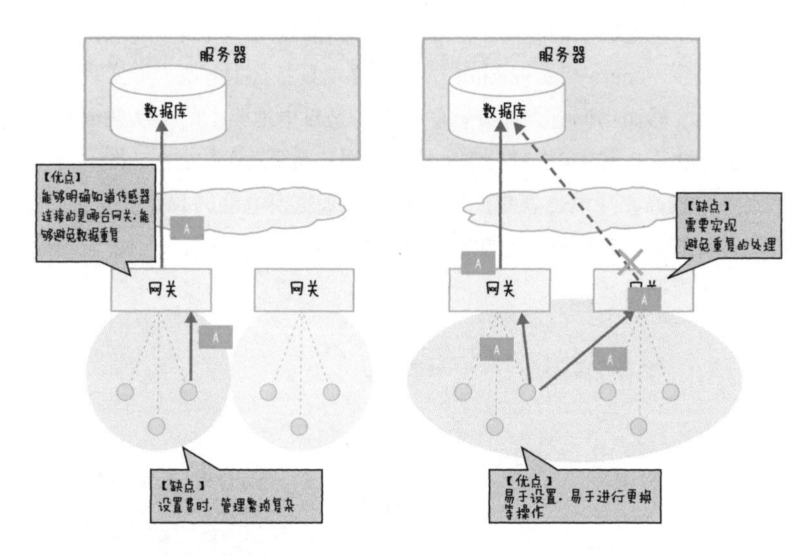

图 5.13 传感器网络的网络 ID 设置

如果给每个网关终端都分别设置一个 ID，虽然可以避免数据重复，但每导入一次，就要设置一次传感器终端，很费时间，而且还需要管理这些 ID。

此外，刚才提到的楼层监控案例是把前面说的两种方法组合起来进行管理的，即给每个网关终端设置不同的网络 ID，同时再通过设置白名单来防止非法访问。

5.4.2 处理方式设计

应用和维护物联网系统时，如果系统中有设备，那么往往会面对一些状况，例如新设备追加、数据量增多、无线干扰等。如果在系统开发初期不对这些状况加以考虑就进行设计，一旦遇上情况就难以扩展设备，事情就会变得非常棘手。因此，这里将基于物联网系统的实际应用状况，为大家说明事先应该掌握的处理方式。

- **如何连接多种多样的设备**
- **如何处理负载，应对容量增加**
- **分散功能**
- **提高系统结构的牢固性**

◉如何连接多种多样的设备

就像前文中提到的那样，为了增加测量点或是从其他观点进行分析，会有种类繁多的设备在应用物联网系统期间连接到物联网系统。其中不仅包括现有的设备，还包括一些跟原有设备的格式完全不同的新设备。此外，在连接形式方面有通过网关连接的方式，也有通过服务器连接的方式，但每个连接形式对应的可扩展部分都是不同的（图 5.14）。

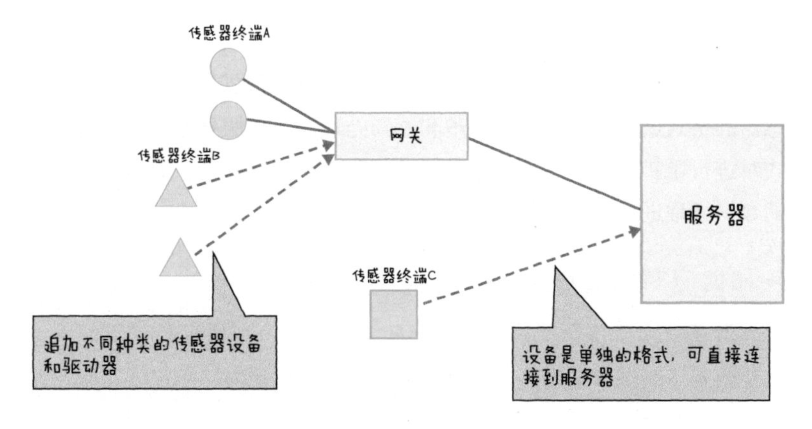

图 5.14 连接多种多样的设备

那么如何才能实现连接多种设备呢？处理的重点包括“分层化数据处理”及“在设备附近进行设备的相关处理”（图 5.15）。

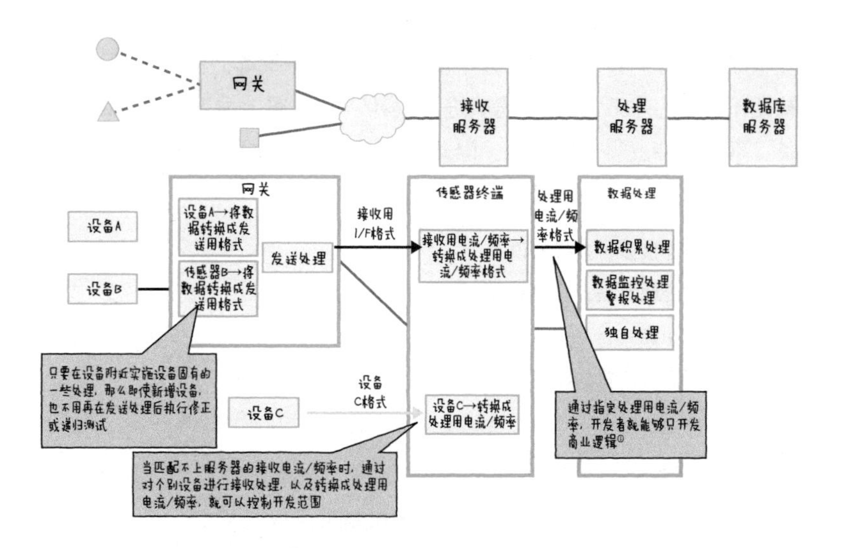

图 5.15 分层化数据处理

具体来说就是在移交主处理时指定格式，并在上一轮处理中把接收到的数据转换成规定的数据格式。这样一来追加设备种类时就能不牵扯到共同处理的部分，只单独扩展和开发与设备相关的部分即可。

打个比方，假设我们需要往网关上追加连接一个新的传感器终端，此时我们不用扩展服务器上的接收和处理部分，只要在网关上识别新传感器的格式就能够进行存储处理和感知处理。如果服务器端也在追加格式时进行了扩展开发，那么服务器端就会进行回归测试，原本正常运行的数据处理进程也可能发生故障。

◉如何应对接收数据量的增多

由于很多设备会连接到物联网服务的系统，所以通信量可能会增大。当发生终端数量增多、感测间隔变更这种情况时，不仅要在服务器

① 一般是指网络编程里面三层（或者多层）模型中，介于用户界面和数据库之间的那一层，主要包括一些对提取出的数据进行处理和运算的算法在里面。

方面做一些改善（例如改善传感器终端的电池寿命，保证网关终端的性能），还要在服务器端的系统上做一些处理，以应对那些增多的接收数据。

讨论接收和处理数据的方式

有一个方法能应付接收数据量的增多，就是把接收数据放入队列里。

如果在接收数据的处理完成前，网关和接收服务器都一直连接着，那么由于连接时间长，到达的数据量就会增多或是处理就需要花费一定时间，连接的空间就会不足，也会处理不完接收数据。这种时候就不要在接收数据的处理完成后再向网关返回响应，而要在接收数据并将其放入队列时返回响应，这样一来就能处理大量的接收数据了（图 5.16）。那些存入队列的接收数据会在之后被处理服务器从队列中取出来进行处理。

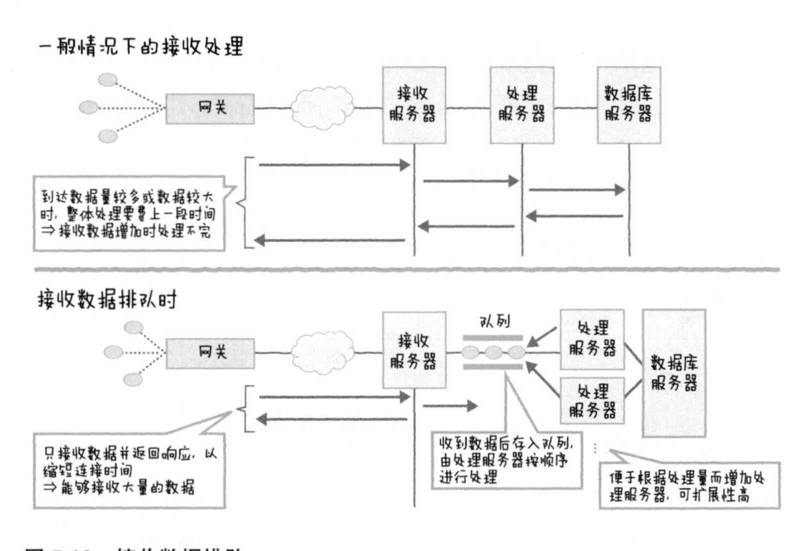

图 5.16　接收数据排队

这个方法的优点包括可以缩短网关端的等待时间，增多能够处理的接收数据量。此外，处理部分中间又多了一道队列工序，因此接收功能和处理功能的模块性也得到了提升。这样就便于根据队列的容量增强处理服务器。

这个方法的缺点就是确认处理成功与否时需要再次进行访问。即使接收数据出错，处理服务器端处理失败，网关端也不会收到失败信息，因此就需要讨论再次发送等办法。

数据库的选择

因为数据库负责积累接收到的数据，所以接收数据量增多意味着我们还需要在数据库方面有所应对。具体来说就是提升数据库积累处理大量数据的性能，确保用于积累数据的数据库容量。

然而，物联网服务连接着大量设备，我们很难明确其极限所在。再说，用一台服务器处理，处理性能和容量方面也有限制。因此物联网服务的数据库在一般情况下（根据条件不同也会有所差异），需要具备可扩展性（易于向外扩展）、写入速度以及数据库模式的通用性。最后说的数据库模式的通用性用于应对以下情况：在存储多种设备的不同数据时，非结构化数据无法全部存入一开始设计的方案。

第 2 章也介绍过数据库。数据库的类型多种多样，有 RDB、KVS、文档型数据库、图形数据库等，它们各自有着不同的特征。其中主流的数据库有 RDB 和分布式 KVS，下面将通常会被比较的项目总结在了表 5.3 中。

表 5.3　比较 RDB 和分布式 KVS

比较角度	RDB	分布式 KVS
可扩展性（向外扩展）	×	◎
方案通用性	×	◎
写入速度	△	◎
事务处理	◎	△
关系	◎	×
SQL 的利用	◎	×
主要产品	MySQL、PostgreSQL 等	Dynamo、BigTable、Cassandra、Redis 等

为了保证表连接和 ACID 特性，RDB 不易向多个服务器扩展。而就 KVS 而言，只要在处理性能和容量不足的情况下追加服务器就能向外扩展。因此物联网服务和传感器网络系统多采用 KVS。

但是分布式 KVS 也有缺点。首先它不能使用关系，无法通过 SQL 进行复杂的连接和采集。因此需要在应用程序端取出数据，进行连接和加工处理。另外也要在应用程序端来实现一致性处理。

因此，建议大家不要胡乱采用 KVS，只在需要利用到 KVS 的两个大特征，即“可扩展性”和“高性能”时再去考虑采用它。就笔者的经验来看，在下述这些情况下采用 RDB 处理起来会更方便。

- **物联网服务处于初期验证阶段，或者整体规模较小时**
- **想结构化地存储接收数据时**
- **能够支持 RDB 的设计和应用设计时**

除此之外，也有一些将 RDB 和 KVS 混合应用的案例，例如利用 RDB 来处理管理类的信息，利用分布式 KVS 来作为专门积累采集到的数据的数据库。

数据库应用

一旦接收到的数据量增多，负责积累数据的存储空间容量也就需要相应增大。此时大家需要注意从应用程序访问数据库的时间的增加。如果积累的数据量不多，那么获取数据的时间和查找速度都不会有问题，但是如果积累的数据量变多，那么还可能会产生数据库访问速度变慢，应用程序变卡等问题（图 5.17）。

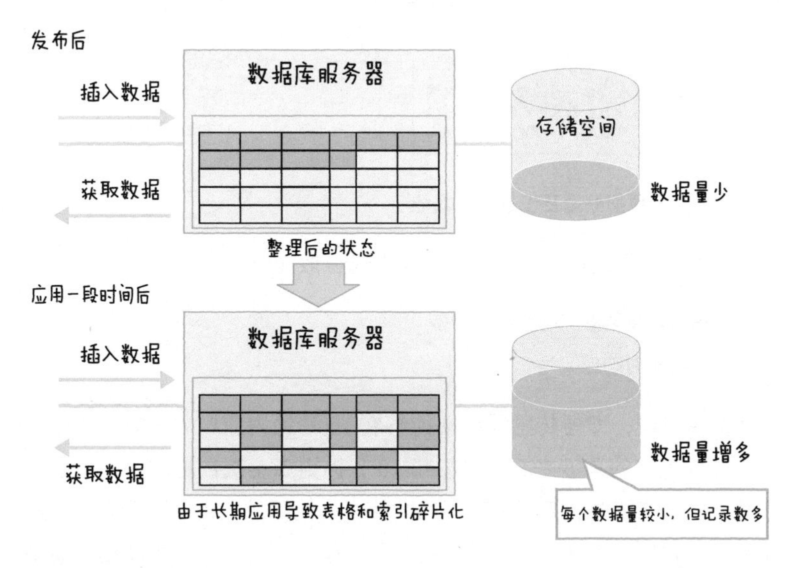

图 5.17　数据库应用

◉分散功能

开发物联网系统时，多数情况下要把所有感测数据发送到中心，在中心内进行分析判断，把所有执行命令的功能采集到服务器。但是如果换成大规模的物联网系统，连接的终端数量可至上万，在服务器进行接收处理可能会来不及。

这种情况就需要像前面说的那样，在接收处理上下些工夫，还有就是把功能分散给设备及网关（图 5.18）。

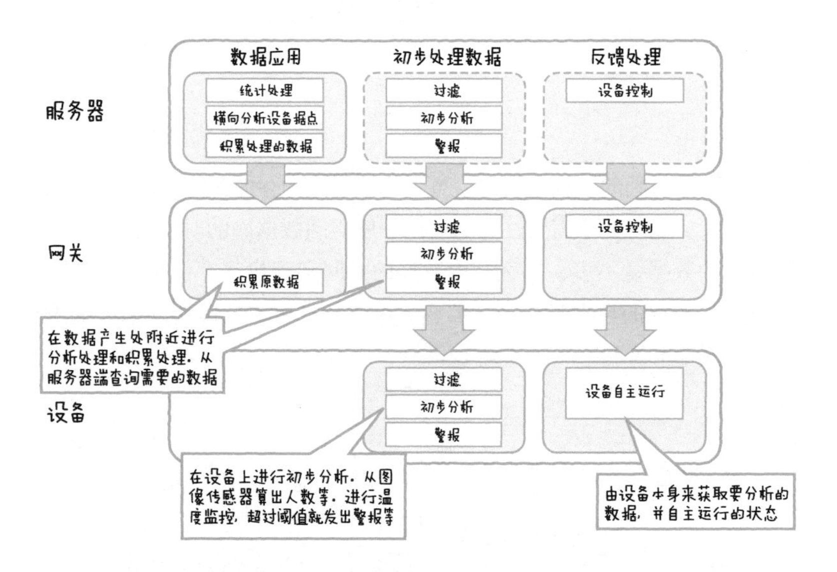

图 5.18 分散数据处理及设备控制功能

特别是在下述情况下，建议大家考虑分散功能。

- **每台设备要感测的数据量较多**
- **需要实时响应**

有些时候，即便传感器终端能够在 10 秒钟内获取 1 个数据，但从业务应用程序的角度来看，只要每 10 分钟更新 1 次数据就够了。也就是说，如果持续向服务器发送不用的甚至是无用的数据，就会白白浪费线路成本和存储空间。因此重要的不是用服务器端接收所有数据，而是要在网关终端上下工夫，例如以下这些情况。

- **通过过滤来监控数据，只发送异常数据**
- **通过初步分析只发送分析结果**

这样一来不仅能减轻服务器端的负荷，还能提升采集数据的效率。

此外，在进行实时控制时，如果在服务器端一并进行控制，就可能因为网关与服务器之间的3G/LTE线路不稳而导致控制缓慢甚至失败。因此一般来说最好不要在服务器端执行琐碎的控制命令，而要尽量在控制对象的附近执行运行判断和控制。前面介绍的楼层监控系统中的LED照明控制的部分就采取了这种分散功能的方式，用开关门传感器信息在网关上判断情况，执行对照明的实时控制，并把总结数据注册到服务器。

除此之外，人们也在不断推进关于分散功能的研究与开发，目前开发出的技术包括把模块化的功能动态配置在服务器和网关上等。但是这个分散功能的架构并不一定适用于所有情况，重要的是迎合系统需求来选择最适合的架构。

◉提高系统结构的牢固性

因为物联网系统大多用于无线通信，所以数据的可达性会降低。使用无线通信就意味着一旦通信路径上设置有墙壁和大楼等障碍物，无线电波就可能会受到妨碍，通信也就有可能会连不上，没准还会和周围的无线电波互相干扰从而导致线路不稳。

此外，有时候也会为了通过传感器网络来简化设置和管理，而让传感器网络的所有分组一致。这样一来如果设置了两台接收器，那么其中一台接收器就会接收从另一台传感器终端发出的传感器数据，并另行发送给传感器服务器，这样一来，同一时间在服务器上接收到的数据就会重复。因此非常有必要用传感器终端、网关终端，以及服务器上的应用程序来提高系统结构的牢固性（图5.19）。同时应该避免以下这样的设计：等收到传感器数据后再运行，或是测量的传感器数据重复时就不运行等。

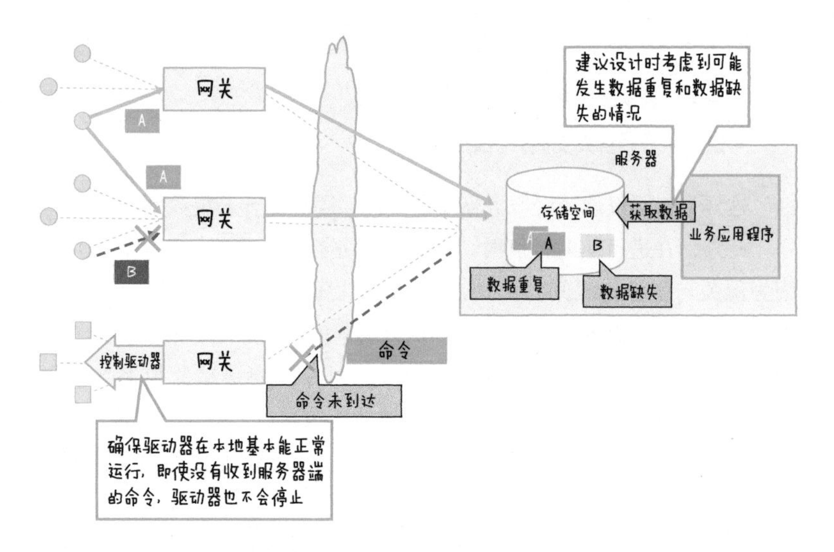

图 5.19 提高系统的牢固性

特别是在驱动时要多加注意，如果驱动器只会按照外部发来的指令运行，那么一旦无线通信中断，驱动器就会一直维持着上次运行结束时的状态。举个例子，假设通过控制 LED 来反映人群的密度，当人群密度大时用红色表示，人逐渐减少后就用蓝色表示。但是由于无线电波状态的恶化，当驱动器接不到让其切换成蓝色的命令时，LED 就会一直是红色，显示结果就会出现错误。除此之外，在控制机器人时，如果机器人接到了动作指令后却没有接到停止指令，那么它就会一直动下去。如果是小孩子拿来玩的机器人玩具也就一笑置之了，但要是大型机器人就可能会伤到人。因此打算使用这种通过通信来运行的驱动器前，要事先想到通信中断时会发生的状况，最好将其设计成执行完一条指令后就恢复原状，或者是在信号中断时有一个固定的动作（例如关闭 LED，停止机器人的电机等）。

另外，就远程控制而言，发出动作指令的一方基本没法知晓这个动作是否真的被执行了，所以设计时要考虑到如何向指令方传达动作执行结束的信息，或是如何用其他传感器来获取动作执行完毕的信息等。

5.4.3 网络

◉提升通信效率

随着物联网系统的导入，通信成本也成为肉眼可见的数字被拿上了台面。通信成本主要来源于使用运营商线路时的线路费用，这跟参加的套餐也有关系，不过总归是用得越多费用也就越多的。而且只要系统在运行，就会不断产生费用。设置地点（网关的数量）越多，通信成本也就越大。因此就需要研究在从网关向服务器发送数据时，如何控制每个设置地点的通信量。

压缩数据

我们可以先把要从网关终端发送到中心服务器的那些传感器数据暂时积累在网关终端上，再把这些数据一并压缩，从而削减通信量。尤其是在连接到网关终端的设备数量较多，或是传感器终端发送数据的时间间隔较短的情况下，要采集的数据量会增多，比起接收一次数据就发送给服务器一次来说，采用压缩数据的方法更能大幅度地削减发送的数据量（图 5.20）。

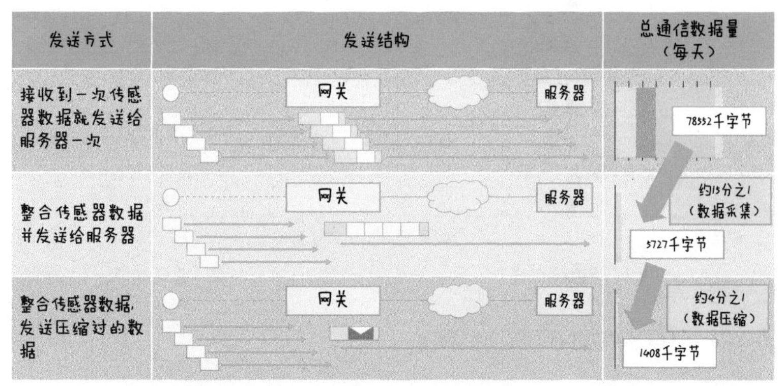

图 5.20　通过压缩数据来削减发送的数据量

另外，通过延长上传传感器数据的时间间隔，可以增加每个压缩数据中包含的传感器数据的数量，这样一来就会比把数据先分割后再压缩并发送更有效率，能更高效地把数据上传到中心服务器。

当然，这种方法并不适用于需要实时分析的“可视化”情况，也不适用于要进行机器控制的系统。不过对于那些要先采集传感器数据后才进行分析的，实时性较弱的系统来说，这种方法不失为一个有效的手段。

选择协议

通过选择网关和服务器之间的通信协议，可以减轻给网关和服务器带来的负担，实现轻型通信，起到抑制通信量的作用。

比如我们来比较一下第 2 章讲过的 HTTP 和 MQTT，HTTP 协议的首部（header）比较大，而且每次发送数据都要发送一个数据包来连接 / 断开 TCP，因此发送的数据越多，数据总通信量也就越大（图 5.21）。而 MQTT 的首部比较小，还能在维持 TCP 连接的同时，进行下一次数据的收发，所以比起 HTTP，它更能抑制数据总通信量。

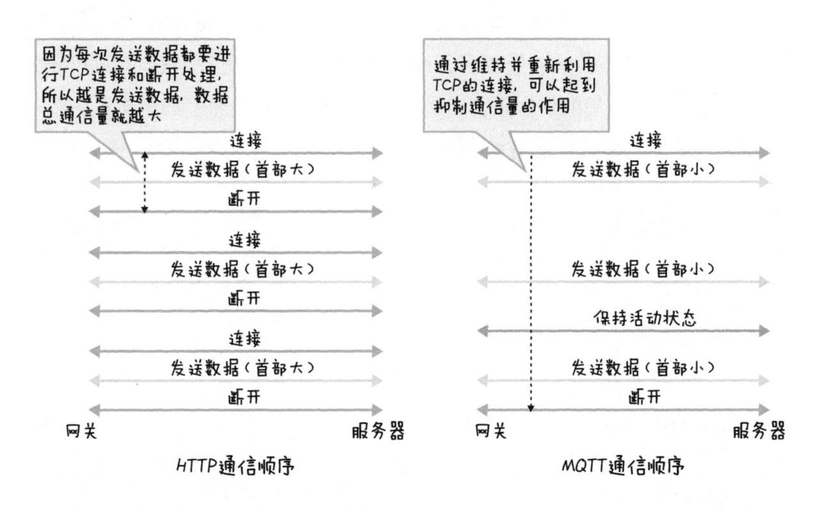

图 5.21 HTTP 和 MQTT 的通信顺序

除此之外，在使用 MQTT 时还要注意一点，即应该一边维持 MQTT 的 TCP 连接，一边进行数据的发送和接收。因为 MQTT 是通过维持 TCP 连接来削减通信量的，所以要是每次进行数据通信都断开 TCP 连接，MQTT 就会跟 HTTP 一样在每次发送数据时都执行连接和断开处理，结果反而会增加通信量。

5.4.4 安全性

◉安全性设计

随着物联网的普及，人们开始担心能否保证其安全性。就物联网服务来说，有各种各样的设备要连接到网络，因此也就大大增加了遭到外部攻击的风险，比如联网的监控摄像头被黑导致影像被盗，或是系统被当成攻击其他系统的垫脚石等，诸如此类的事例皆有发生。国外还有过组装汽车的控制系统因感染病毒而瘫痪的事例。

在开发物联网服务系统的初始阶段，开发者们为了验证效果，容易把精力放在操作的实现上，而忽视安全性问题。后来再想要实施安全措施的时候，就会发生成本方面的问题所导致的措施做得不到位的情况。而且设备原本在封闭的环境下运行，一旦把这样的设备连接到网络，就会面临想象不到的安全风险。因此为了提高物联网服务的安全品质，大家需要从设计阶段就着手推进安全性设计。

风险分析

安全性设计的第一步是风险分析。关于风险分析的详细内容，相关的专业书都有提到，这里就不再赘述。大家只要明白风险分析中要做的就是明确要守护的资产和会存在的威胁，根据不同的威胁来决定什么更重要，以及要先做什么。

多层防御

在风险分析之后，就该针对预想到的威胁讨论安全性对策了。这个时候的重点就是多层防御这一思路（图 5.22）。

多层防御指的是在多个层面执行安全性对策，即使一个层面被破坏了，也能在别的层面上守住。例如给主机安装最新版本的补丁以预防漏洞，这样即使防火墙被侵入了，也能降低主机被人占据的风险，即使有人通过非法访问盗走了文件，也能通过加密手段让对方无法读取文件内容，如此一来，我们就能从整体上提升安全性。

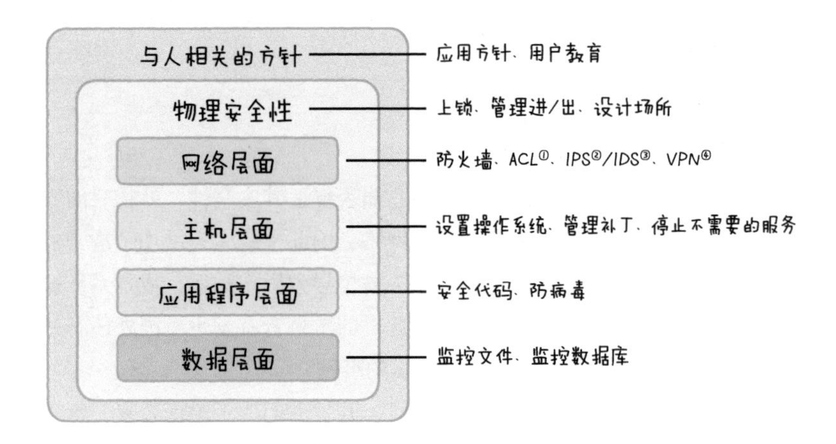

图 5.22 多层防御的思路

多层防御不仅是一种针对应用程序和操作系统等软件的对策，在进行安全性设计时它还包含上锁管理和应用方针等物理层面和人为层面的措施。在物联网系统中，系统分散在设备端和中心端，而且设备端通常在管理者平时接触不到的地方运行，因此就需要按照多层防御的思路从设备端和中心端以及它们的交汇点来提高安全品质。

下面我们将按照下列各项要素，来说明物联网系统独有的安全对策。

- **保护设备**
- **保护服务器端系统**
- **保护所采集数据的隐私**

---

① Access Control List：访问控制列表。这是路由器和交换机接口的指令列表，用来控制端口进出的数据包。

② Intrusion-prevention system：入侵预防系统。这是一部能够监视网络或网络设备的网络资料传输行为的计算机网络安全设备，能够即时的中断、调整或隔离一些不正常或是具有伤害性的网络资料传输行为。

③ Intrusion Detection Systems：入侵检测系统。它依照一定的安全策略，通过软、硬件，对网络、系统的运行状况进行监视，尽可能发现各种攻击企图、攻击行为或者攻击结果，以保证网络系统资源的机密性、完整性和可用性。

④ Virtual Private Network：虚拟专用网络，它的功能是在公用网络上建立专用网络，进行加密通讯。

◉保护设备

在设备管理方面，因为多数设备都放在管理者平时接触不到的地方，所以基本上会采用提高设备自身安全品质的方法。

管理互联网网关终端时，有一个地方尤其需要注意。因为是通过互联网网关与物联网系统进行通信，所以网关终端可能会存有传感器的认证信息或应用程序的信息等。在设备安全方面，从预防、检测和应用的角度出发，可以采用以下的安全性对策。

预防

从物理性对策的角度来说，为了预防盗窃以及第三者进行物理访问，首先应该研究设备的设置场所。因为设备体积小，容易携带，所以被偷窃的危险性很高，可是又很难一台台地去检测设备有没有被偷走。因此需要尽量把设备设置在只有管理者才能接触到的地方。

从设备内部对策的角度来说，想对付外部来的攻击，就得停止不需要的服务，执行防火墙设置，用白名单的形式只允许那些我们所需的通信。近年来出现了很多以 Linux 为基础的网关设备，这些产品开发简单，但相对地也就能轻易地给这些产品安装任意的软件。这样一来开发者可能会自行装入测试工具，在不知不觉中就启动了不需要的服务。只是在验证时启动 FTP 和 SSH 也就算了，万一这些服务被公开给外界了，那么就会非常危险。建议大家还是确认一下，看看在正式环境下是否是只启动了所需的服务。

除此之外，为了不让人简简单单就能登录上终端，最好通过 ID 或密码等方式进行登录认证。

检测

万一发生了非法访问或是数据遭到他人篡改，我们就需要对这些情况进行检测。关于非法访问的检测，大家可以通过检测来自外部网络的通信来发现非法访问或疑似攻击的通信，从而发出警报。

关于数据篡改方面有一个具体的解决办法，即信任传递（transitive trust）。这个方法就是在接通机器电源后对机器进行确认，确认机器是否按照设计者设想的状态而运行。从最值得信赖的起点开始，按照

“BIOS →引导加载程序→操作系统→应用程序”的传递顺序来测量组件，进行有效性认证。

应用

人们每天都会发现软件内部隐藏的漏洞。也就是说，即使发布了一个在安全性对策上面面俱到的设备终端，其安全品质也会日益低下。

例如在 2014 年 4 月，密码库 OpenSSL 就被黑客挖出了一个软件漏洞。凡是使用 OpenSSL 库的进程，其存储内容都存在被泄露的危险，好在人们迅速采取了措施。因此，定期修复漏洞来维持安全性品质就变得至关重要。此外，万一不小心泄露了登录用的 ID 或密码，应该赶紧着手更改，为此需要事先确定更改 ID 和密码的顺序。

话虽这么讲，设备数量多，离得又远，一台一台地更新设备的软件和设备的设置是非常累人的，所以下面的 5.4.5 节将讲解如何远程应用网关设备（图 5.23）。

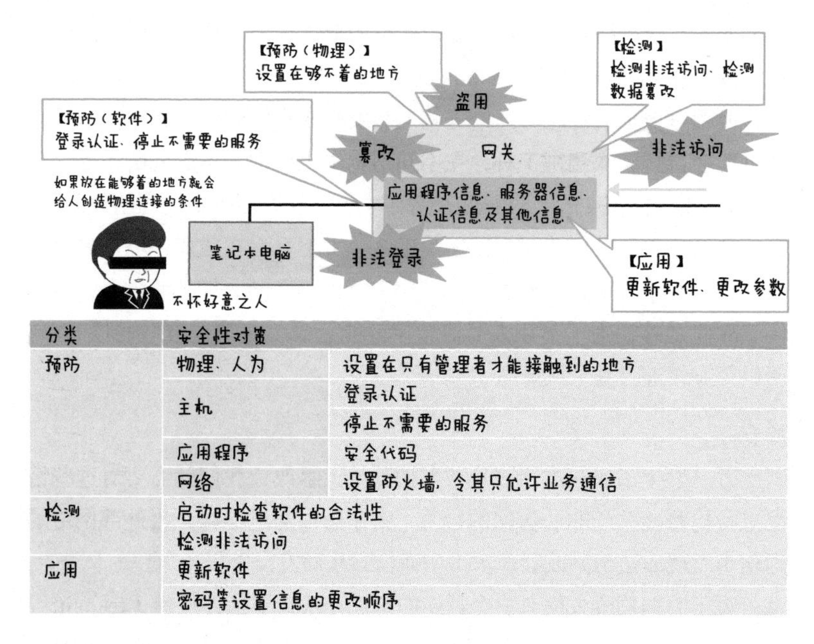

分类	安全性对策	
预防	物理、人为	设置在只有管理者才能接触到的地方
	主机	登录认证
		停止不需要的服务
	应用程序	安全代码
	网络	设置防火墙，令其只允许业务通信
检测	启动时检查软件的合法性	
	检测非法访问	
应用	更新软件	
	密码等设置信息的更改顺序	

图 5.23　设备的安全性对策

◉保护服务器端系统

要想保护服务器端系统，除了对一般的业务和信息系统实施安全性对策以外，还需要针对因连接设备而引发的安全风险来制定对策。在这里就为大家讲解一下物联网系统独有的安全性对策，即网关终端认证及数据流量控制。

网关设备的认证

在互联网上公开服务时，系统有可能被系统管理对象以外的网关终端非法访问。即使使用了专用线路，用户也可能自己随意设置网关终端。这种情况下由于存在非法网关终端，会发生处理负载增大，黑客利用安全漏洞进行非法访问这类问题，这有可能会影响数据处理，导致无法正常处理来自其他正常网关终端的数据。

对付这些问题就要采用网关设备认证的方法了。网关设备认证，即只允许在中心获得了认证的网关终端给中心发送数据，通过这种手段就能减少非法网关终端进行的访问，方法有很多，我们在这里举以下两种为例。

- **使用中心端事先给出的 ID、密码及客户端证书认证**
- **利用动态方法，即由服务器端的管理者确认从网关发来的连接要求，在管理者已经确认连接要求的基础上再批准连接**

不过如果网关上存有服务器的连接认证信息，那么大家不但要对设备自身执行安全性对策，同时还要记得讨论认证信息的应用（图 5.24）。

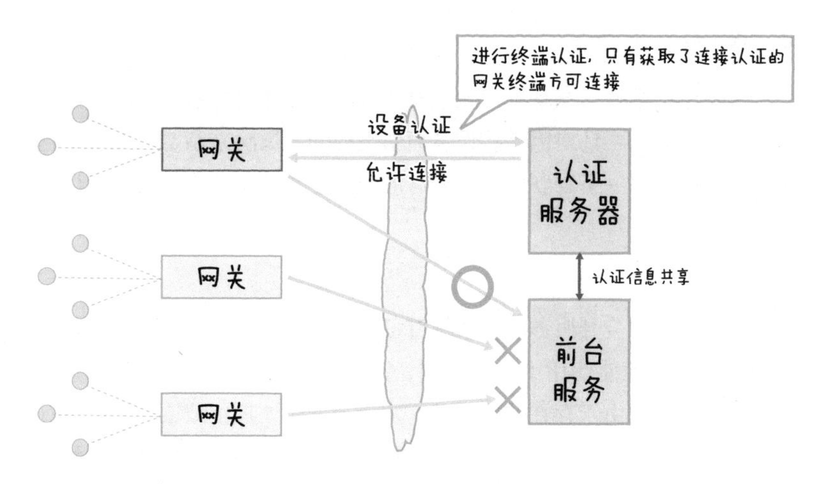

图 5.24 允许已通过认证的网关设备进行连接

数据流量的监测和制约

非法网关设备的连接，传感器终端发送周期的变更，以及传感器终端数量上的增加都可能导致服务器接收到的数据量急剧增多。当已认证的网关终端发来数据，而数据只能在中心端被接受及处理时，如果数据量增多，那么再继续进行处理就会导致负载增大，还可能对其他的数据处理产生影响。为了应对这种情况，人们想出了控制流量这种办法，即对接收的数据进行流量监测，如果出现流量异常的情况，就不继续接收数据（图 5.25）。

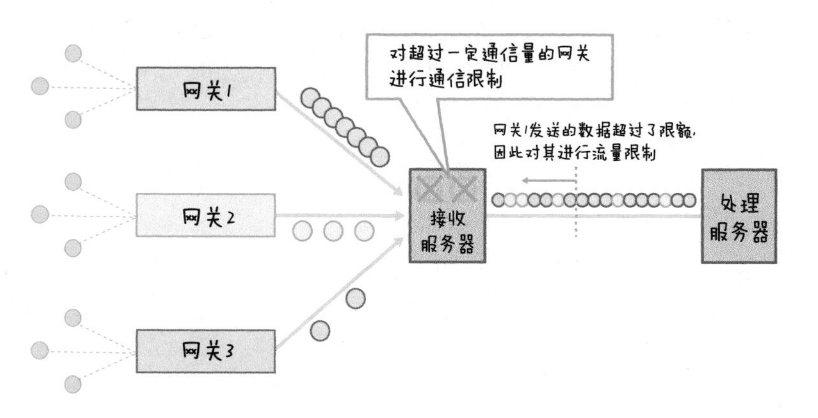

图 5.25 控制接收数据的流量

◉保护所采集数据的隐私

像温度信息和电力数据等这类传感器数据，单独来用意义不大，不过要是通过跟个人信息和测量位置挂钩，再进行数据分析，那么它们的存在意义就不仅仅是传感器数据这么简单了。

举个例子，如果对家中的电量数据进行观测，就会发现人不在家的时候耗电量会下降，人在家时耗电量则会上升。这类数据一方面可以帮助看管高龄人士，但另一方面，也发生过盗贼仅凭一台传感器就判断出家里无人，从而实施盗窃的案例。因此，在构建物联网系统时需要保护所采集数据的隐私（图 5.26）。

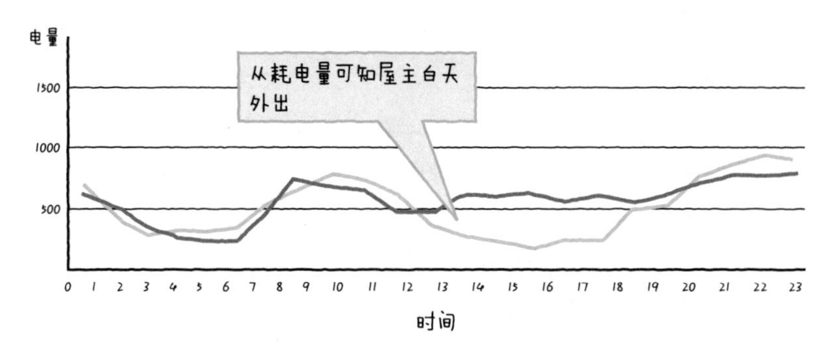

图 5.26 通过耗电量能够判断家中是否有人以及人在家中的行动

在信道上进行数据隐藏

如果在通信路径上用明文（未加密的数据）进行通信，就会有可能被人偷看到通信的内容。特别是在网关至服务器之间，网关发送到中心的认证信息和传感器数据的内容都可能被第三者窃取，因此需要大家多加防范。

为了防止数据从通信路径泄露，需要采用像 SSL① 和 IPsec② 这些对信

① Secure Sockets Layer：安全套接层。SSL 是一种在传输通信协议（TCP/IP）上实现的安全协议，采用公开密钥技术。

② Security Architecture for the InternetProtocol：Internet 协议安全性。IPsec 是一种开放标准的框架结构，通过使用加密的安全服务以确保在 Internet 协议网络上进行保密而安全的通讯。

道加密的技术，对应用程序间的数据通信加密，对信道本身加密。除此之外，还可以利用设备运营商（通信服务业者）提供的专用网络服务。

保护所感测数据的隐私

有些情况下需要二次利用物联网服务测得的传感器数据，例如提供给分析人员，或是向外界公开等。但是就像刚才前文说的那样，传感器数据的泄露可能会造成隐私上的风险，因此在处理传感器数据时需要多加注意。

人们正在不断研究和开发解决这类问题的技术，例如能够在加密状态下只获取那些得到允许的信息并对其加工和分析的技术，以及削减信息量以使无法识别出某个具体的人的匿名技术。

5.4.5 应用与维护

物联网服务的应用和维护对象除了服务器上的系统以外，还包括设备和网关（表 5.4）。应用方面包括监控设备和网关的连接状态和通信状态，以及设备自身的故障服务。维修方面则包括在系统发生故障时调查原因，以及增加设备种类的服务等。

表 5.4 物联网服务的系统应用与维护

项目	内容	物联网系统应该考虑的事项
系统管理	监视系统的运行状态。确认 CPU 使用率，内存使用量以及批处理结果，预知将要发生的故障	确认数据量是否有急剧增多 监测是否有非法设备连接 监测是否发生了传感器数据缺失
故障服务	修复故障。在发生故障时调查故障原因，采取措施，将系统恢复到稳定状态	在发生与设备之间的通信故障时火速调查原因 调配备用机
安全性管理	维持安全品质。应用安全补丁，更新病毒库	对大量设置的设备和网关应用补丁，并进行软件更新
系统维护	系统的更换以及扩展服务。系统维护同应用不同，是对系统进行操作	伴随测量地点增加而进行的设备和网关的扩展手续 应对设备种类增加一事
咨询	为用户答疑解惑。例如解答系统的操作方法，发生故障时进行应对	在设备和网关故障或出现问题时，咨询其运行状态

这里再强调一遍，由于物联网系统不仅由众多设备和网关等物理设

备构成，还常常会有传感器网络和 3G 线路等无线通信混入通信路径，所以容易发生设备类故障和通信干扰等系统故障。因此接下来我们将针对发生故障时需要重视的日志设计，以及如何高效率地应用远处的设备和网关来进行说明。

◉日志设计

在检测到故障后的故障调查过程中，日志是必不可少的。这就需要从数据经过的设备、网关、服务器的各个构成要素中分别获取我们需要的每个主机操作系统和启动应用程序上的日志。如图 5.27 所示，通过适当地输出日志，就能够顺利剖析故障，确定故障的位置和原因。

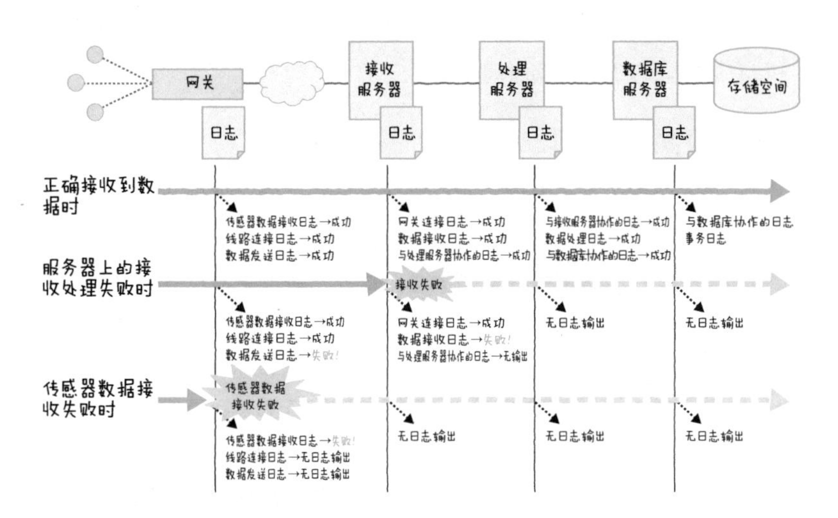

图 5.27　根据日志调查故障位置

特别是对于网关终端而言，由于它是服务器系统和传感器网络系统的分水岭，所以成为了一把用来剖析系统故障的重要的利刃。如果将已连接的物联网设备的信息、接收到的传感器数据、线路的无线电波信息，以及发送到中心服务器的传感器数据的状态信息等保存成日志，就能在发生故障时顺利确定故障原因，判断是传感器接收的问题，还是 3G 线路连接的问题。

另外大家还需要注意日志的输出容量。首先，网关中有些型号的磁盘容量可能会较小。这种情况下，如果日志的输出容量达到了日志文件的大小上限，旧日志就可能会消失。实际上运用物联网系统时，网关下属的感测设备也发生过如下故障：因为没有一个专用的结构来实时确认这么多设备的运行情况，所以常常是使用传感器数据时才发现很多异常问题，而这时候距故障发生已经过去了好些时日。这时候日志已经消失，要调查故障原因就非常费事了。

接下来要说的是服务器。一般情况下只要进行传感器数据采集处理和设备的控制处理，各台服务器中就会输出日志。然而由于服务器端系统会接收到大量的传感器数据，所以每次处理时输出的日志体积都很大，眨眼间日志就溢出了。也有因设计问题而导致日志写入失败，从而应用程序停止的案例。因此在设计日志时，建议大家先考虑好物联网系统特有的日志容量和存储时间等因素。

◉设备及网关的远程应用

一个有效应用设备及网关的手段就是远程应用。就像我们前面说的那样，在调查故障发生的原因时需要确认网关设备的日志。此外在追加设备和升级固件时也需要在设备上进行操作，例如更改设置文件或者重启等。然而大多数情况下设备的设置场所和系统的应用场所都相距较远，赶到现场既花时间也耗费人力财力。而且就算赶到故障现场，设备也设置在一般人接触不到的地方，需要跟楼层负责人和设置人员协商日程，虽然修理本身很简单，但还是需要花费大量的成本。

这样一来，在实际运用时就需要通过网络来实现对设备的远程管理功能（图5.28）。远程管理中包含远程设置参数、远程获取日志、远程上传应用及固件等功能。

远程管理的标准协议包括TR-069和OMA LightweightM2M（LWM2M）等协议。在这些标准协议中，那些远程管理设备时需要的功能决定着管理服务器和设备之间的通信手段的框架[①]。因为它是一个框架，所以实际

① 框架（Framework）其实就是某种应用的半成品，就是一组组件，供你选用完成你自己的系统。简单说就是使用别人搭好的舞台，你来做表演。而且，框架一般是成熟的、不断升级的软件。

上利用这些协议进行远程管理时，就需要用到安装了这个框架的中间件，再根据框架在设备和服务器上实现各项功能。

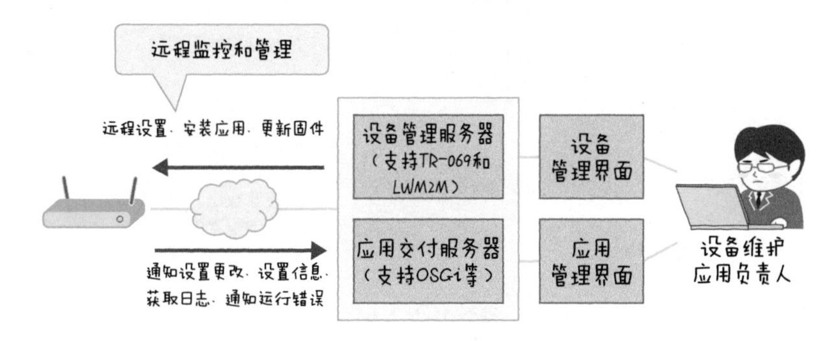

图 5.28　设备的远程管理

打个比方，TR-069 使用 SOAP 在设备与服务器间进行通信，定义的方法有获取能够利用的方法、获取及设置参数、重新启动以及上传等。要交换规定的通信，就要在利用中间件的基础上令某些部分（例如读取文件的具体路径，以及用于重新启动的命令等）依附于系统。

5.5　面向物联网服务的系统开发

本章基于物联网系统开发的相关事例，解说了我们在物联网系统中使用设备时需要特别留意的地方。一方面物联网系统包含诸多设备，不实际尝试去开发和应用，就会出现很多令人费解的地方；另一方面，一旦发生了事故设备就会受牵连，但设备本身又设置得较远，所以有时问题就不好解决。本章涉及的内容如果能帮助大家通往物联网系统开发的成功之路，笔者将感到万分荣幸。

最后来总结一下 5.4 节解说过的物联网系统开发的要点，请见表 5.5。为了方便大家在进行系统开发时查阅，我们分别对设备和整体系统的每个非功能性需求进行了整理。请大家在开发物联网系统时灵活应用此表格。

表5.5 开发物联网系统时特有的讨论重点

	设备 / 网关	系统
可用性 / 容错能力	感测间隔要考虑到需求和寿命 驱动时间（在自主电源等情况下） 数据值的测量误差和终端误差 故障率（连续运行时间）	系统结构的牢固性
性能 / 可扩展性	增加传感器终端或设置地点时的手续	支持多种多样的设备连接 感测间隔变更和终端增加时的应对方法： ○接收数据 / 处理负载 ○增加积累的数据量 ○读取积累数据时的响应时间
安全性	登录 / 设置方法 设置场所（人够不着的地方） 更改安全信息的方法（密码等） 数据加密 保证有方法进行软件升级	防止有人通过非法网关访问 监视和控制数据流量
应用 / 维护	设备、网关故障时的修复方法和调配备用机器的方法	传感器终端 / 网关故障时的故障检测 保证有方法能够应用远处的网关（如更改设置、获取日志等） 研究如何控制海量数据的备份范围，以及如何控制定期通信成本
系统环境 / 生态环境因素	设置环境（温湿度等） 产品安全性、应对无线电波干扰等法律方面的规制	传感器数据大小、感测间隔、所连接的传感器终端的数量、网关数量

第6章

物联网与数据分析

6.1 传感器数据与分析

从前几章中我们已经了解到，只要把配备传感器的设备连接到网络，就能把所有的信息采集到物联网服务之中（图 6.1）。

从工业角度而言，给工厂中的生产流水线和流通的产品打上电子标签，就能够对其进行高效管理。此外，只要给产品的各个部位植入传感器，产品出库后通过这些传感器获取产品的运行情况，就能够自动记录人们使用这些产品所进行的活动。更有一些高级的传感器，其具备如下机制：预知故障，或者通知人们应该在什么时候进行维护。

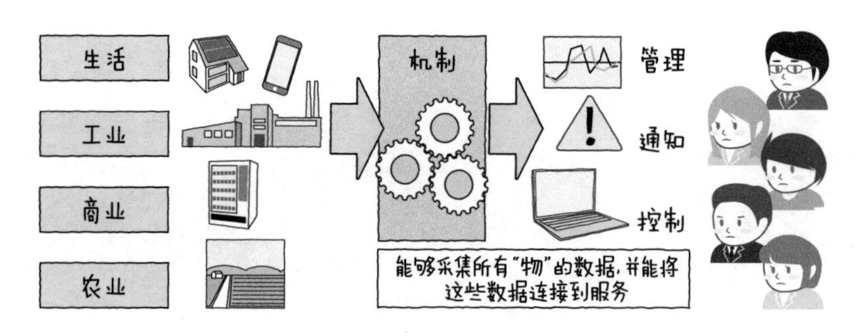

图 6.1 各种各样的传感器数据和服务

纵观身边生活的各个角落，装备有大量传感器的便携设备，例如跟我们眼下的生活息息相关的智能手机，已经实现了对海量信息的搜集。除此之外，还出现了一些可以帮助用户进行健康管理的产品，这些产品通过将要在第 7 章提到的可穿戴设备（穿着在身上的设备）来定期采集与用户健康相关的信息，实现对其健康状况的管理。

其他还包括家电产品、汽车、住宅等，这些围绕人们生活的东西都渐渐装备了传感器，我们正在进入一个在任何情况下都会产生数据、采集数据的时代。

这些应用了传感器的服务能预防制造的机器出现故障，减少用户因机器故障而耽误的工作时间。此外，用户还可能获得一些前所未有的新体验，例如预测自己身体将要发生的变化，对疾病防范于未然，等等。

但是，光是采集传感器和设备发来的数据，那就只不过是将一堆庞大的数据聚在一起而已，很难直接应用这些数据。为了实现服务，需要从采集到的数据中分析出有价值的数据。只有通过对数据进行分析，才有可能掌握机器的运转情况，找出其中蕴含的趋势，提前检测出今后可能会发生的异常情况。这样才能把整个物联网服务从一个单纯的采集数据的行为升华到一项创造附加价值的服务。

分析的种类

根据目的来分析传感器采集到的数据，能够给服务创造出其需要的附加价值。问题是，该如何进行分析呢?

我们在第 1 章解释过统计分析和机器学习这两种分析方法，那么本章中就再来具体看一下这两种方法。

如果不谈传感器数据的类别，只按分析目的来区分，分析大体上可分为 3 种：基于采集的“可视化”分析，基于统计分析和机器学习等高级分析技术的“发现”分析和“预测”分析（图 6.2）。

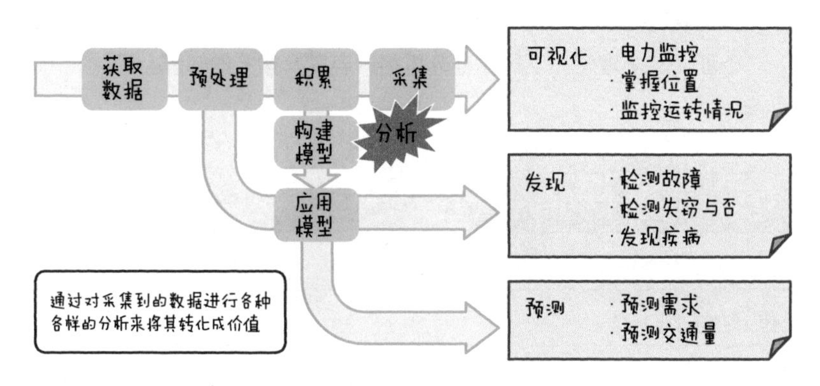

图 6.2 分析的种类

◉可视化分析

可视化分析指的是对积累的数据进行加工，根据需求通过采集和图表形式把数据的内容加工成人眼能看懂的形式。可视化分析和很多人经历过的那些处理一样，都是用电子制表软件计算数据，并将其做成图表，好让数值一目了然。换成物联网就是把存在数据库里面的传感器数据取出来，用电子制表软件按时间顺序读取并制成图表。

◉发现分析

接下来要讲的是发现分析。发现分析就是在可视化所使用的采集分析的基础上，再通过统计分析和机器学习等高级的方法来发现数据的趋势、规律和结构等。通过此方法能从数据中提取出那些人类无法从图表中看出的、隐藏在数据中的规律和趋势。打个比方，假设物联网用到了很多种类的传感器，在这种情况下，人类很难发现这些不同种类的传感器数据之间存在的关联性，但是通过发现分析就能够找出这些关联性。

◉预测分析

再下面是预测分析。预测分析即从过去积累的数据中找出数据固有的趋势和规律，以掌握今后可能会发生的状况，知晓未来。对过去积累的数据进行分析后，一旦获取新的数据集，就能够推测出这些数据表现了怎样的状况。

下面一起来理解一下这 3 种分析的内容以及相关的知识。

6.2 可视化

采集分析

采集分析就是把数据加工，以人类能够直观理解的形式来表现数据。采集分析是最简单的一种分析方法，但其顺序和之后要讲的高级的分析方法是共通的，一般情况下都需要进行如图 6.3 所示的处理流程。

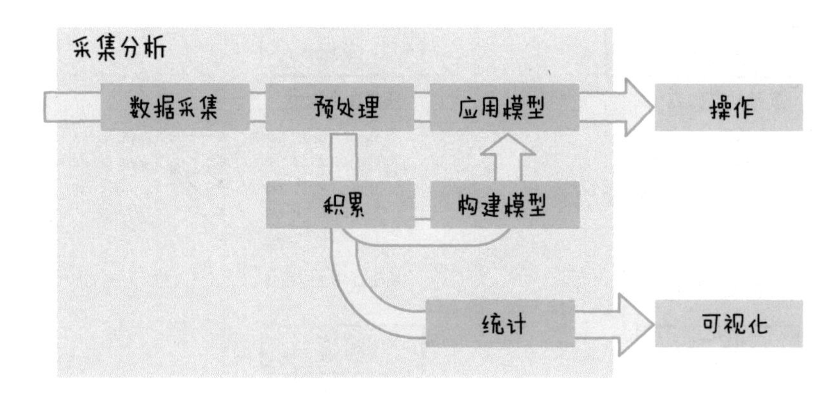

图 6.3 统计分析和可视化的流程

◉数据采集

就如字面意思那样，数据采集就是采集用来分析的数据，并将这些数据以文件的形式保存到数据库，或是先在内存上展开，再把数据保存在用于处理数据的环境之中。因为大多数情况下，分析对象都是那些过去积累的旧数据，所以这里需要利用数据库来保存采集到的数据。如果数据量很庞大，也会利用 Hadoop 等基础架构来存储数据。

首先根据需求利用 SQL 或搜索工具来获取这些数据，再将这些数据读取到电子制表软件中，将其转化成 CSV[①] 格式，最后用 R 语言等统计分析软件进行处理。

◉预处理

预处理，就是把“数据采集”采集到的数据中没用的多余数据剪切掉。除此之外还包括对数据实施一些处理，将其加工成有意义的数据，有时预处理还会创造出对象数据（如连接多个数据等）（图 6.4）。

① Comma-Separated Values：逗号分隔值，有时也称为字符分隔值，因为分隔字符也可以不是逗号，其文件以纯文本形式存储表格数据（数字和文本）。

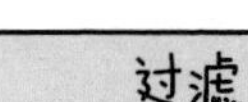

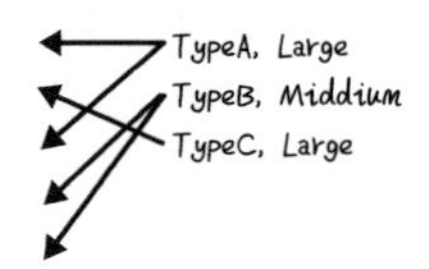

图 6.4 预处理示例

如果要分析的数据是传感器数据，那么就会有海量的传感器数据需要分析，因为物联网服务在源源不断地送来传感器数据。然而，在大多数情况下我们想利用的只是其中极少的一部分数据。因此在已经确定数据用途的前提下，可以在采集的同时一并进行预处理，这样就可以减少数据库中存储的无用数据的数量，节约数据使用量。不过处理完的数据很难再还原成原始数据，所以不确定某些数据对分析是否有帮助时，就必须慎重判断是否应该对其执行预处理。

由此，为了在数据产生时能马上对其进行处理，并实时获取处理完毕的数据，就需要像 CEP 这样的用于数据处理的基础技术。关于这个 CEP，后文将会讲解。

◉采集

采集指的是以数值数据为基础，计算如总数、平均值、方差、分位点（包含中位数）等统计数值。大家应该已经了解，多数情况下，当数据被以表形式存储在数据库中时，人们会采用 SQL 来执行这些处理。SQL 里含有计算平均值和总数的命令。虽然也可以生成一个程序来进行采集处理，不过对大多数程序员来说执行采集这件事本身就不怎么困难。但是，在用程序计算的时候有可能因为编程问题，或是语言特有的规格问题而导致计算误差，所以希望大家利用统计分析软件 R 语言以及其他语言提供的数值计算库来进行计算。

此外，电子制表软件中附带的数据透视表功能也是人们非常熟悉的一个用于执行采集分析的手段（图 6.5）。在数据透视表中，可以通过把属性数据当作采集对象，来给行标题和列标题指定一个数值数据，这样一来就可以分别按照属性对统计值（如总数、平均值、方差等）进行分组并计算。除此之外，数据透视表还能执行很多处理，如基于属性对数据加以过滤等，因此对交互进行各种各样的采集而言，这无疑是一种非常优秀的工具。又因为它可以在 GUI 基础上执行采集处理，所以也是一款适合新手用户练手的工具。

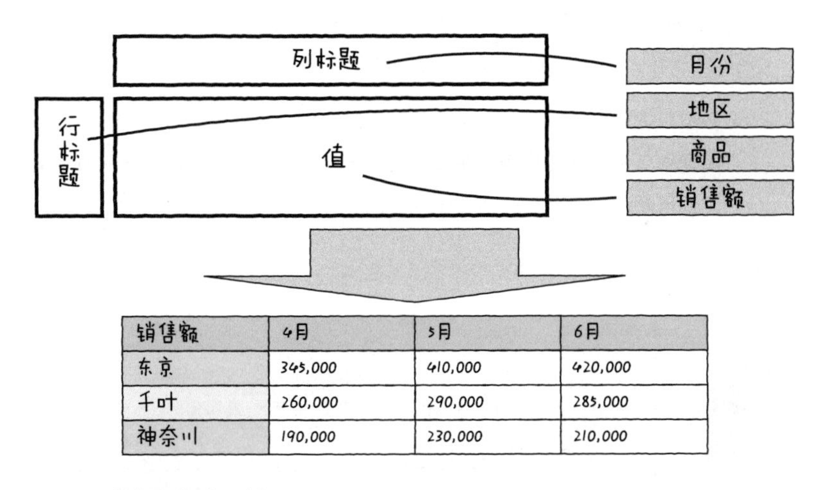

销售额	4月	5月	6月
东京	345,000	410,000	420,000
千叶	260,000	290,000	285,000
神奈川	190,000	230,000	210,000

图 6.5　数据透视表示例

◉以制图举例

统计结果的表示方法多种多样，有单纯用表形式来表示的，也有用平均值或方差这样的指标来表示的，通常可以利用如图 6.6 所示的这些图表来表示数据。

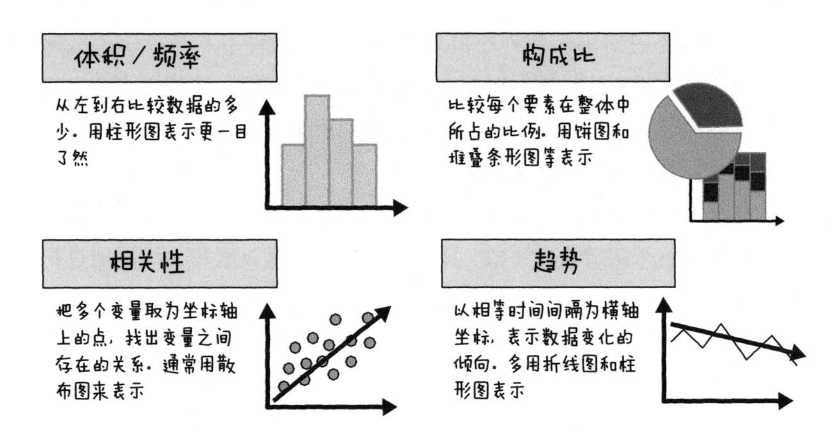

图 6.6 图表的种类和特征

希望大家灵活应用这些表格，做到看一眼就能掌握不同种类的数据蕴含的内容。

我们来看一个可视化的例子（图 6.7）。

- **获取家庭用电量的变化情况，用图表表示每日用电量的趋势，以及每个星期的每一天的平均用电量，或每个时间段的平均用电量，从而获悉家庭的用电状况**

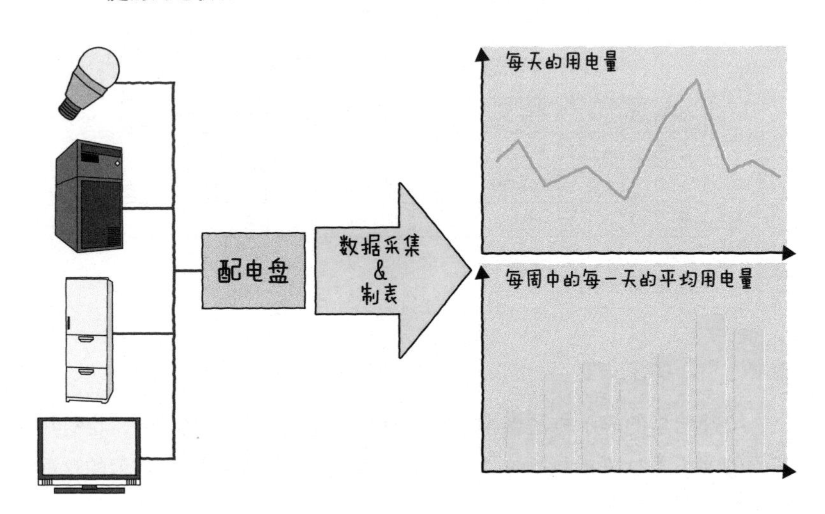

图 6.7 可视化的示意图

上面这个分析就属于可视化。

除了上述图表以外，随着工具和库的发展，还出现了新型图表。下面就来看一下其中能应用于统计的几个图表。

◉网络图

如图 6.8 所示，网络图是一张由一个个节点（树节）和连接节点的路径（树枝）构成的图。。

近年来出现了 Cytoscape 和 Gephi 这样易于使用的工具，这些工具的出现促进了网络图的普及与应用。网络图的普遍应用实现了 SNS 等社交媒体上用户之间的联系状况，顾客和销售代表的交涉状况，以及公司商品之间存在的捆绑销售关系的可视化。它能有效表明数据之间存在的联系。

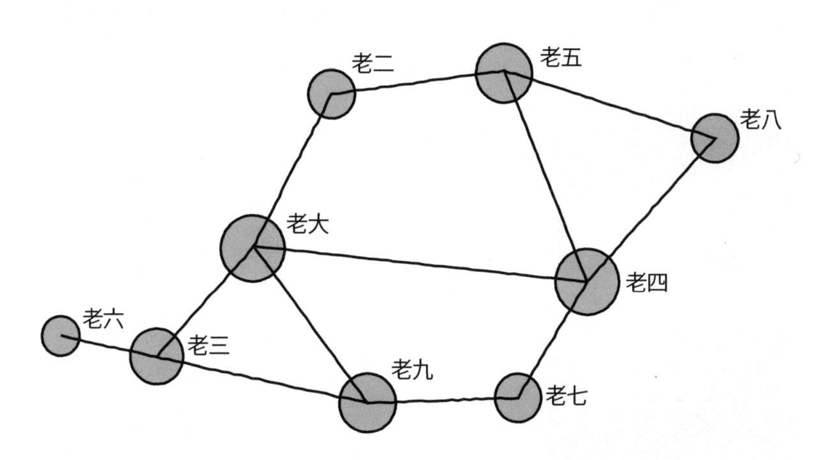

图 6.8　网络图的示例

◉地理图

随着工具和服务的发展，迅速得到应用普及的除了网络图之外还有地理图。地理图是一种将数据描绘（分配）在地图上并实现数据可视化的图形（图 6.9）。

如今像智能手机和汽车等各种各样的终端上都配备GPS，如果能把这些采集到的信息直接绘制在地图上来观察，想必会更直观地捕捉到一些用表形式无法察觉到的、地理上的因果关系。具有代表性的例子就是当今无人不知的Google地图。Google地图不光是一张地图，通过使用API，用户还能够用图钉在地图上的任意一个场所做标记，画线，或者用多边形来描画任意图形。这样一来，用户就可以把有关地理信息的数据绘制在地图上，在任何地方用任意的比例尺来浏览地图数据。

除了像Google地图这种通过Web提供的地理图服务以外，还有QGIS[①]提供的OSS（The Office of Strategic Services，运营支撑系统）桌面工具，这类工具也在逐渐得到普及。此外，除了使用服务和工具以外，还可以通过D3.js这样的JavaScript的SVG图像处理库来根据地形数据描画地图，这在过去可是很难办到的事情。

综上所述，随着社会的发展，现在即使没有高级知识，也能轻松地运用地理图来进行分析。

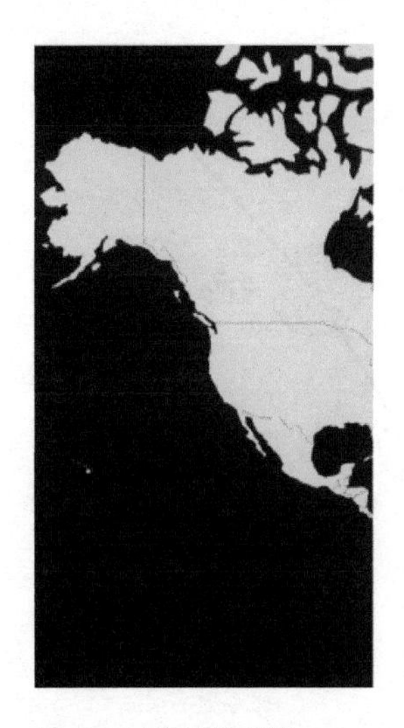

图6.9 地理图示例

① QGIS是基于Qt，使用C++开发的一个用户界面友好、跨平台的开源版桌面地理信息系统。

如今这些用于可视化的工具也在逐步普及。今后随着传感器数据的多样化，人们将会追求更高级的可视化技术，好更直观地捕捉传感器所采集到的数据。另外，就像为了“发现”而分析一样，使用高级分析方法之前，还有一个步骤，那就是利用可视化获取数据的质量和大体倾向。对于高级分析来说，这是一个不可或缺的基础（图 6.10）。

6.3 高级分析

接下来要讲的用于“发现”和“预测”的分析都是前面介绍的“可视化”工序的后续步骤。这两种分析方法适用于统计分析和机器学习，也就是高级分析。

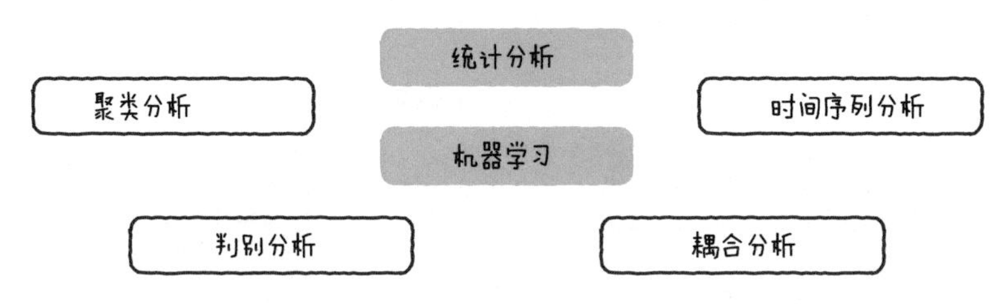

图 6.10　高级分析的种类

高级分析围绕统计分析和机器学习，准备了形形色色的分析方法和算法。大家需要解决像下面这样的问题：用哪种方法进行分析，为了分析要创造出什么样的数据。因此我们就需要跟进行可视化时一样，事先进行采集分析，掌握数据的大体倾向。

如果能够理解数据的特征，实际上也就意味着能够利用分析方法来获取高级的知识。下面将为大家讲解有关高级分析的一些基础知识。

6.3.1 高级分析的基础

机器学习可以说是高级分析的典型代表。机器学习领域汇集了众多技术，这些技术用于让计算机基于大量数据来学习数据的倾向并作出某些判断。机器学习的算法可以根据输入的数据类型分为“监督学习”和“非监督学习”两种。

◉监督学习和非监督学习

当用机器学习的算法让计算机学习数据倾向时，算法会根据用于学习的数据中是否含有“正确答案”的数据而有所不同。打个比方，假设现在要从传感器数据来判断分析设备的故障情况和建筑物的损坏情况等异常状况（图 6.11）。如果采用监督学习的算法，就需要输入过去实际发生异常状况时的数据，即需要明确地输入“异常”的数据。说白了，算法要学习“正确答案”和“不正确答案”之间存在的差异。

相对而言，非监督学习不区分输入的数据是否存在异常，也就是说，非监督学习算法会学习数据整体的倾向，在整体中找出倾向不同的数据，将其判断为“异常值”。

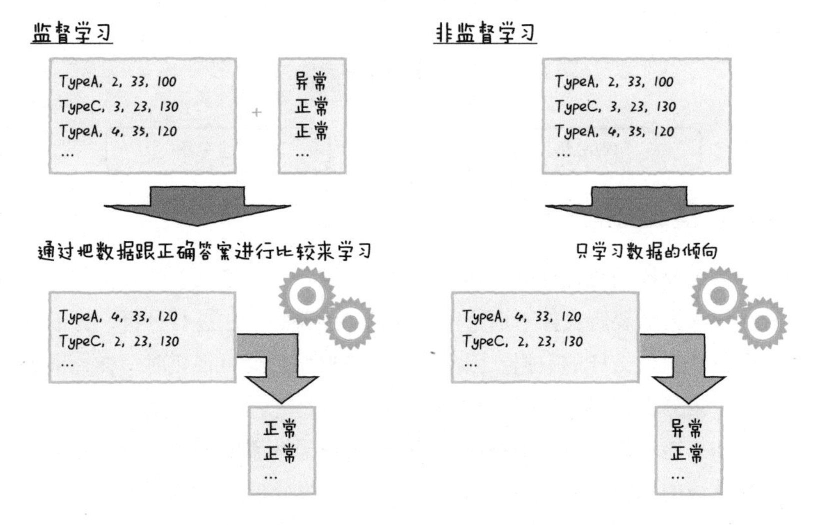

图 6.11 监督学习和非监督学习

对于想要还原场景的情况，需要基于是否有当时的数据这一点来判断是采用监督学习还是非监督学习。特别是对于那些极少发生的异常情况，如果不能准备正确答案，就需要考虑采用非监督学习。另外，如果无法预测以后会发生什么异常状况，那么使用非监督学习来建立平常状态的模型，就能检测出和平常状态不同的状态（即异常）。

如果确定了想要发现的异常的种类，也采集到了足够的数据，那么采用监督学习会更加精确地检测出异常情况。

分析方法的种类

那么在理解了监督学习和非监督学习的基础上，接下来就以聚类和类别分类等为切入点来了解一下这些分析方法。

根据其用法，分析方法可以分为几种。其中，图 6.12 所示的 3 种方法的使用频率特别高，接下来将详细讲解这 3 种方法。

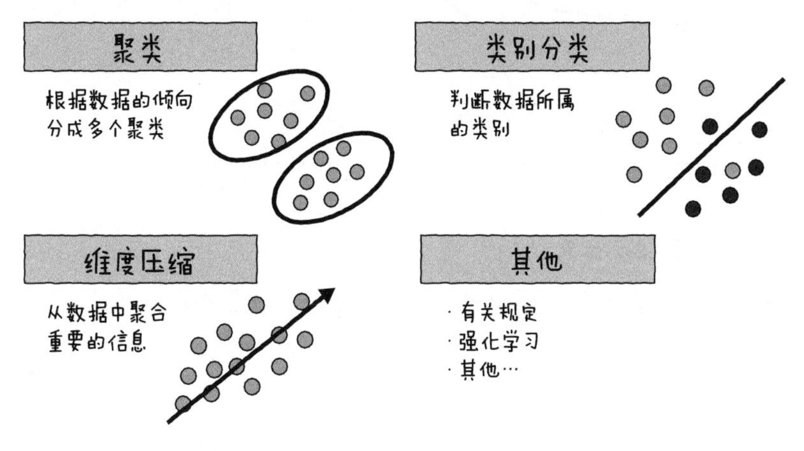

图 6.12 分析方法的种类

◉聚类分析

聚类分析，其目的是基于样本（样本数据）具有的特征，把相似的样本分成多个组（聚类）。具体的聚类算法包括 K-means 算法、自组织映射、层次聚类等。这些方法能够根据数据的特征找到并整合具有同样特征的数据。

这里我们用实际例子来看一下。假设为了基于某学校班级的期末考试结果来制定今后的教育方针，需要把学生们按各自擅长的领域分成几个聚类。在此假设把数学和语文的得分视为学生的特征，把学生分成两个聚类。这时候数学和语文的分数就成了表示学生特征的数值。这里用某些数值来表示了某种数据的特征，这些数值就叫作特征量。如果将 K-means 算法这样的分类算法用于这些特征量，就能根据这些特征量来把学生分成不同的聚类，如图 6.13 所示。

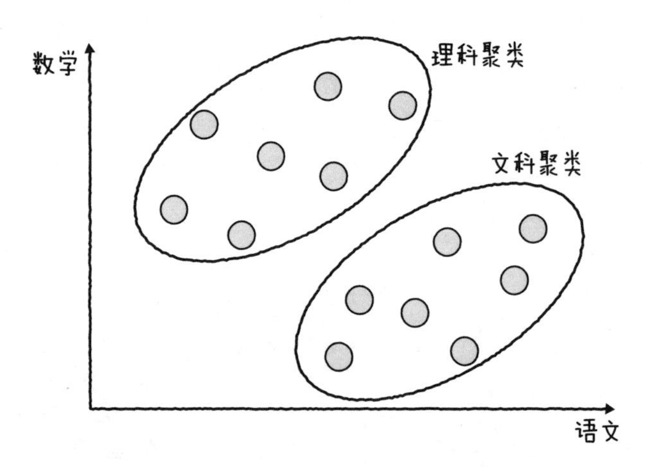

图 6.13 聚类的示意图

K-means 算法就是针对数据的分布来事先指定要把数据分成多少个块，即分成多少个聚类，由此来机械性地生成数据块的一种算法。

拿这个示例来看，数据被分成了几个数学分数较高的理科学生的群（理科聚类），以及语文分数较高的文科学生的群（文科聚类）。聚类的数量是可以随便定的，如果分成 3 个聚类，那么还能够像图 6.14 这样，新生成一个含有均衡型学生的聚类。

为了用平面坐标表示，这次的示例只取了数学和语文两个科目作为特征，除此之外再增加自然科学和社会等特征时，也是采用同样的分类方法。不过如果胡乱增加一堆特征，就不容易分析算出的组具有什么样的含义了。而且聚类数也一样，聚类数过多，组和组之间倾向的差距就会相应地变小，同样很难看出组的特征。

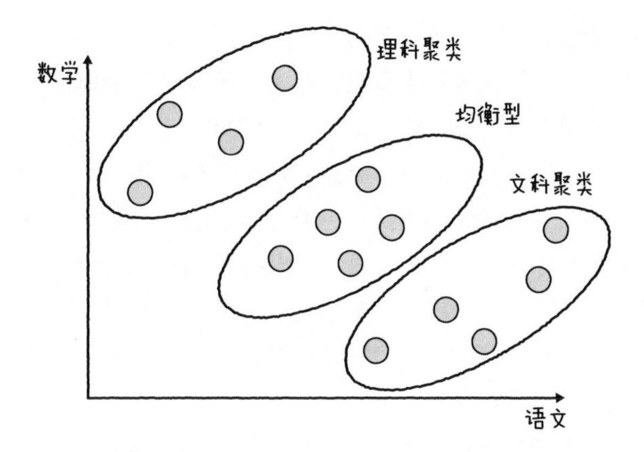

图 6.14 分成 3 类的示意图（K-means 算法）

下面再来看一个聚类的示例，这次是把聚类应用到设备数据的分析中的情况。假设我们要给使用自己公司的应用程序的用户发送宣传邮件（图 6.15）。

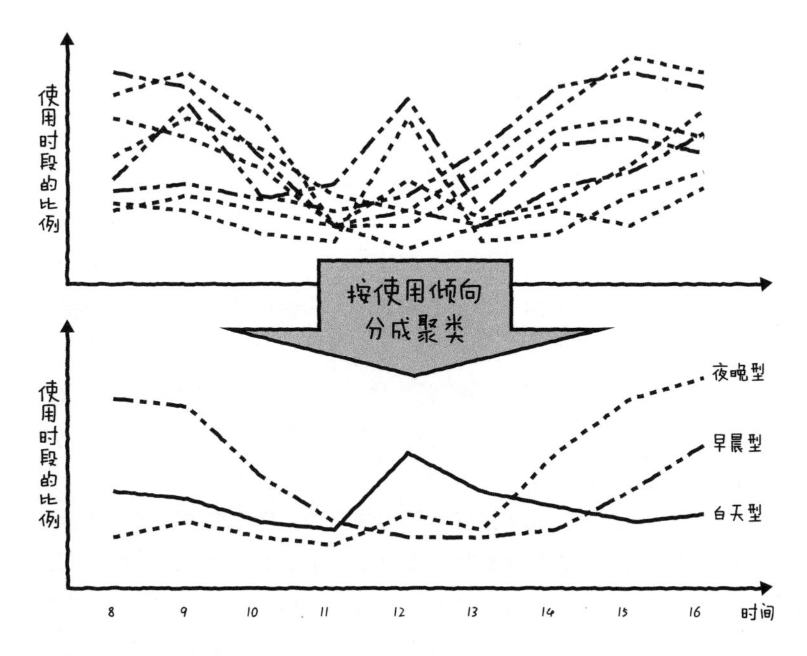

图 6.15 时段聚类示例

既然要发送用于宣传的邮件，那么为了让用户认真查看邮件内容，还需要注意发送邮件的时间。这样一来，我们考虑根据用户平日里经常使用智能手机的时段（用户的活跃时段）来发送宣传邮件。

在一定期间内，按照用户和时间段，分别记录下用户使用自己公司的应用程序的次数。然后从这段期间内挑出一天，算出这一天中每个时间段每个用户使用应用程序的平均次数。再将算出的平均次数作为每个用户的特征执行聚类，把常在夜晚使用的用户分到“夜晚型”用户聚类，把常在白天使用的用户分到“白天型”用户聚类等，这样就可以按照用户使用应用程序的时间段来分类了。

另外，还可以把以上特征分成工作日和节假日来计算，提取“只在节假日使用”的用户层。在分析分类的数量时，其中的一个重要的讨论项目就是在事前设置特征量。

综上所述，以往想要分析设备的使用形态都需要采用调查问卷等形式，直接听取用户的意见，用人力进行分析。而如今人们能够通过聚类分析来分析大量数据，更简单地调查用户的生活倾向。

◉类别分类

类别分类分析的目的在于把数据分成两组或者更多组。虽然有人可能会感觉它跟聚类分析很相似，但类别分析用在已经明确想好了要分类的对象，基于过去的数据来分出对象组和非对象组的场合。类别分类算法包括线性判别式分析、决策树分析、支持向量机（SVM）等。特别是支持向量机还被用于图像识别算法，即识别某张图像上都拍摄了什么内容。

博客文章的分类就是一种类别分类（图 6.16）。博客可以把文章按照话题内容分类，这样一来，对特定种类的话题有兴趣的用户就能很方便地找到自己关心的内容。

靠人来搜集过去与娱乐话题相关的博客，这样搜集到的博客文章就是例文，换句话说就是训练数据的素材，用于向类别分类的算法教授何为“娱乐分类”。把这些博客中出现的词语的种类和频率等信息当作“娱乐分类”的数据，让类别分类的算法学习。同理，靠人来搜集非娱乐博客的文章，同样也可以分析出这些文章中出现的词语的种类和频率等信息，将这些信息作为“非娱乐种类”的数据让类别分类的算法学习。

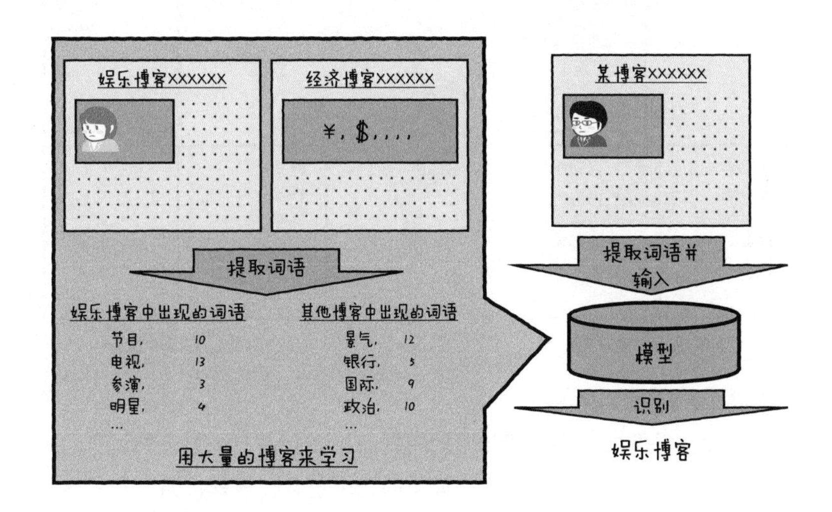

图 6.16 博客文章的分类

对类别分类算法而言，通过像这样反复地学习，就会生成一个叫作模型的分类规则，此时就生成了“娱乐分类”和“非娱乐分类”的学习结果模型。通过把新生成的博客文章和这个模型相对照，就能识别出这篇博客是属于“娱乐分类”还是属于“非娱乐分类”。

◉维度压缩

维度压缩也叫“维度约简”或“降维”，即对于大型数据中的大量数据，尽全力留下其中的重要信息并压缩冗余的信息，借此来缩小数据量的分析方法。维度压缩包括主成分分析、因子分析、多维尺度法等。很多时候设备发来的传感器信息太多，或是要分析从无数台设备发来的海量信息时，还会出现很多不需要的信息，即对于获取结果来说没有什么用的信息。此时，通过进行维度压缩，就能切去不需要的信息，把数据转化成一种更易于分析的形式。

这里举一个简单的例子来说明维度压缩，即假设我们要采集采用了主成分分析的问卷数据（图 6.17）。

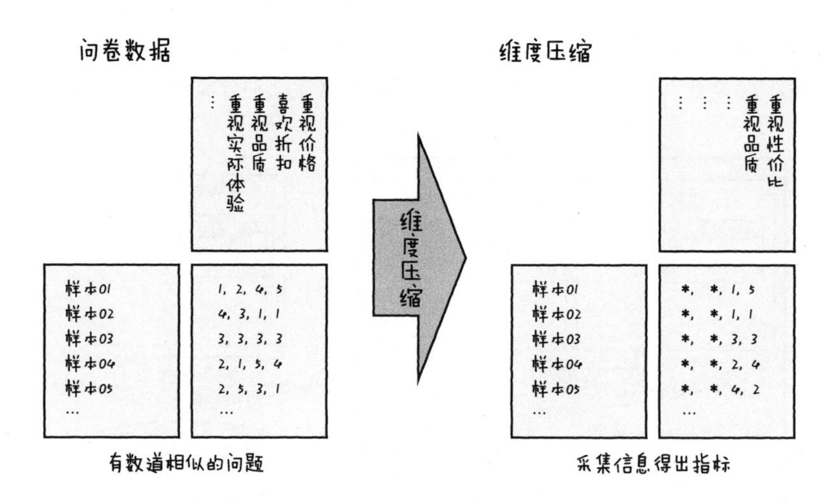

图 6.17 维度压缩示例

问卷数据偶尔会重复问相同的问题。例如在做一个关于购买意向的调查时，分 5 次进行问卷调查，如果问题中包含“重视价格”和“喜欢折扣”这两项，那么这两项的答案很可能都指的是同一个方向，如果对这两个相似问题分别保留答案，那么不止数据量会增加，在之后的分析过程中变量还会增多，这样一来就可能加深理解上的难度。

因此，我们对像以上这样的数据使用主成分分析，尽可能采集那些结果相似的变量，用新的变量重新构成数据，然后从这些新构成的数据中抽出采集程度（贡献率）高的变量，这样一来就能够把数据量削减到数据本来持有的信息量对应的维度。

但是采集到的指标到底具有什么样的含义，这点还需分析者来作出判断，因为没有一个绝对正确的解析方法，所以偶尔解析起来会非常困难，所以不能随随便便地就使用这些指标。

◉执行分析的环境

前文介绍了一些在发现分析中使用的机器学习的基础知识和应用示例，通过灵活应用这些手法，可以从数据中发现一些复杂的因果关系，即仅凭可视化无法获悉的因果关系。

这些分析手法在大多数情况下都是用编程语言的库，以及专用的分析工具来执行的（图 6.18）。

程序的例子（R语言）

```
#从CSV读取数据
train_data<-read.csv( "train_data.csv");
test_data<-read.csv( "test_data.csv");

#只获取需要的变量
dataset<-train_data[,c( "y", "x1", "x2")];

#应用回归分析
model<-lm(y~x1+x2,dataset);

#使用预测用的数据来预测
result<-predict(model,data=test_data);

#绘制图表
plot(result,type="l" );
```

将分析手法作为库而提供

数据挖掘工具的例子

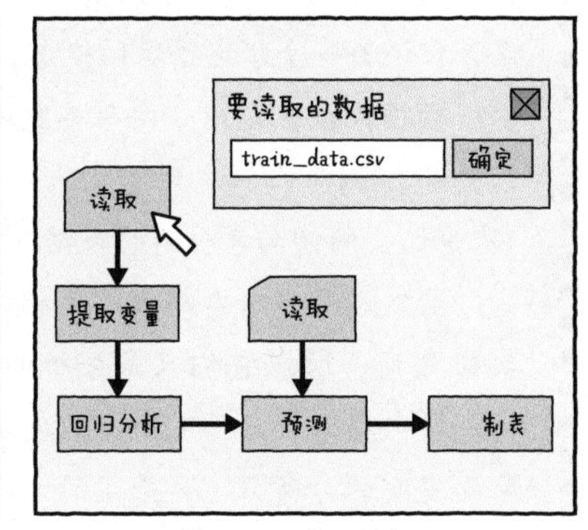

基于GUI构建处理流程

图 6.18　程序和挖掘工具[①]

说到编程语言，近来 Python 和 R 语言尤其引人注目。这两种语言包含很多有关分析的库，用很简单的描述就能执行很多分析。

而专业的分析工具，例如 Weka 和 KNIME 等工具能基于 GUI 执行分析，这类工具叫作数据挖掘工具。数据挖掘工具能够借助图标和箭头指向的方向来查看数据处理的流程，因此其特点在于即便是新手也很容易上手。

这些工具一般都被用作桌面工具，其处理能力决定于使用此工具的机器的能力。因此如果想大规模地实现高级的分析时，就需要用于与分布式处理基础架构联动地执行机器学习的 Mahout，或是 Jubatus 这样的框架。关于 Jubatus，后文将会讲解。

数据分析是靠试错法逐步进行的，刚开始需要尝试各种各样的分析方法来进行试错，因此推荐大家首先用桌面工具找到要分析的“范围”再进行系统化。

① 这里的“挖掘”指的是数据挖掘（data mining），数据挖掘一般是指从大量的数据中通过算法搜索隐藏于其中的信息的过程。

COLUMN

机器学习和数据挖掘

前面已经为大家介绍过“机器学习”这种分析方法的概念了，但还有一个跟它很像的概念，那就是“数据挖掘”。

数据挖掘就是以“由人类发现和获取新的认识”为目的来进行分析。相对而言，比起由人类来获取认识，机器学习更重视“基于过去的倾向来对新的数据进行推测和判断”。

虽然这些概念看起来大不相同，但使用的分析算法却有很多共同之处，所以它们只是分析的手段相同，目的却是大不相同的。换句话说，后面要介绍的发现分析是为了让人类理解复杂现象而发明的分析方法，采用的方法具有数据挖掘的性质；相对而言，预测分析，其目的是对于新数据进行某些推测和判断，所以采用的方法具有机器学习性质。

6.3.2 用分析算法来发现和预测

可视化分析是通过采集分析来理解数据具有的倾向，分析结果呈现为统计量和图表的形式，数据被视为无机的数值。也可以说它是一种从高处俯视数据，捕捉数据表面倾向的分析。

相对而言，发现分析则以从数据中提取更复杂的倾向、规则、结构等信息为目的。因此发现分析采用高级的分析手法，不用数值来表现分析结果，而是用像数学公式和规律这样的“模型”来表现倾向。

◉通过检测发现因果关系

假如我们想知道造成机器故障的原因所在，就需要将传感器采集到的数据加以灵活应用，如机器运转时的温度、压力、振动等。

采集机器在正常运转时，以及发生故障时这两种状态下的数据，用统计学的“检测”来明确这两种数据间有哪些因素倾向不同，这就是最简单的分析（图6.19）。通过检测所有因素，有助于找到发生故障时的原因所在。

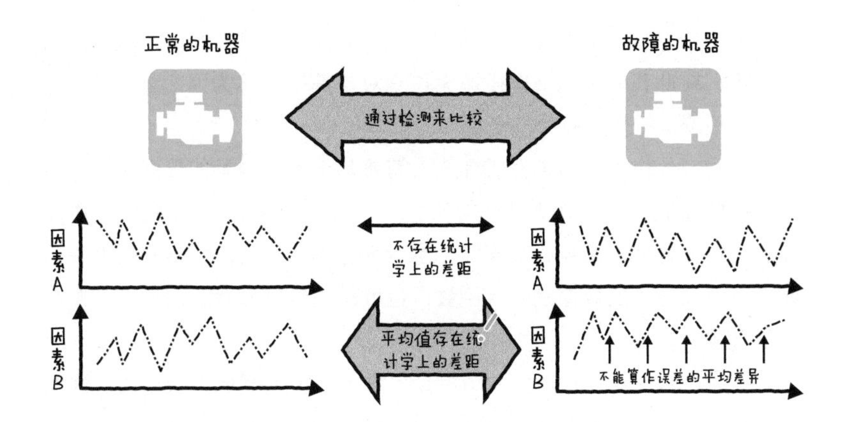

图 6.19 发现分析示意图

此外，通过灵活应用这些统计方法和统计知识，就能比采集分析更能发现复杂的倾向，这正是发现分析的特点所在。

6.3.3 预测

发现分析的目的是从数据中找出复杂的倾向和因果关系，并将其转化成人类的知识。相对地，预测分析则是基于找出的规律和构造来推测今后会发生的事。

预测分析并没有特定的方法，既有像回归分析这样预测数量的分析，也有像类别分类这样，在给出了未知样本的情况下进行分类的分析。特别是机器学习使用的方法都是一些在基于过去的数据进行学习的基础上，来预测和判断新数据的方法，所以一般来说，这些方法不仅能发现知识，还能进行预测。

在此就以预测分析中最热门的回归分析为例为大家讲解，来加深一下对预测分析的理解。

◉回归分析

这里先举一个回归分析的例子，假设存在某个变量 y，用变量 x 能将 y 表示为“$y = a \times x + b$”这样的等式，如果能根据实际测量数据求出等式中的系数，那么在给出新的 x 值时就能够预测 y 的值，这就是回归分析。在此我们把像 y 这样作为预测对象的变量称为因变量，像 x 这样用于预测 y 的变量称为自变量。

在回归分析中，为了完成等式，需要基于实际测量的数据来推导出等式中的系数，具有代表性的方法包括“最小二乘法”。在此假设用此等式表示线性回归分析，要求出系数 a 和系数 b。线性回归分析就是假设进行回归分析的数据是一次函数，也就是说数据像直线图那样分布在一条直线上。

首先把过去给出的 x 和 y 的组合（测量值）绘制成图表，而线性回归分析中的最小二乘法就可以看作是在这张图表中画一条直线，这条直线表示的是和测量值最接近的值（图 6.20）。因为这条直线表示的是预测值，所以为了将测量值和预测值的误差降到最小，需要调整直线的倾斜度 a 和截距 b 来决定直线的形状。这样一来，就能构建一个对于过去的数据来说误差最小的模型“$a \times x + b$”。

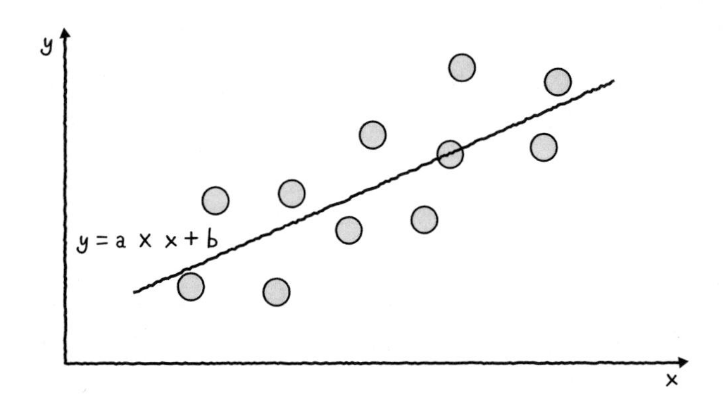

图 6.20　最小二乘法示意图

为了让大家更容易理解，这个示意图采用了平面图，因此只用了一种变量 x，但实际上即使有多种 x 也能够执行回归分析。当有若干个输入变量时，对于 n 个输入变量 $x1$、$x2$、$x3$……xn 而言，定义 $y = a1 \times x1 + a2 \times x2 + \cdots\cdots an \times xn + b$，就可以求出每个变量的系数。前面说的针对一个输入变量 x 得出预测值 y 的这种回归分析叫作“一元回归分析”，而基于多个输入变量得出预测值的叫作“多元回归分析”。

让我们通过用以提高传感器的测量精确度的校准，来看一下回归分析的应用示例。

◉通过回归分析校准传感器

回归分析还被用于传感器校准，关于传感器校准在 3.4.6 节已经有所介绍。

不管多么均一地制造传感器，在制造过程中总是会发生个体上的差异，测定值也就会包含误差。含有误差的实际的测量值和想测量的真实数值之间存在着一定的关系，而校准就是一项导出两者间关系的操作。

要进行回归分析，首先要获取准确的样本 y，并用传感器测量样本 y 的状态，从而获取测量值 x。通过重复数次这样的操作，我们就能够得到 x 与 y 的数个组合，如图 6.21 所示。基于这些组合来应用最小二乘法，就可以得到一个数值公式。假设得到了 $y = a \times x$ 这样的等式，就能推出来一个对于测量值 x 而言大致准确的 y 值。

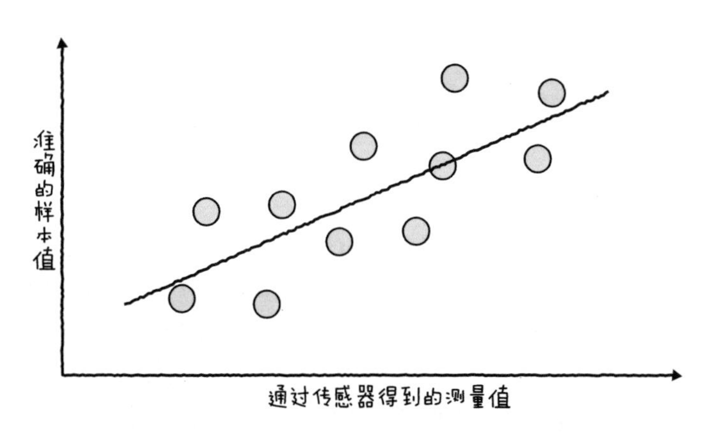

图 6.21 传感器的校准

在实际进行校准时，数据分布结果不一定会恰好是一条直线。因此当结果较为偏离直线时，就要考虑采用二次方程等非线形的数值公式，或是其他可用的理论公式。

◉基于各种各样的因素来预测交通量

说到以预测为目的来分析，那肯定要举交通量预测这个例子（图 6.22）。通过传感器来持续数月地采集某条道路每天和每个时间段的交通量，再基于星期、时间段、天气等因素来分析今后的交通量，从而实现对道路拥堵信息的预测。同理，我们还能够对家庭和办公室大楼的用电量进行预测。

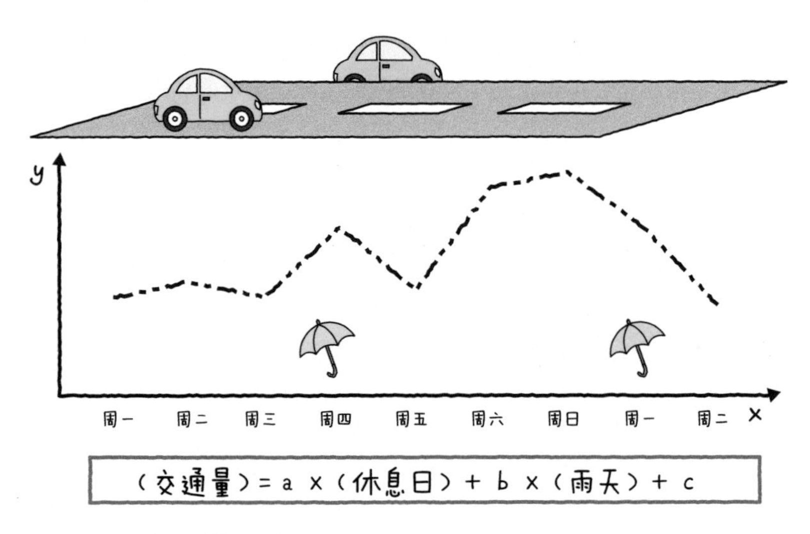

图 6.22　预测交通量的示意图

此外，如果把前面在发现分析中获得的知识应用到预测未来上，那么前面的发现型示例也是一样，只要能将其灵活应用，就可以用于预测未来。举个例子，假设我们基于过去积累下来的机器运转时的机体内压力数据，算出了机器正常运转时的平均压力和方差（离散程度）。然后假设在运转机器的过程中，机器的运转温度又超出了过去压力离散的范围。此时，机器就会发出警报来通知我们产生了某种异常状况，警告我们机器产生了故障或是有人在用非正常的使用方法操作机器。

6.4 分析所需要的要素

除了前面提到过的分析手法，分析还需要用到数据库和分布式处理基础架构等各种各样的中间件和处理基础架构。第 2 章从批处理和流处理的角度出发介绍过这类处理基础架构。本节将以数据分析为切入点，为大家介绍分析需要何种基础架构，具体会用到什么样的框架。

6.4.1 数据分析的基础架构

首先把数据分析的基础架构分为 4 项来看，这 4 项分别是采集、积累、加工、分析。

◉采集

在采集要分析的数据时，采集对象的性质决定了需要哪种基础架构。举个例子，如果采集对象已经存储在数据库上，那么只要使用 SQL 单独提取所需数据即可。

如果采集对象是服务器或设备输出的日志数据，且已经积累了海量日志文件，那么就需要用到多种功能，例如只采集需要的日志数据的功能，只从日志提取需要的部分的功能，把结果输出到操作环境中的功能等。虽然可以把这些一连串的处理交给程序开发来解决，不过最近还出现了像 Apache Flume 和 Fluentd 这样的框架，使用这些框架可以将日志的采集、加工、输出等一连串过程作为一整个流程来处理。

此外，如果要采集的数据是传感器发来的信息，就需要像第 2 章介绍的那样，构建物联网服务的前端服务器，以采集传感器和设备发来的信息。

◉积累

在数据积累中，虽然有些把数据作为文本文件来保存的，但大多数情况下，为了方便地管理和提取数据，一般都会采用数据库来积累数据。虽然笼统地称为数据库，但除了用传统的表格形式来保存数据的关系数据库以外，还出现了各种各样的数据库，例如键值存储数据库、分布式文档存储数据库、能保存要素和关系信息的图形数据库（图 6.23）。

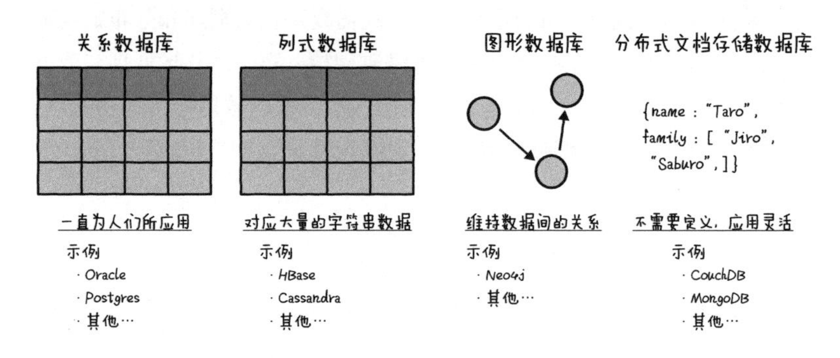

图 6.23 数据库的种类和产品示例

近年来，出于保存大型数据和图像、语音等非结构化数据的目的，也有人在使用 Hadoop 的 HDFS[①]。HDFS 能将多台机器的存储空间虚拟地集中在一起，从而构建一个容量巨大的存储空间。

另外，通过应用 MapReduce 功能，还能对积累的数据进行分布式处理。利用 Hadoop 的好处就是能够利用一个叫作 Apache Mahout 的机器学习库，这个库能在 Hadoop 的 MapReduce 上实现机器学习，因此 Hadoop 被认为是一个兼备积累、加工、分析这 3 种功能的、非常有用的基础架构。

◉加工

在加工过程中，需要根据各自的分析目的，从已积累的通用数据中提取出所需数据，去除那些额外和缺损的数据，除了对数据施加必要的运算等处理以外，还需要一个基础架构，以生成汇集分析用数据的数据集。对于小型数据，可以用电子制表软件和程序来进行加工，但在处理像传感器数据这样的大型数据时，就需要根据数据性质来准备一个可扩展的基础架构。

① Hadoop 的一个分布式文件系统 (Hadoop Distributed File System)。

上述内容中提到的Hadoop有一项功能叫作MapReduce，利用MapReduce可以通过应用并分散机器资源来处理数据。另外，磁盘输入输出等问题往往容易成为处理大型数据时的瓶颈，借助该功能还能大幅减少磁盘输入输出所需的处理时间。

◉分析

用于执行分析的环境包括前面介绍过的统计分析语言和数据挖掘工具。要进行这些分析，就需要具备用于计算的庞大的内存和运算能力。但在经过预处理阶段加工后，数据量就会被削减，很多分析的尺寸甚至能达到用普通的桌面工具也能处理的程度。

然而随着基础架构技术的发展，日志和传感器数据也成为了高级分析的对象。分析数据的大型化现象无可避免地日益增多，还有无法使用上述工具来执行分析的情况。在这种情况下，就需要专门为分析准备一个基础架构。

前面介绍的在Hadoop上运转的机器学习库Apache Mahout就是一个例子。能使用的分析方法虽然有限，但通过应用分布式处理就能缩放大型分析。

除此之外，近来Apache Spark也备受瞩目。在使用Hadoop特有的分布式处理方式MapReduce时，每当执行一组处理就会发生磁盘输入输出操作。因此在执行像机器学习这样需要反复进行处理的分析算法时，处理时间往往会很久。针对这点，正如第2章介绍的那样，Apache Spark通过应用内存中缓存下来的内容来实现反复处理的高速化。可想而知，这样一来就能大幅提高分析处理速度，从今以后，大型高级分析的道路会更加宽阔。

以上基于“采集”“积累”“加工”和“分析”这4道工序解释了分析基础架构。下面将在这些基础架构技术中挑出两种单独的技术来介绍，这两种技术与日后传感器数据的分析间有着紧密的联系，所以其重要性会越来越高。

- **CEP：这是一种流数据处理基础架构，作为一种将改变上述四道工序的创新思路，它采用“不积累数据而是对其进行实时处理”的方法来进行事件处理**

- **Jubatus：这是一种少有的基础架构，它能够高速且大规模地实现分析，尤其是高级分析**

6.4.2 CEP

CEP 是 Complex Event Processing（复合事件处理）的简称，这门技术用于实时地处理事件中产生的数据。因此 CEP 跟传感器一样，都被用作处理基础架构，来处理一些随时可能发来的大量数据。CEP 是兼备 3 个部分的框架，这 3 个部分即用于接收各种形式的数据的“输入适配部分”，实际处理数据的“处理引擎部分”，以及将处理结果分配给各种各样的系统和基础架构的“输出适配部分”（图 6.24）。

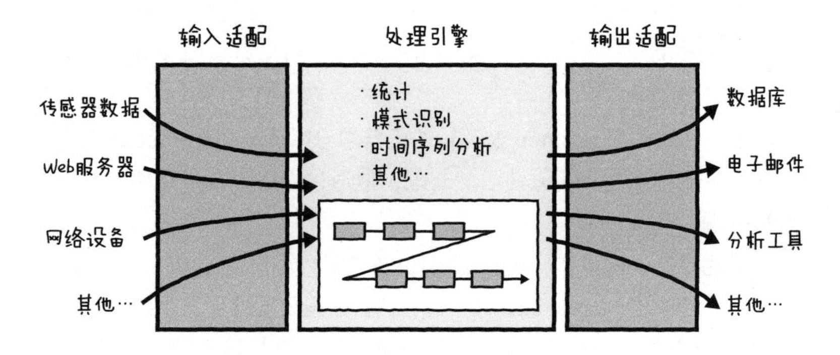

图 6.24　CEP 的结构

因为 CEP 是通过在内存上进行处理来实现实时处理的，所以不擅长像机器学习那样的大规模复杂运算。然而它能够缓存一定的数据来进行处理，它实现的服务是以往那些先累积后处理式的系统无法企及的。在统计和模式识别这种处理中，它能极为高速地输出结果。又因为它不堆积数据，而是立即处理，所以不需要给高速数据准备用于积累的大规模基础架构，这也是 CEP 的一个独有优势。随着传感器数据的增多，以及实时性需求的增加，今后 CEP 可能会是日益重要的技术之一。

CEP 包括作为开源软件被开发出来的 Esper 及供应商产品。

◉ CEP 的应用实例

CEP 开始得到人们关注是因为有人将其用在金融领域中的算法交易上。股票交易这个领域对实时性要求高，在股价有变动时，需要瞬间做出交易，来买卖股票。当股价的变动满足事先定好的规则时，CEP 就会进行处理，即瞬间判断出该变动，并做出相应的交易。就是说，当发生某个事件且这个事件满足某种特定的规则时，CEP 会进行事件驱动型处理，来调用与该事件相对应的操作。

此外还有其他围绕传感器数据的应用性尝试。比如在桥梁上安装传感器来获取桥梁各部分的振动等数据，用系统实时接收这些信息，并且事先规定一个正常时的状态。这样一来，在发生异于正常状态的状况时系统就会发出警报，帮助及早发现桥梁的异常情况。今后这种技术很有可能会与传感器结合起来，应用到故障检测方面。

6.4.3 Jubatus

Jubatus 是一个用于实现发现和预测等高级分析的框架，还是一个如同 CEP 一样具备实时处理能力的新型分析基础架构。

通常的分析方法会将积累的数据一并输入来进行学习，即采用“批量式”处理方式。因此数据规模越大，对需要学习的资源的要求也就越高，搞不好就会陷入所有数据都无法使用的窘境。而且既然要一并进行学习，当然也就会花很多时间在处理上，众所周知，我们需要花掉一大把时间在事前学习上。

◉ Jubatus 的在线学习

对于前面提到的问题，Jubatus 采取了“在线学习”这种增量式学习方式，即使不将数据一并输入，也能够在接收到每个数据时进行学习（图 6.25）。这样一来，数据一产生就会被输入，还可以即时更新模型。也就是说，不需要准备一个基础架构来积累学习数据，也不需要考虑为了学习要额外花费多少时间。

因为在线学习不适用于现有的所有算法，所以 Jubatus 也无法实现现有的分析，不过 Jubatus 能处理的分析数量会逐渐增多，其应用范围也会逐渐增大。

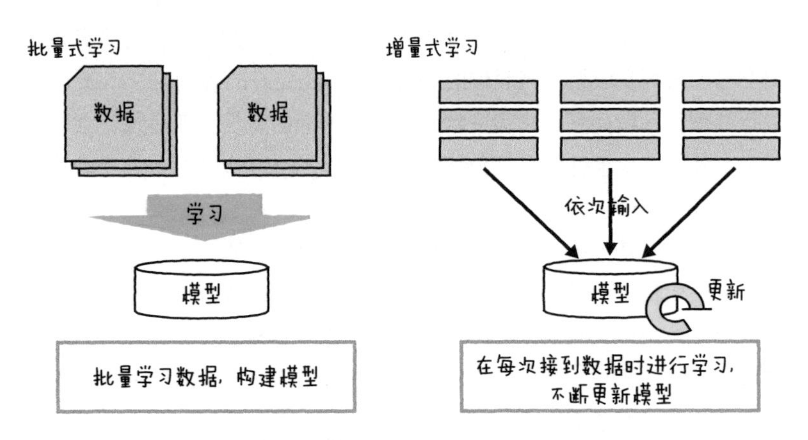

图 6.25　批量式学习和增量式学习

◉ Jubatus 的向外扩展性质

Jubatus 的另一个特征就是能够通过分布式处理来实现“向外扩展式”的资源扩展。

对于通常的系统而言，处理的数据规模越大，就越需要一个配备了高性能 CPU，具备大型内存和存储空间的服务器。这种通过提高服务器等设备的性能来扩展资源的方法叫作“向上扩展式”，过去，基础成本往往会随着资源的处理性能提高而呈现飞跃性增长的态势。而“向外扩展式”是一项革命性的产物，它运用框架在多台机器上分散进行处理与数据积累，由此获得了与机器数量相应的处理和积累能力（图 6.26）。

此外，一旦系统组装完成并运行，如果出现资源不足的状况，也能通过追加机器来扩展，以提升系统整体的处理能力。大多数情况下不需要每台机器具备多高的规格，因此就算提升了处理能力，成本也很少会急剧上升，这也是向外扩展的一大优点。

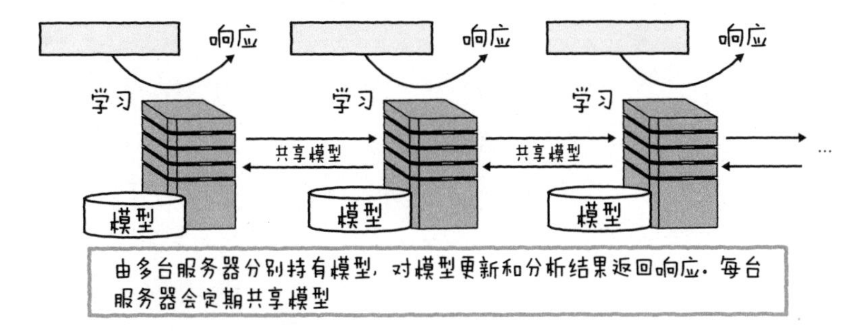

图 6.26　Jubatus 的向外扩展

因为 Jubatus 采用了向外扩展式，所以就算输入的数据量很庞大，也能通过控制机器数量来扩大分析的规模。而且 Jubatus 与 CEP 一样，都是在数据产生的同时进行处理，所以没有必要积累数据，对每台机器存储空间的要求不高，这也可以说是 Jubatus 的一个优点。

COLUMN

分析的难度

看到这里可能有人会觉得，分析不过是在算法里输入数据就能搞定的事儿。但是实际上，鲜少有人能通过直接输入数据来得到预想中的结果。为了选定数据需要尝试各种各样的算法，要尝试加工数据，还需要尝试用多种方式制作特征量以表示数据的特征，等等。有时输入的数据中包含异常值，而这些异常值会造成“噪声”影响正常运行。为了解决这类“噪声”问题，就需要耐心地进行除噪工作，“不走寻常路”，这才是分析。

想妥善地解决这些问题，不能光依赖算法，还需要构建假设，基于假设来制作特征量，对照假设来选择算法等。假设能够在很大程度上预防分析产生偏差。另外，为了获取假设，还需要灵活地将过去的数据可视化，并定量掌握整体的倾向和现状，基于倾向和现状与经验丰富的人士探讨交流，等等。如此一来，分析的难点也就明确了，它难就难在有些地方无法仅凭算法和工具解释，而是需要一些无形的诀窍和技巧。

第7章

物联网与可穿戴设备

7.1 可穿戴设备的基础

顾名思义，可穿戴设备就是指穿戴在身上的设备，因此，比起单独使用前面说的那些设备，可穿戴设备能够令服务更加贴近人们的生活。如果你想率先实现物联网服务，那么就可以选择使用可穿戴设备。

话虽这么说，可穿戴设备种类繁多且用法多样，要想系统地了解它们需要花费很多时间。如果各位读者想把可穿戴设备连接到自身的物联网服务上，或是想制作一个新的可穿戴设备，那么通常会被下面的问题难住。

- **可穿戴设备都有哪些种类**
- **应该用什么样的可穿戴设备**
- **应该怎么用**
- **使用可穿戴设备都能做什么**

本章将会为大家解答这些问题。

7.1.1 物联网和可穿戴设备的关系

谷歌眼镜等可穿戴设备是构成物联网的众多设备中的一种。可穿戴设备能够将穿戴者及其周边状况作为物联网的一部分来处理。

例如，使用可穿戴设备能够记录穿戴者的健康状况、运动后的运动量、本人看到的事物及听到的事物。要想提供如此贴近人们生活的物联网服务，可穿戴设备无疑是最合适的选择。

如图 7.1 所示，可穿戴设备和以往介绍的传感器等设备相同，都被认为是物联网设备的一种。其中，人们还将一些可穿戴设备跟智能手机和平板电脑划等号，将其看作能进行“感测”和“反馈”的设备。

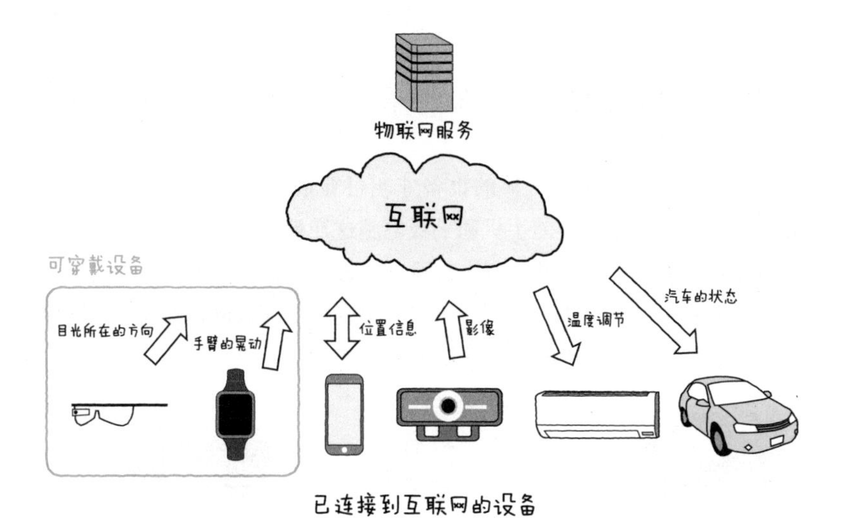

图 7.1　物联网和可穿戴设备的关系

只要采用了可穿戴设备，物联网服务就会分析设备获取的信息，把分析结果再次返回给可穿戴设备。也就是说，物联网服务会使用可穿戴设备感测穿戴者的状态，以各种各样的形式把状态反馈给穿戴者。可穿戴设备能对人们的生活起到帮助作用（图 7.2）。

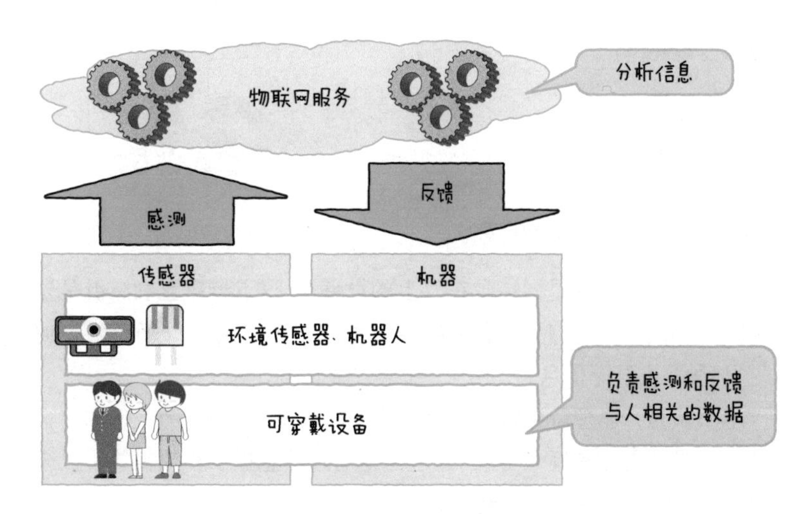

图 7.2　可穿戴设备——以“人”为本的输入输出设备

◉可穿戴设备的出现

既然明确了可穿戴设备在物联网中的定位，那么下面就该把关注的焦点转向可穿戴设备本身了。

话说回来，到底什么样的设备才叫可穿戴设备呢？按照人们的预期，可穿戴设备是像智能手机和平板电脑这样被称作智能设备的新一代移动电脑（图 7.3）。虽然也有人将可穿戴设备仅仅解释为具备智能设备的功能且能够穿在身上的物品，不过本书则将可穿戴设备视为和物联网相关，但性质完全不同的另一种设备。

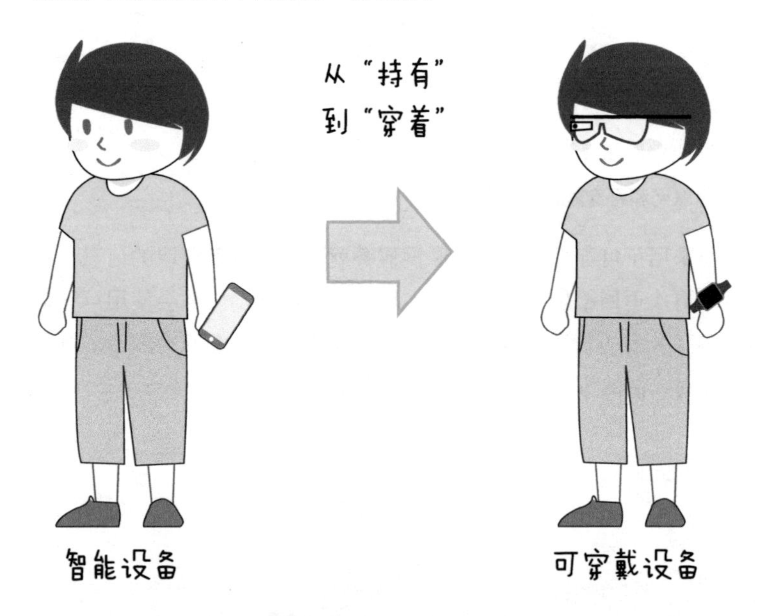

图 7.3 从智能设备到可穿戴设备

可穿戴设备指的是“穿戴在身上的设备”，这点毋庸置疑。但是这里的“穿戴在身上”指的是穿戴的设备能理解“何时”“何地”“何人”“何种状态”等信息。

本书认为，能理解穿戴者及其周围的“语境”（context，例如要去干什么，是醒着还是睡了等），并适当地通过信息提示和预警等手段来进行反馈的这类设备是可穿戴设备。

此外，可穿戴设备基于对至今种种语境的理解来向穿戴者执行响应和反馈，因此如果能将其加以灵活运用，就能起到扩展穿戴者的体能和感测能力的作用。打个比方，假设我们正在逛商场，想买件衣服。在这种语境下，智能眼镜（下文会介绍）等可穿戴设备会帮助识别我们正在挑选的衣服，显示该件衣服在其他店的价格以及其他用户对该衣服的评价等信息。除此之外，可穿戴设备还能将用户日常的传感器数据发送给健身房教练，帮助用户从教练那里获得一些用于改善日常生活的建议和反馈。

像这样把可穿戴设备加以灵活运用，就能够提供与穿戴者的语境相符合的物联网服务（图 7.4）。

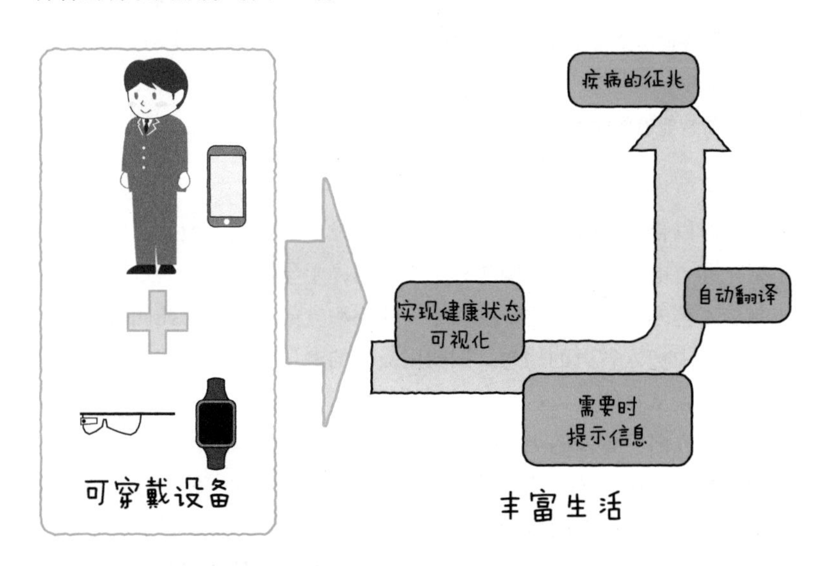

图 7.4　利用可穿戴设备来丰富我们的生活

7.1.2 可穿戴设备市场

可穿戴设备并不是一个全新的概念，从前在小说、漫画、动画等作品中就出现过众多可穿戴设备，例如佩戴眼镜型设备来瞬间读取信息，将设备佩戴在耳朵上进行通话和收发信息操作，等等。当然现实世界也没有落后，全世界的研究机构也在不断试图将可穿戴设备商品化，例如 NTT DOCOMO[①] 就在 2000 年年初向世界展示了手表型的 PHS（Personal Handy-phone System，个人手持式电话系统，俗称小灵通）终端。

那么为何近年来，大量的实用型可穿戴设备会如洪水泛滥之势涌现，而且可穿戴设备的市场会不断地形成与完善呢？在这里我们应从两方面来分析这股洪流，一是设备，二是围绕设备的环境，下面就分别从这两个角度看一下。

◉设备方面的进步

首先从设备角度看，其进步有如下 3 个大的方面。

- **零件往小型化和省电方向发展**
- **NUI**
- **与智能设备联动**

零件往小型化和省电方向发展

随着以智能设备为代表的先进嵌入式设备的普及，设备零件逐渐往小型化和省电方向发展（图 7.5）。一方面，半导体开发商通过提升半导体制造工艺的精细度，逐步推动零件往小型方向发展，与此同时，人们还在设计中加入省电的构想，试图用极少的电量来长时间驱动设备。这样一来，就从整体上延长了可穿戴设备的运行时间，使其到达了实用水平。另一方面，零件的小型化不但能延长运行时间，又因为设备穿戴起来舒适且毫无违和感，所以设备上能够集聚众多零件，换句话说就是能够为人们提供多种多样的功能。

但是电池本身相对于电源容量而言还不够小，具备很多功能、耗电量很大的可穿戴设备，就不得不考虑到电池的消耗问题了。

① 日本一家电信公司。日本最大的移动通信运营商，拥有超过 6000 万的签约用户。

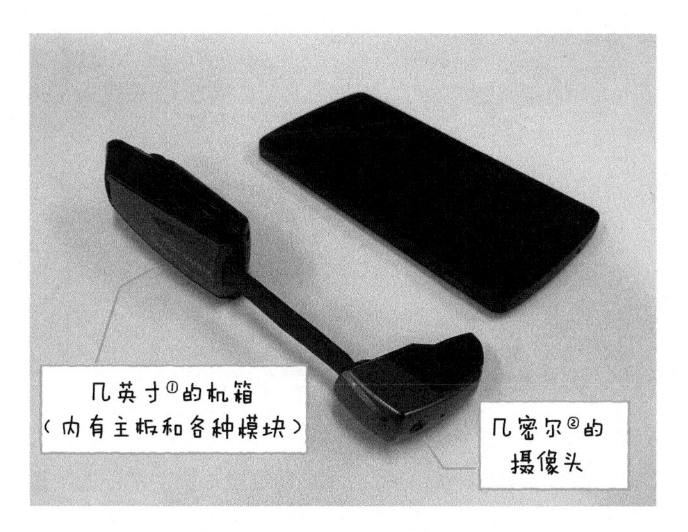

图 7.5　零件的小型化

NUI

不像键盘和鼠标，大多数可穿戴设备都没有一个可以用于操作设备的用户界面。因此为了实现对可穿戴设备的复杂操作，用户需要使用跟以往不同的用户界面。

出于上述原因，NUI[③] 日益发展起来。NUI 包含的技术有：通过语音识别技术来使用语音控制设备的技术，以及凭借转动身体某部分来实现设备控制的手势等（图 7.6）。这些技术已经发展到能在可穿戴设备这样的小型机器上运行，而可穿戴设备的操作也渐渐往实用化方向发展。

---

① 即 inch，1 inch = 2.54 cm。

② 即 mil，1 mil = 0.001 inch = 0.00254 cm。

③ Natural User Interface：自然用户界面。

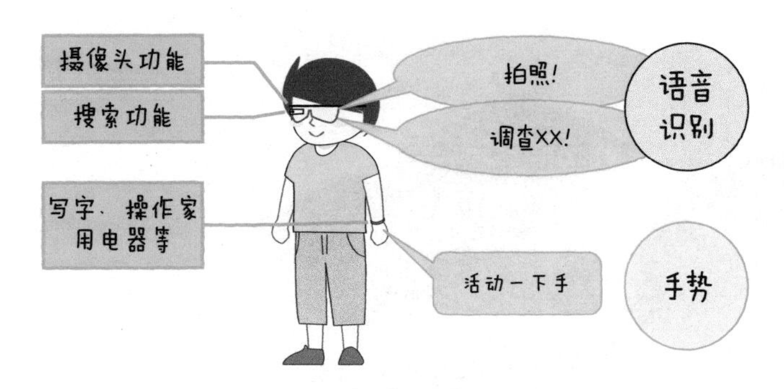

图 7.6　NUI 示例（通过语音识别和手势实现操作）

跟智能手机联动

如今很多可穿戴设备都能与智能手机和平板电脑等智能设备进行联动。通过结合智能设备的功能，人们就能使用可穿戴设备进行感测并简单地显示感测的结果。

与智能手机联动在很大程度上扩展了可穿戴设备的用途。这类智能设备能辅助可穿戴设备，它们的普及成为了推动可穿戴设备浪潮的一股强大的助力。

◉运动跟踪器市场的形成

从围绕设备的环境这个角度来看，可穿戴设备还形成了运动跟踪器市场，可以测量穿戴者的活动量。

运动跟踪器是一种能测量使用者的睡眠时间、行走步数、运动时间等活动量的可穿戴设备（图 7.7）。该设备的市场以美国为中心，正不断向海外扩展。

图 7.7　运动跟踪器

这种实用型可穿戴设备的出现推动了其他可穿戴设备的普及。

7.1.3 可穿戴设备的特征

可穿戴设备的特征都有哪些呢？使用者可以通过查看可穿戴设备具备的功能和传感器来了解它能做什么，以及能获取什么样的信息（数据）。

虽说统称为可穿戴设备，但可穿戴设备也分很多种。在了解详细的分类之前，我们先大体上看一下可穿戴设备具备的功能以及传感器。

◉具备的功能

首先来确认一下可穿戴设备都具有哪些功能。

主要的功能如表 7.1 所示，可总结为 3 类，即“向设备输入信息”“接收设备发来的反馈”以及“其他功能”。

表 7.1　可穿戴设备具备的功能

作用	功能	能做到的事
向设备输入信息	摄像头	拍摄图像和影像，识别图像
	语音识别	使用语音进行输入和控制
	手势控制	使用手势操作各种设备
接收设备发来的反馈	显示信息	将文本、图像、影像等显示在显示屏上
	通知	利用语音和显示屏通知穿戴者
其他	上网	能够连接到网络，传输数据，在云端实施对数据的加工等
	存储	离线存储数据

可穿戴设备的种类不同，具备的功能也不同，但与输入相关的主要包括 3 种功能，即摄像头、语音识别和手势控制。

可穿戴设备的摄像头和智能手机的不同，人们不需要用手去选择这项功能，只要想拍，就能立即拍摄图像和影像。

除此之外，使用者还能让可穿戴设备对拍摄下的结果进行图像识别等操作。比如用可穿戴设备识别摄像头捕捉到的人脸和 QR 码[①]，就可以

① 即 Quick Response Code（快速响应码），是二维条码的一种，呈正方形，只有黑白二色，现在常用的扫码支付等所说的二维码其实就是 QR 码。

用这些图像来触发下一步操作。

◉配备的传感器

可穿戴设备能够借助配备的传感器来感测穿戴者的心跳和动作信息，还有些可穿戴设备能够通过 GPS 来确定穿戴者的当前位置。

如表 7.2 所示，我们对可穿戴设备上配备的一些典型的传感器进行了总结。

表 7.2 可穿戴设备上配备的典型传感器

传感器	概要
GPS	获取可穿戴设备（穿戴者）的位置信息
9 轴传感器（加速度、陀螺仪、电子罗盘）	通过三轴加速度传感器、三轴陀螺仪传感器和三轴电子罗盘传感器来测量可穿戴设备的直线加速度和角速度，用电子罗盘传感器来确定可穿戴设备的方位
心率传感器	用脉搏传感器（后续内容有介绍）来测量血管反射出的光线的变化，测量穿戴者的心率。另外还有应用了心电波形传感器的心率传感器
亮度传感器	测量可穿戴设备（穿戴者）周边的明暗，用于控制显示器的亮度等
红外线传感器	测量红外线，将温度可视化的传感器，主要用来检测人在可穿戴设备附近作出的手势和眨眼等动作
近距离传感器	用于检测物体是否已靠近，主要用于检测用户是否穿戴了可穿戴设备

除了前面这些典型的传感器，还有一些传感器具有可穿戴设备的独有特色，如表 7.3 所示。

表 7.3 可穿戴设备独有的特色传感器

传感器	概要
肌电传感器	测定穿戴位置的肌电位，通过感测肌肉的动作来检测穿戴部位的活动状况
眼动跟踪传感器	主要用于眼镜型可穿戴设备，通过眼镜内侧安装的眼动跟踪摄像头来检测视线的变化
心电波形传感器	把穿戴者的心电活动作为波形测量
脉搏传感器	测定因心脏的跳动给血管内体积和压力所带来的变化，用于掌握穿戴者的压力状况，防止穿戴者打瞌睡
脑电波传感器	测定大脑产生的电活动，用于测量兴趣、集中力，以及放松程度等

7.2 可穿戴设备的种类

可穿戴设备种类多种多样、五花八门，下面我们就来一起看看到底都有哪些种类，这些不同种类的设备又分别有着什么样的特征，同时也来看一下该如何根据想要实现的物联网服务来选择可穿戴设备。

7.2.1 可穿戴设备的分类

可穿戴设备没有什么专门的分类方法，本书按照“穿戴位置”“设备形状”以及“互联网连接方式”将其分成了 3 类。这样一来，就比较容易选出符合物联网服务的设备了。

首先来介绍一下每一类的概要，之后再为大家分别细讲。

◉穿戴位置

通过在身体的特定位置穿戴可穿戴设备，不但能够感测自身的身体数据及周边环境数据，还能把特定功能（显示数据、拍照摄像等）吸纳为身体的一部分。因此根据要感测的数据和功能用途不同，可穿戴设备的穿戴位置也不同（图 7.8）。

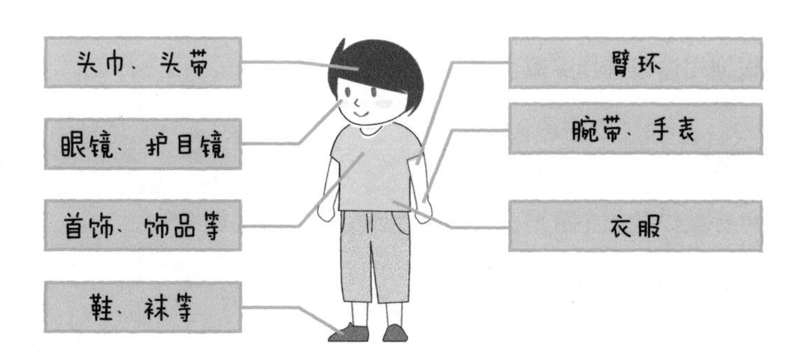

图 7.8　分类方法之一：穿戴位置

头部和面部

戴在头部和面部上的设备包括佩戴在头部的头巾和头带类设备，架在眼前的眼镜型设备和头戴式显示器等。这些设备有的用于测量脑电波和心跳，有的用于在显示屏上显示信息。

手臂

戴在手臂上的可穿戴设备包括时钟型智能手表和腕带型设备。这些设备大多能够测量人的脉搏，以及行走步数和睡眠等活动量。此外，还有能够穿戴在上臂的臂环型设备。

全身

可穿戴设备还包括衣服型设备，这种设备可以穿于全身，衣服的纤维浸染了具有传导性的化学物质，用于心电测量。因为单使用传感器只能获取数据，所以在使用这种设备时要另外增设一台发送设备用来向外部发送数据。

脚

穿在脚上的设备还包括以铺在鞋底的鞋垫型物件为传感器的设备，以及以鞋本身为传感器的设备。此外，市面上还出现了装在鞋上使用的设备。

其他

其他类型的可穿戴设备还包括戴在手指上的指环型设备，这类设备可通过感测手和手指的动作来控制其他设备。

综上所述，即使设备的用途相似，穿戴的位置也不尽相同。因此需要使用者根据用途来选择穿戴位置。

◉设备形状

当今可穿戴设备的主流形状大体上能够分为 3 种（图 7.9）。

- **头戴式显示器（以下称为 HMD 型）**
- **手表型**
- **饰品型**

图 7.9　设备形状

HMD型

HMD 型设备是一种架在眼前使用的可穿戴设备，大体上可以分为两种：呈眼镜样式的“眼镜型”和完全挡在眼前的“护目镜型”。

眼镜型主要是为穿戴着它进行操作或是来回走动时设计的，而护目镜型会完全遮挡住穿戴者的视野，所以多用于娱乐和游戏场合。

眼镜型还分为只有一边有显示屏的单眼型，以及两边都有显示屏的双眼型。7.2.2 节会介绍眼镜型可穿戴设备的具体特征和用途。

HMD 型除了包括单独配备操作系统的智能眼镜以外，还包括与 PC 等设备相连接从而作为显示屏使用的设备。

手表型

手表型设备配备中型（2 英寸～3 英寸）显示屏，是一种佩戴在手腕上使用的可穿戴设备。该设备跟手表形状相同，其显示屏有呈四边形的也有呈圆形的。

很多手表型产品都跟普通手表一样带有表冠或侧面按钮，一按即可开关显示屏或变更显示界面。

饰品型

对应各种各样的用途，也出现了五花八门的饰品型可穿戴设备，不过当今的主流是腕带型设备。

腕带型设备和手表型一样，都是缠在手腕上使用的可穿戴设备，但没有配备中型显示屏。然而为了给穿戴者发送某些通知或显示某些信息，该类设备大多配备极简单的 LED 显示屏、LED 灯和振动器等。

其他饰品型设备还包括前文提到过的指环型设备，除此之外还有硬币型、项链型、手镯型、脚镯型和头带型设备。

◉互联网连接方式

虽然有些可穿戴设备能够单独离线使用，但大部分设备都是要连接互联网来传输信息的。信息的收发方包括穿戴者持有的智能设备或 PC，以及用于实现物联网服务的云服务和 Web 服务。

想要把可穿戴设备连接到互联网服务，就需要通过互联网来实现通信。下面来看一下可穿戴设备是通过哪些方式连接到互联网的。

大致上有 3 种方式能够将可穿戴设备连接到互联网（图 7.10）。

- SIM 卡（3G/LTE 通信）
- Wi-Fi 模块
- 热点

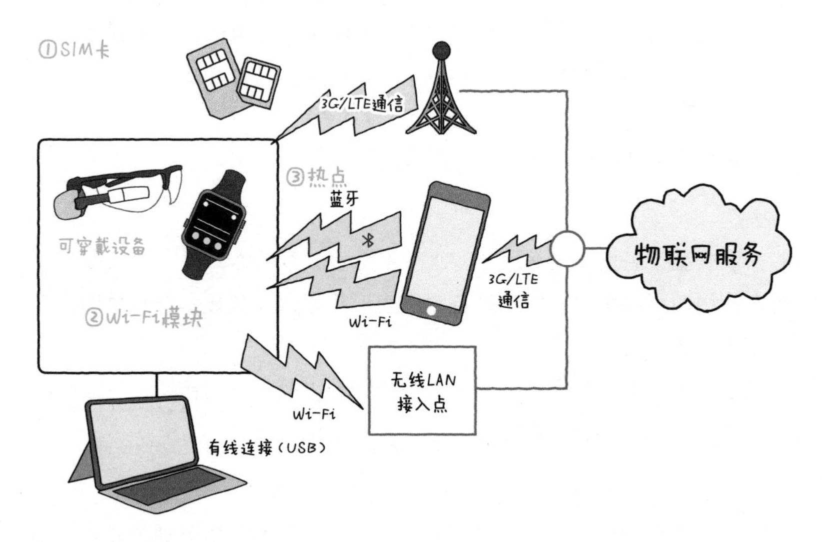

图 7.10　3 种互联网连接方式

①SIM卡（3G/LTE通信）

这是一种通过往可穿戴设备中插入能够连接到移动电话网络的 SIM 卡，来实现 3G/LTE 通信的连接方式。使用这种连接方式，就能单独将可穿戴设备连接到互联网，只要使用者位于能接收到移动电话信号的地区，就可以实现通信。

但是采用这种通信方式时，通信模块会导致设备大量耗电，不太适用于电池容量有限的可穿戴设备。

②Wi-Fi模块

这是一种利用可穿戴设备搭载的 Wi-Fi 模块连接到无线 LAN 接入点，从而连接到互联网的连接方式。

虽然在传输大量数据时，该方式能实现高速传输，但也跟 3G/LTE 通信一样，存在传输时大量耗电的缺点。

③热点

这是一种通过智能设备把可穿戴设备连接到网络的连接方式，这种连接方式一般称为热点。

通常情况下，人们会利用 Wi-Fi 或蓝牙来实现可穿戴设备与智能手机的通信。尤其在蓝牙技术中，有一种既省电又能实现高效率传输的 BLE 技术，该技术已经成为蓝牙领域的主流技术。

用 BLE 可以节省连接可穿戴设备与智能设备时所需的电量，然后再通过智能设备用 3G 或 4G 通信将可穿戴设备连接到互联网。

除此之外，还有很多能在离线状态下使用的可穿戴设备，智能眼镜就是一个例子。智能眼镜和智能手机同样有着几 GB 至几十 GB 的存储空间，因此能够保存在离线状态下输入的数据（照片和影像等）。

有些可穿戴设备还会采用其他连接方式，比如将可穿戴设备插入 PC 的 USB 端口中，把数据传送给 PC，再通过 PC 发送给互联网。

7.2.2 眼镜型

接下来一起看一下可穿戴设备的“设备形状”中具有代表性的 3 种

类型（眼镜型、手表型、饰品型）以及它们各自的特征和主要用途。

首先从眼镜型开始讲起。眼镜型可穿戴设备是搭载在 Android 等操作系统上运行的，这些设备普遍被称为智能眼镜，通常是看着眼前的显示屏来进行操作的。智能眼镜产品的规格大约相当于前两代智能手机的水平。

◉特征

根据其开发商和销售商不同，不同的智能眼镜有着不同的固有特征，不过大体上有几个特征是相通的（图 7.11）。

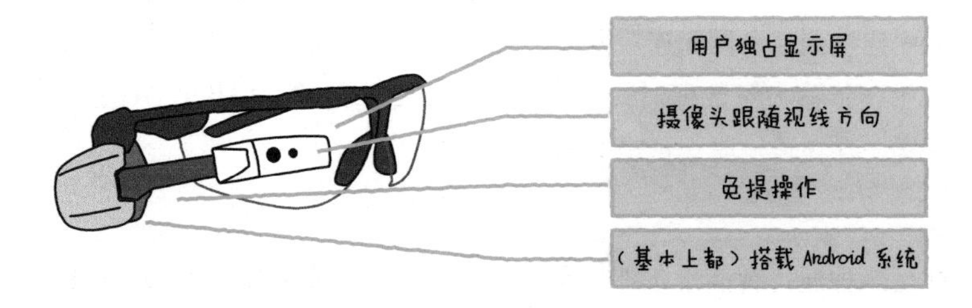

图 7.11　智能眼镜的特征

用户独占显示屏

大部分智能眼镜都在穿戴者的眼前位置装有显示屏，只有穿戴者一人能看到这个显示屏。在每次观看显示屏时不需要从口袋或者包中取出设备，在不占用双手的状态下就能马上确认显示屏显示的内容。又因为显示屏跟穿戴者的视线在同一方向上，所以穿戴者轻微移动视线就能确认显示内容。

根据开发商不同，智能眼镜的显示屏分为透视型和非透视型，以及双眼型和单眼型。

透视型显示屏能隔着显示屏显示的内容看见景色（图 7.12）。而非透视型虽然看不到显示屏和目光延长线上的物体，但显示屏显示内容的可见度很高。

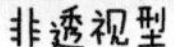

图 7.12　非透视型和透视型的不同之处

另外，显示屏还分为只有单眼能看见显示屏的单眼型，以及左右眼都能看到显示屏的双眼型（图 7.13）。

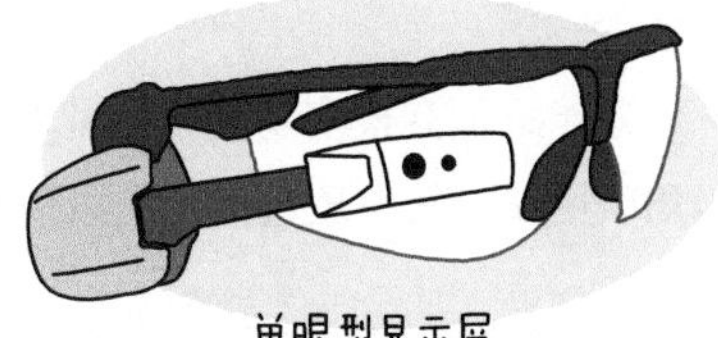

图 7.13　双眼型显示屏和单眼型显示屏的外观

单眼型显示屏虽然只遮挡了穿戴者一半的视野，但穿戴者的视野与实际看到的显示屏的宽度有关，所以单眼型显示屏的视野并不宽广；而另一方面，双眼型显示屏虽然遮挡了穿戴者大部分的视野，但能保证穿戴者有一个宽广的视野。此外，通过使用左右两个显示屏，双眼型显示屏还能显示 3D 图像和影像。

免提操作

有的智能眼镜通过按钮和触屏实现操作，还有的通过语音和手势来实现操作，例如穿戴者可以用语音启动摄像头并拍摄照片，或是通过眼睛眨动来按下摄像头快门。除此之外，智能眼镜还配备了各种传感器，因此还可以使用加速度传感器来进行操作。

有些设备安装有语音和手势控制功能，有些则没有。另外，我们还能够把这些免提操作当成应用程序的一部分来单独开发。

摄像头跟随视线方向

智能眼镜的显示屏附近配备与穿戴者视线方向一致的摄像头，能够从穿戴者的视角拍摄照片和影像。此外，穿戴者还能够用这台摄像头把自己看到的东西与他人进行远程分享。

基于Android的操作系统

市面上的大部分智能眼镜都配备由谷歌公司提供的面向智能设备的移动平台 Android 操作系统。

虽然在开发智能眼镜时需要考虑到没有触摸屏、显示屏较小、分辨率也不高的因素，但在技术上可以利用 Android 积累起来的资本。有些智能眼镜还能直接使用智能手机的 Android 应用。

◉用途

智能眼镜有很多功能，因此应用范围也十分广阔。下面来看一下它的几项用途，其中还包括智能眼镜独有的用途（图 7.14）。

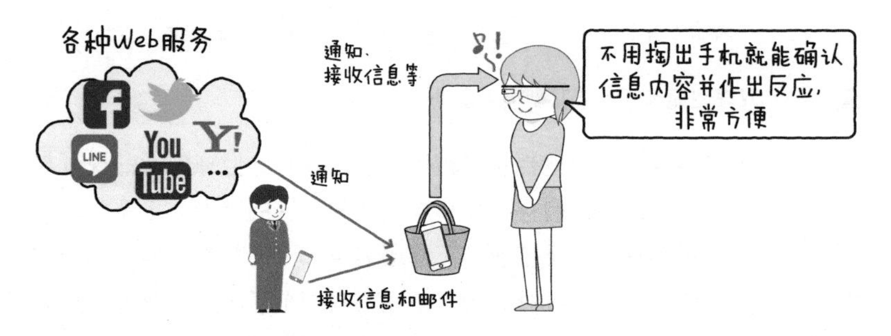

图 7.14 智能眼镜的主要用途

实时确认通知

使用智能眼镜时，能够用眼前的显示屏马上确认手机或联动的服务发来的通知。如果是以往的智能设备，当接到某个通知时，需要从口袋或包里取出设备并打开显示屏才能确认通知内容，然而智能眼镜却不用那么麻烦。通知一来，只要看向眼前的显示屏就能立即确认通知。这样一来，在忙于某项工作而两手腾不出空时也能确认通知。

智能设备的分机

通过与智能设备联动，可穿戴设备也能被用作智能设备的分机。例如可在免提的状态下用智能眼镜响应别人打到智能设备上的电话，

增强现实

AR[①]（增强现实）技术把显示屏上的信息与现实世界的物体重叠，这项技术也能用在智能眼镜上。打个比方，假设用配备 AR 技术的智能眼镜看某个物体时，智能眼镜就能识别物体（或是物体上附带的标识等），在显示屏上一并显示物体及其相关信息（图 7.15）。

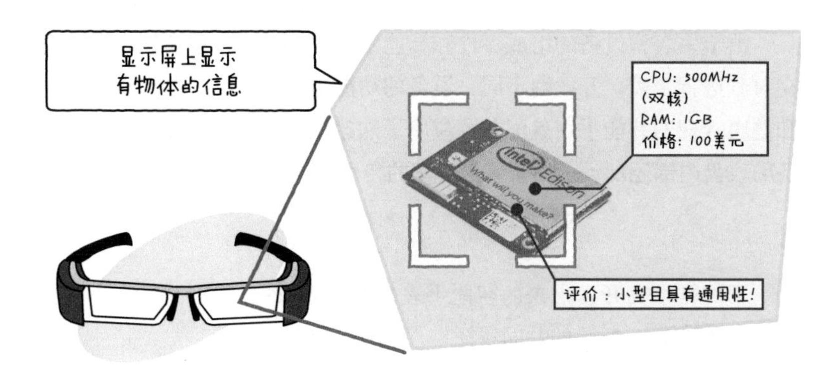

图 7.15 应用了 AR 技术的智能眼镜

有两种将物体及其相关信息一并显示的方法，一种是视频透视方式，也就是把物体跟智能眼镜的全方位摄像头所拍摄下的影像重叠在一起显示；另一种是利用透视显示器来使信息和现实世界的物体重叠。

想实现 AR 技术，除了需要准备一台可穿戴设备，还需要利用一个叫作 ARToolKit 的库来另外生成一款用于实现 AR 的软件。

共享眼中的图像和影像

智能眼镜前面安装有与穿戴者视线方向相同的摄像头，能够拍摄下穿戴者眼中的照片或影像。

---

① 即 Augmented Reality，是一种实时地计算摄影机影像的位置及角度并加上相应图像的技术，这种技术的目标是在屏幕上把虚拟世界套在现实世界并进行互动。

用穿戴者的第一人称视角来拍摄图像和影像，再通过网络实时共享给物联网服务，这样就能记录下穿戴者进行的工作以及拍摄时的状况。

7.2.3 手表型

手表型设备是戴在手腕上使用的手表型可穿戴设备，普遍被人们称为智能手表，该类设备和手表一样都有表盘，表盘上能够显示各种信息。

手表型设备分成两种，一种是能在表盘上显示所有信息的全屏型设备，另一种则是普通手表的一部分表盘被改造成了显示屏。

由于手表型设备的组成零件和智能手表很相似，所以有很多开发商在对其进行开发。开发商不同，设备的功能也有所不同。例如重视运动和健康管理的智能手表就配备了应用了加速度传感器的计步器，有些设备的表盘内部还配备了用于测量心率的传感器。

◉特征

不同开发商开发出来的智能手表都有其固有的特征，整体上来说，存在着如图 7.16 所示的共同特征。

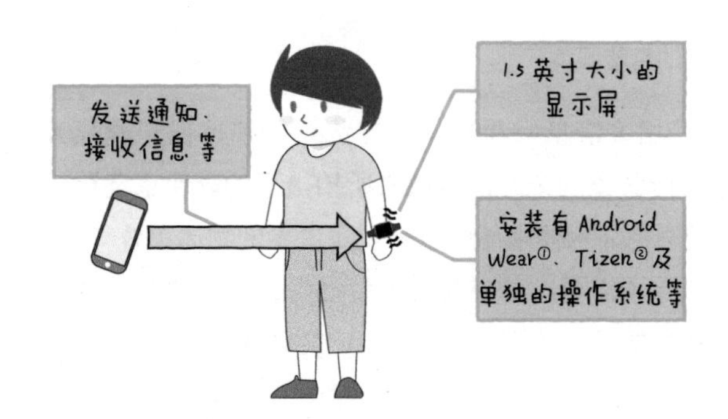

图 7.16　智能手表的主要特征

① 谷歌为智能手表打造的全新智能平台。

② Tizen（泰泽）是由英特尔和三星电子共同开发的基于 Linux 的开源操作系统。

中型显示屏

智能手表配备有一块1.5英寸大小的显示屏。显示屏的形状呈四方形或圆形，虽然很多智能手表都采用表盘整体来作为显示屏，但也有一些只采用一部分表盘作为显示屏，这样就能在显示智能设备发来的通知时起到节省空间的作用。

此外还有跟智能设备一样采用了触摸屏的智能手表，以及能够用按钮或表冠操作的款式。触屏型能够直观地进行操作，相对而言，按钮或表冠型则在用电量方面更占优势，比起触屏型智能手表续航时间更长。

丰富的通知功能

虽然智能手表的通知功能和智能眼镜没有什么大的差别，但智能手表在通知时更着重于与智能手机的联动。在大多数情况下人们会将智能手表当作智能设备的分机，手表的佩戴者能够借助智能手表来处理在智能设备上收到的通知。

安装多种操作系统

智能手表是全世界的开发商都在着手开发的一种可穿戴设备，其安装的操作系统也是多种多样，既有单独的操作系统，也有开源软件操作系统。然而，自可穿戴设备版安卓操作系统 Android Wear 问世以来，大多数智能手表采用的都是 Android Wear 平台。考虑到今后应用程序开发和扩展的简易性，使用像 Android Wear 这样的标准化操作系统会更方便。

◉用途

智能手表佩戴简单、显示屏大小适中。通过灵活应用这两个特点，人们研究出了多种多样的服务。另外还有一点算不上功能，但却是手表这种产品特有的特性，即能表现佩戴者的身份和时尚品味。反过来说，如果一款智能手表不够时尚，佩戴者就不会天天戴着。

虽然智能手表也可以用来当智能手机的分机，不过接下来还是看看它都包括哪些具有代表性的用途。

用作简易的输入设备

因为智能手表上安装有语音识别功能和中型显示屏，所以也被用作简单的文字输入设备。

然而单凭语音识别功能很难识别所有语音并将这些语音转化成文字，而且由于显示屏大小限制，以及没有键盘，所以不适合输入大段文字。因此除了固定短语以外，在大多数情况下人们还是采用与其联动的智能设备来输入文字。

健身

健身型智能手表配备了有传感器，以测量佩戴者的身体状况，起到促进健康的作用，尤其多被用作计步器和心率计使用。有一种用法就是根据心率来控制运动强度，从而提升减肥的效果，这令健身型手表越来越受欢迎（图 7.17）。

图 7.17 通过智能手表进行健身

7.2.4 饰品型

最后要讲的是饰品型。本书将那些无法根据形状将其分类为眼镜型或手表型的可穿戴设备统称为饰品型设备。

饰品型的设备多数是缠在手臂上使用的腕带型设备，这种设备的传感器体积小、重量轻，能够轻松测量穿戴者的运动状况和睡眠状况，因此大受好评。

除了腕带型以外，还有头带型和指环型。形状比较特殊的还包括作为衣服来穿着的衣物型，以及佩戴在上臂测量肌电位的臂环型。

◉特征

饰品型设备的形状各不相同，但都有几个共同的特征。

省电且能长时间利用

饰品型设备大多数都配备了数种传感器，但没有配备用于确认所测量数据的高性能显示屏。即使带有显示屏，也不过只用来确认数字之类的数值而已，因此非常省电且能长时间利用。很多设备都是需要在日常生活中经常佩戴的，所以能长时间运作这点就显得非常重要了。

手势识别

指环型和臂环型可穿戴设备都有利用内置传感器来识别手指和手部动作的装置。例如只要采用了内置加速度传感器，指环设备就能够识别用手指在空中写出的文字（图 7.18）。臂环型则通过测定上臂的肌电位来识别佩戴者的手摆出了什么形状、做出了什么动作。

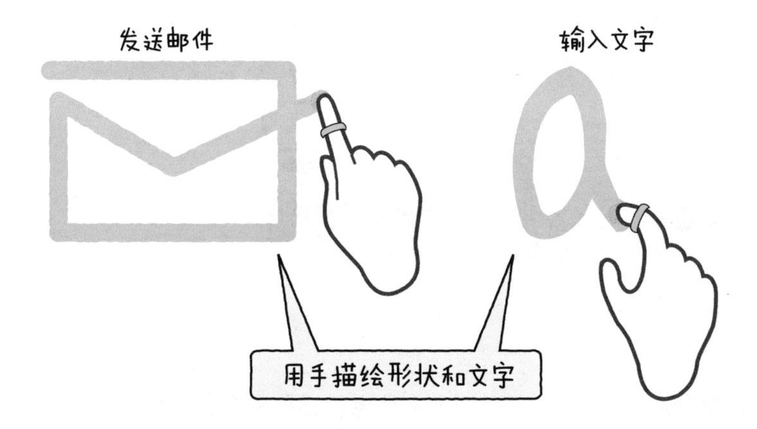

图 7.18　借助指环型设备来用手势输入

但是对于手势识别而言，有个不容忽视的问题，那就是其精确度容易受环境和使用者的影响。

配备特殊传感器

在饰品型设备中，根据穿戴位置和用途不同，有的设备还配备了特殊的传感器。

例如，头带型设备就配备了用于测量脑电波的传感器。之前的手势识别的内容中也出现过能够测量肌电位的设备，此处的手环型设备内侧也安装有可以测量肌电位的特殊传感器，而且还有些设备配备了用于测量穿戴者心电图和心电波形的传感器。

◉用途

饰品型设备的用途也根据开发商和其形状而大有分别。按照形状来看它们的用途，很难找出共同之处，因此这里我们着眼于这些设备使用的传感器，来看看其典型用途和其中的一些特殊用途（图 7.19）。

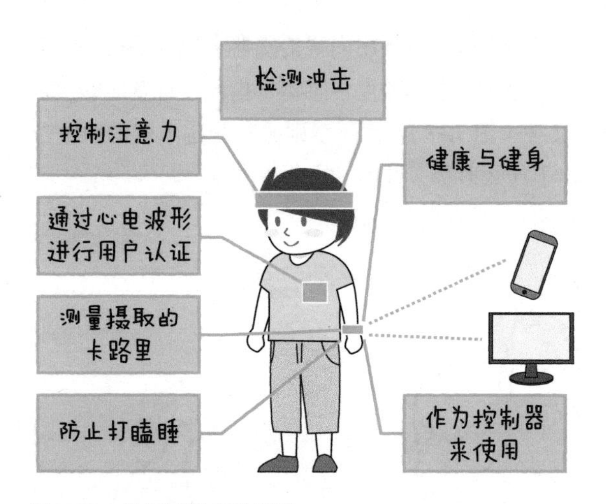

图 7.19　饰品型设备的用途

控制器

借助设备内置的加速度传感器和肌电传感器来识别佩戴者的手势，识别出的手势结果能够用于控制可穿戴设备或是与其联动的外部设备。

打比方说，把设备戴在手臂上并做出特定的动作，就能够播放与其联动的智能设备上的音乐。

健康与健身

跟智能手表一样，饰品型设备也安装有五花八门的传感器，可用于养生、健身、锻炼等。还有些饰品型设备上安装有智能手表上没有安装或是无法安装的传感器，这类设备则用于专业健身和养生的场合。

特殊传感器的各种用途

测量特殊数据时我们会抛弃通用型传感器来选择特殊的传感器，考虑到传感器的特殊性质，它们各自也有其特殊的用途。

例如，有这么一个用于骑行头盔的特殊设备，上面安装了震动传感器，当骑行者倒下时，设备就能检测到冲击，从而远程通知骑行者的家人。

如果设备上配备能够测量心跳的传感器，那么就能分析心跳的频率和模式，防止卡车司机等驾驶员打瞌睡。

前文出现过用于测量脑电波的传感器，这种传感器能够分析穿戴者的脑电波，将穿戴者的紧张程度、放松程度、注意力集中程度可视化。利用这些可视化数据能够掌握在哪些环境下学习效率好，或者把握学习时的状态等。

特殊传感器还应用于医疗方面，如用摄像头拍摄血流量，从而测量摄取的卡路里。

综上所述，因为饰品型可穿戴设备的形状、穿戴位置以及安装的传感器都跟智能眼镜与智能手表千差万别，所以人们期待着该类设备实现各种各样的特殊用途。

7.2.5　按照目的来选择

结合前文涉及的所有可穿戴设备的特征，我们来探究一下选择设备时应该遵循何种基准。

首先来看一下使用可穿戴设备的 3 个典型目的，即

- **显示信息**
- **控制设备**
- **感测**

以及其他各种使用方法，考虑一下这些目的之中都包含有哪些选项，以及选择设备时应该注意到哪点（图 7.20）。

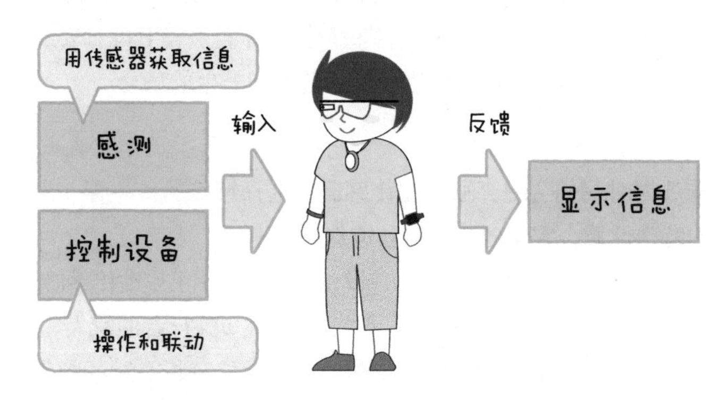

图 7.20　可穿戴设备的主要选择标准

◉显示信息

用可穿戴设备在显示屏上显示信息时，有几点需要加以考虑（图 7.21）。

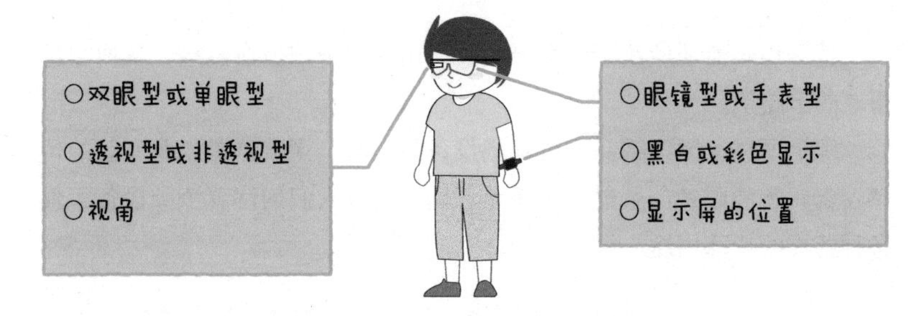

图 7.21　对显示信息而言的选择重点

眼镜型或手表型

能够用于在显示屏上显示信息的设备，不是眼镜型设备，就是手表型设备。

当没法动手查看信息时，就需要选择眼镜型设备。对手表型设备而言，即使佩戴者注意到了通知，也必须翻过手腕，在显示屏上查看通知内容才行。

显示屏的图像

可穿戴设备的显示屏有单色和彩色两种。

虽然单色显示屏只能用单色（一种颜色）显示图像，但显示屏耗电量少，有助于延缓电池衰老。

而彩色显示屏能够用缤纷的色彩来显示图像和影像，能够表现丰富的内容，但耗电量要比单色显示屏大。

显示屏的位置

因为手表型设备的显示屏在手腕外侧，所以在确认显示内容时需要把手腕翻过来，视线也需要看向手腕。

而眼镜型设备的显示屏就在眼前，几乎不用移开视线就能确认显示的内容。然而实际看到的显示内容和现实世界的焦距对不上，无法一并查看显示屏和现实世界。

另外，单眼型的眼镜型设备的显示屏位置在眼睛的正前方或偏上偏下的位置，因此我们需要考虑该把设备对日常视线的妨碍度降到多少更为合适。

双眼型或单眼型

眼镜型设备包括左右两眼前都安装有显示屏的双眼型，以及只在左右任一眼前安装有显示屏的单眼型。

双眼型适合于看大画面影像，但因为穿戴者所有意识几乎都集中在显示屏上，不适合要同时处理其他事情时使用。

而虽然单眼型设备上不能有大屏幕，但因为不怎么遮挡穿戴者的视线，所以适用于一边做别的事情一边确认信息的情况。

透视型或非透视型

眼镜型设备的显示屏包括能透过显示屏看到现实世界的透视型，以及与普通显示屏一样，看不到现实世界的非透视型，这两种都需要根据使用环境来区分使用。

如果是透视型显示屏，因为能透过显示屏显示的信息看到现实世界，所以好歹能掌握周围的状况，但在明亮的场所（例如阳光下等）就容易因背景光线太强而造成能见度下降。

而如果是非透视型显示屏，则会因为看不到现实世界而无法确认显示屏的另一端有什么，但是其能见度很难受到外界环境的影响。

视角

眼镜型设备的显示屏很大程度上会受视角范围内的显示屏大小影响（图 7.22）。如果视角很小，即便配备了分辨率很高的显示屏，实际能看到的显示屏也会很小，享受不到高分辨率，因此建议大家根据想要显示的内容来研究符合所需视角的设备。

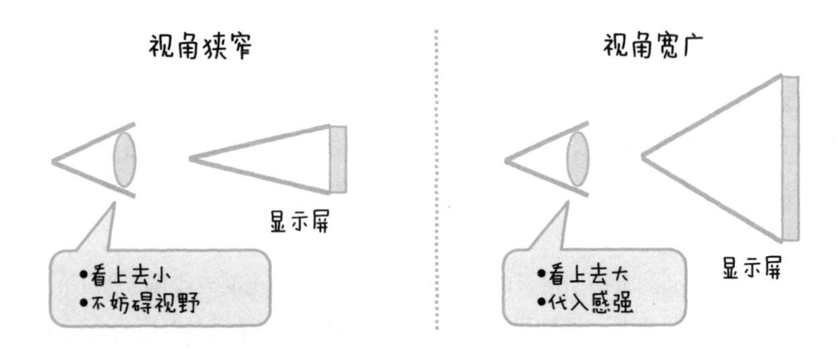

图 7.22 视角的差异

◉控制设备

使用可穿戴设备控制设备本身或与其联动的设备时，主要有图 7.23 中的这些控制方法。控制前应根据控制设备的环境和条件来讨论采用哪种控制方法。

语音指令

这是一种利用穿戴者的语音来控制设备的方法，穿戴者通过朗读特定的命令来执行控制。

如果穿戴者处于无法手动操作设备的状况下，这种方法无疑很有效，而如果穿戴者身处的场所噪声较大，设备就无法正确读取穿戴者的语音，导致发生错误识别等问题，像这种情况就需要采用在噪声环境下也能使用的高性能麦克风，或是考虑采用别的控制方法。

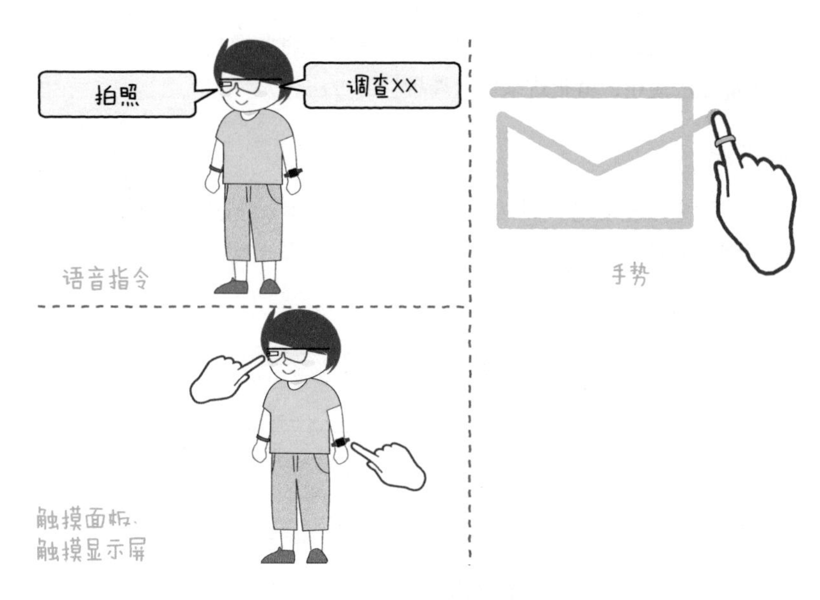

图 7.23　主要的设备控制方法

手势

这是一种利用穿戴者特定的身体动作来控制设备的方法。有数种方法能够让设备识别穿戴者的手势，典型的例子包括红外线摄像头、运动传感器、加速度传感器等。

手势控制可利用的身体部分包括手指、手部以及头部等。当用手指进行控制时，穿戴者能够用手指描绘文字和图标来书写文字或进行操作。当用手部进行控制时，穿戴者用手做出翻幻灯片的动作就能够给计算机的幻灯片翻页，或者用手摆出射击的姿势就能够在游戏中开枪等。

上述两种都是用手来实现手势控制的，而在穿戴者处于无法使用手的环境下，也有办法实现手势控制，即利用加速度传感器来感测头部的动作。其他的有特色的手势控制方法还有利用眼睛睁闭的眨眼控制，以及检测视线方向的眼球追踪等。

触摸面板、触摸显示屏

可穿戴设备中也包括配有触摸面板和触摸显示屏的设备，由于触屏是一个用户已经通过智能手机和计算机等习惯了的动作，所以采用以上方法能够直观地进行操作。但是，这两种方法都需要用到手，所以若是双手都无法使用，就很难采用这两种控制方法。

◉感测

接下来根据要感测的内容看一下都能用什么样的设备获取这些内容。就像大家在前文中看到的那样，可穿戴设备上配备有多种多样的传感器（图 7.24）。

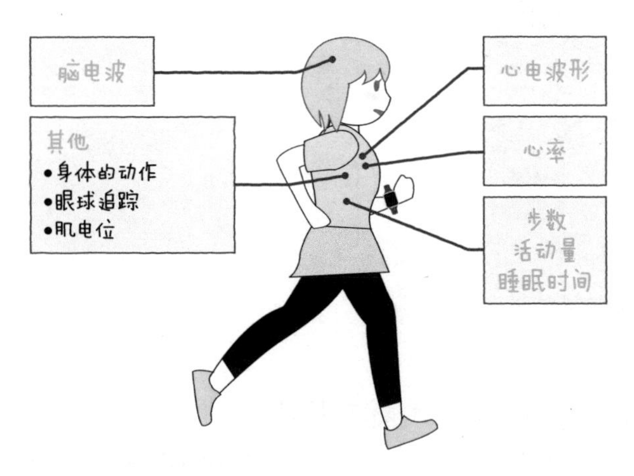

图 7.24 主要的感测数据

步数、活动量、睡眠时间

大多数手表型和饰品型设备都能获取这类数据。但是由于每个开发商应用加速度传感器的方式不同，所以能测量的数值多少会有些差别。

关于测量睡眠时间的产品很多，包括在穿戴状态下自动判断睡眠时间的产品，还包括需要手动切换到睡眠时间测量模式来进行测量的产品。还有一种产品对活动量执行了可视化，这样穿戴者就能够查看自己的活动量后再记录睡眠时间了。

心率

一部分手表型设备，或是穿戴在胸前的饰品型设备，以及衣服型设备都能获取心率数据。

戴在手腕上测量的设备则主要是从手表等设备的表盘内发出光线，

通过观测反射回来的血流流动情况来测量心率。

心电波形

一部分戴在手腕上的腕带型设备，以及贴在胸前的设备，还有衣服型的设备都能获取心电波形数据。

如果是贴在胸前的设备，则需要涂上凝胶状的物质以促进电流畅通。运动衫等衣服型设备由于紧贴皮肤，所以不需要涂抹。

脑电波

使用头带型或头戴式耳机形状的设备，再加上特殊的传感器就能获取脑电波数据。

因为脑电波是从头部发出的波形，所以如今还不能用其他形状的设备来测量，必须要采用穿戴在头部的设备。

身体特定部位的动作

想测量身体特定部位的动作时，需要根据测量部位来选择设备。

如果单纯只想测量挥手和举手等动作，那么用腕带型或手表型设备上的 9 轴加速度传感器就能获取与动作有关的数据。

至于握拳和弯曲特定的手指等动作数据，则可以通过在手腕上装上测量肌电位的传感器获取。除此之外，还可以用指环型设备上的加速度传感器来获取手指的运动等动作。

想获取眼球运动和眨眼等动作时，需要利用眼镜型设备内侧的红外线传感器或眼球追踪摄像头。如果想获取细微的眼球运动或视线所在的方向，就必须使用眼球追踪摄像头。

◉其他

在可穿戴设备的选择标准方面，前文着眼的是功能角度。而在选择设备时，除了功能以外还有几点需要考虑，这样一来，如果功能方面没什么问题可挑剔，也能从其他角度出发，选出合适的设备。

电池的容量及更换

利用可穿戴设备时有一点一定要考虑到，那就是电池的容量，也就是电量。

电池的容量和电池的大小呈比例关系，如果想要延长电池的续航时间，那么设备尺寸就会相应地增大。在选择可穿戴设备前，需要讨论设备都有哪些用途，设备需要连续运作多长时间，然后再进行选择。

有些设备采用了可更换电池的模式。有些设备甚至能够在运行过程中更换电池，在这种模式下，可以在适当的时间更换电池，这样一来就能够控制设备本身的重量，同时令设备长时间运行。

除此之外，还有一种对症疗法能够让设备长时间运作，那就是携带移动电源，可以一边从充电端口充着电，一边使用设备。

分离方式

选择可穿戴设备时的重点就在于设备的操作性和电池的续航性能。因为可穿戴设备本身的特殊性质，所以设备上没有配备用于操作的键盘和鼠标，以及具备良好操作性的触摸显示屏。此外，大多数设备为了减轻重量而没有配备大容量的电池。

针对这些难以在可穿戴设备上实现的问题，眼镜型可穿戴设备，即智能眼镜则将设备分成两个部分，即配备有显示屏和摄像头的眼镜部分，以及配备有电池、触控板、按钮的主体部分，这样一来就出现了能够一并解决上述两个问题的产品（图 7.25）。

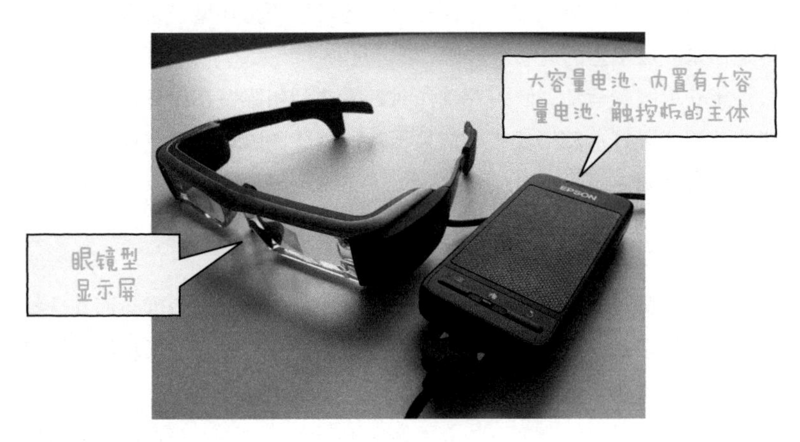

图 7.25　分离方式示例

利用智能眼镜时，需要从以下角度考虑。

- **为了让使用者能够长时间佩戴也不感到疲劳，是否应保持眼镜部分轻盈**
- **主体采用有线连接方式是否会引起不便**

开发环境

想用可穿戴设备开发应用程序时，有一点非常重要，就是是否存在开发应用程序的环境。

对某些可穿戴设备而言，其开发商事先准备好了开发环境和 SDK。例如有的开发商提供了用于制作程序的 IDE，有的开发商则为现有的安卓应用程序开发环境提供了一个单独的库。开发商不同，情况也各异。

在开发可穿戴设备的应用程序时，建议以开发环境的完善程度作为选择标准来进行研究讨论。

7.3　可穿戴设备的应用

前文为大家说明了可穿戴设备的分类和特征，以及该用什么标准来选择设备。本节将基于前文内容来介绍应该如何应用可穿戴设备，以及都有哪些应用程序能够帮助我们应用可穿戴设备。除此之外还将介绍一些应用情景，现在虽然还没有针对这些情景的应用程序，但人们期待着未来可以开发出相关的应用程序。

7.3.1　可穿戴设备的方便之处

穿戴者通过应用可穿戴设备，能够享受到各种便利。那么可穿戴设备都有哪些方便之处呢？

首先一点，“扩展了穿戴者的能力”。举个例子，设备通过“立即识别并查找眼中物体的信息，瞬间掌握物体的概要和用途”这种信息提供服务来“增强人的记忆力”。

其次，用于掌握穿戴者自身状态的感觉器官也得到了扩展。打个比方，将可穿戴设备穿在身上，就相当于把各种传感器穿在了身上，这样一来就能够逐一获取穿戴者的身体信息。如果用设备上安装的摄像头拍摄下穿戴者周围的状况，那么还能鲜明且永久地保留穿戴者的视觉信息。

因为可穿戴设备是时常穿戴在身上的设备，所以非常适合用来提示某些通知及信息。当智能手机一直放置在包中时，只要使用可穿戴设备就能无一遗漏地把那些发送给智能手机的通知，还有打来的电话通知给穿戴者。这里所说的通知在某种意义上可以理解成人类注意到某种事物的能力，也就是所谓的知觉扩展。

7.3.2 消费者应用情景

接下来看看消费者是如何应用可穿戴设备的。

有较多消费者使用可穿戴设备，特别是使用腕带型运动追踪器在物联网服务上进行健康管理。现在健康管理已经成了消费者们使用可穿戴设备的一个主要原因，不过若是智能手表和智能眼镜进一步普及，那么也可以有其他利用可穿戴设备的方法。

◉获取医疗数据

使用可穿戴设备上的各类传感器能够获取穿戴者的身体信息以及周边的环境信息。现在人们已经能利用各种获取的数据来管理自身的健康以及辅助锻炼，预计未来还能够用物联网服务分析这些与人相关的信息，并把传感器数据应用到医疗领域（图 7.26）。

如果能把自己身体的相关数据与物联网服务联动，那么或许平日里也能接收医生等专家的诊断。此外，这些诊断结果还能起到代替体检的作用。如果能把可穿戴装备穿在身上，并定期向医疗机构和保险公司共享自己的健康数据，或许还能在续保时拿到折扣。

然而，虽然生活越来越方便了，但一旦考虑到要应用这些医疗数据，必定有个问题会随之而来，那就是“要如何处理获取的隐私信息”。这个问题会受法律、个人的感情因素以及公众舆论左右。因此，虽然有很多技术问题需要解决，但更重要的是，还要考虑该如何解决这种社会性问题。

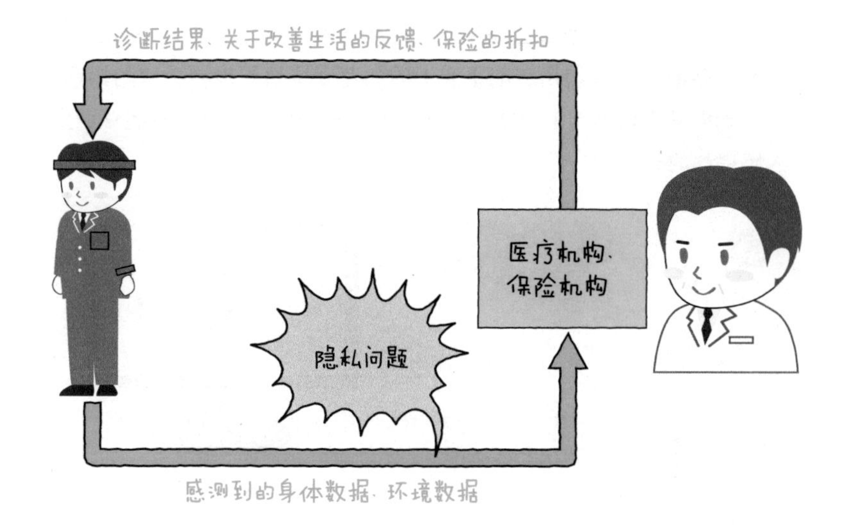

图 7.26 在医疗领域应用传感器数据

◉生活记录

把使用可穿戴设备获取的各种数据存入物联网服务，就能将其用作记录穿戴者行动的生活记录。

例如智能眼镜的前置摄像头能够按时间顺序显示定期拍摄下的照片，回顾特定的日子。此外，在物联网服务上分析传感器获取的数据并将这些数据可视化，就能够在回顾身体状况不佳的日子时，一并查看当时的行走步数和睡眠等数据。

拍摄照片也会同样涉及隐私方面的问题。比如有些人就在争论是否可以不经过他人允许随便把他人拍进照片里等。

◉游戏

要说到哪些应用程序既面向消费者又非常有前途，那就要数游戏领域了。

作为体验型游戏的平台，代入型 HMD 尤其引人注目，第三方开发者提供了各种各样的应用程序。

此外，除了单独使用 HMD 型设备以外，现在还能通过与其他感测设备联动来更真实地把自己的动作反映到游戏中（图 7.27）。例如在手腕上戴上智能手表，利用智能手表上的加速度传感器检测手腕的摇动，将检测到的动作信息与 HMD 内游戏中的挥剑动作相结合，就能够做出代入感更高的游戏。

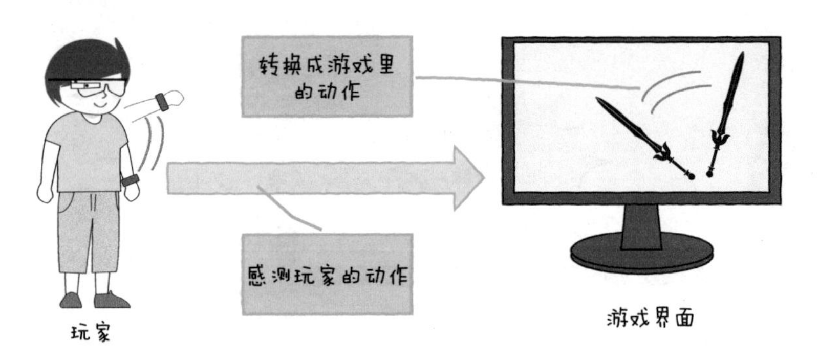

图 7.27 在游戏领域的应用

◉导航

如果智能眼镜的显示屏和视线在同一个方向，那么就能利用智能眼镜进行导航，来把自己从当前位置引领到目的地，这种方法也备受人们瞩目。如果能像车载导航那样，根据自身前进的方向（如果使用智能眼镜，那就是脸朝向的方向）来旋转眼前的显示屏上的地图，那么穿戴者就不会绕弯路，能够直接到达目的地（图 7.28）。

今后，通过在物联网服务中分析可穿戴设备能够收集到的人的位置信息、车辆的行驶状态，以及信号灯的状态，就有可能创造出一个更精确更灵活的导航系统。

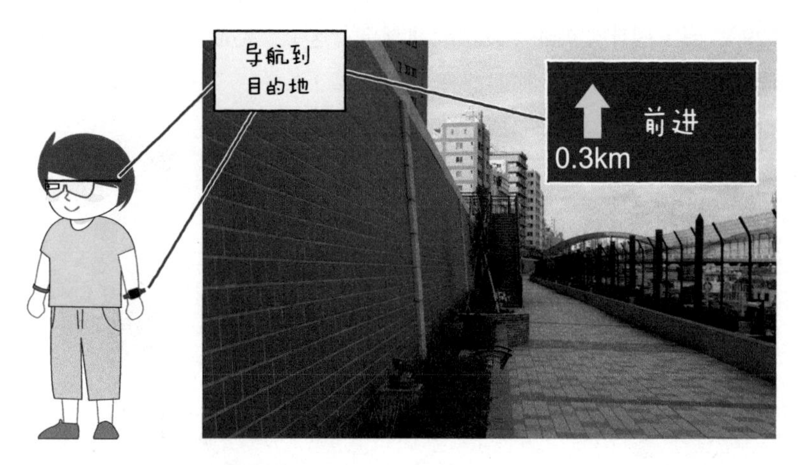

图 7.28　作为导航来应用

7.3.3 用于企业领域

可穿戴设备上配备有各种各样的功能，人们也期望能将其应用到企业领域。特别是智能眼镜这种能解放双手的设备，即使在无法使用双手的状况下也能操作设备。因此那些在无法使用双手的状况下还需要浏览与工作有关的信息的行业，如制造业和物流业，就对此类设备大有需求。

如前所述，智能眼镜在企业领域需求量很大，下面来看看该类设备的应用实例。

◉辅助接待

像企业接待或机场登机这类需要面对面地提供服务的场合，就可以灵活应用智能眼镜。

当来访者到来时，智能眼镜能根据情况在自身附带的显示屏上确认来访者的信息。这一情景能够通过事先采用 RFID 标签（Radio Frequency Identification Tag，射频识别标签）和 Beacon 来核对已登记来访者的身份这种方法来实现。应用智能眼镜时，不必依赖人的记忆力也同样能够保证服务的品质。

此外，通过智能眼镜前面的摄像头还能够识别顾客的相貌（图

7.29）。当下用计算机还难以精确地判定“这个人是谁”，但以后很有可能做到对相貌的精确识别。

图 7.29 面部识别应用实例

◉远程操作支持

如果通过智能眼镜进行交流，还能够提供远程操作支持。让现场操作员佩戴上智能眼镜，并把看到的事物和状况远程共享给资深操作员就能在共享视野的同时获取关于操作的指示（图 7.30）。

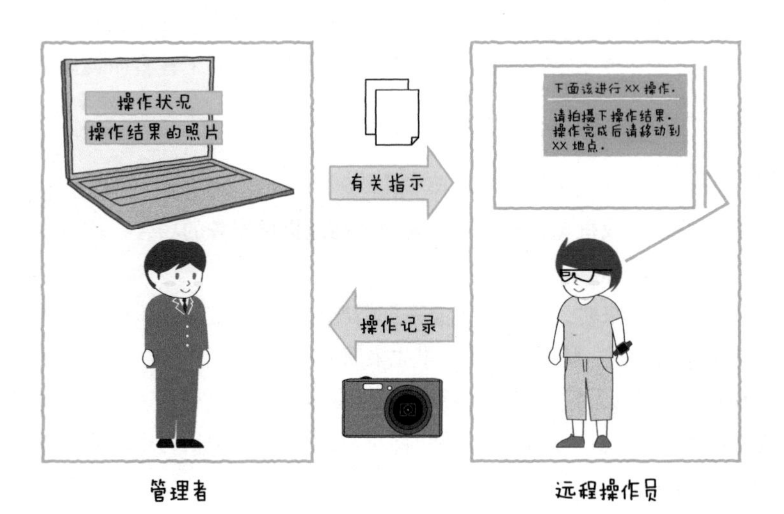

图 7.30 远程操作支持的应用实例

通过资深操作员的远程控制，就能够让奔赴现场的操作员独自处理那些过去无法一人处理的工作。

◉操作训练

智能眼镜前面附带有与视线方向相同的摄像头，利用它来记录下资深操作员的视觉影像，就能用来训练不熟练的操作员。

不熟练的操作员可以用眼前的显示屏确认资深操作员的视觉影像，同时实际动手练习操作。操作过程中有些地方难以仅凭语言和图像表达时，操作员通过浏览视觉影像，就能够更直观地理解操作过程。

◉不需用手也能确认操作手册

使用智能眼镜可以在修理和维护机械的同时确认操作手册，以往在浏览操作手册的时候都需要暂停一下手中的工作，而通过应用智能眼镜，不必停下手中的工作也能够高效率地确认操作手册等信息。

◉确保可追溯性[①]

在组装机械和加工食品时，有时会需要将操作结果拍摄下来，作为证据而保存。这样一来就确保了产品的可追溯性，之后如果发生什么问题，也能查出是在哪一步操作中出的差错。

过去记录人员需要准备检查单来记录结果，并用数码相机拍摄存证。现在只要借助智能眼镜的摄像头和语音指令，操作员就能单独完成这些工作。

◉辅助挑选货物

物流业和制造业都需要在仓库内把配送的物品或机械零件收集到指定场所，这样一来，就伴随着庞大的挑选工作。比如“运什么”“运多少”“从哪里运”“运到哪里”这些挑选工作需要的信息都需要使用手持终端读取条码，将信息显示到显示屏上并予以确认。

---

① 追溯所考虑对象的历史、应用情况或所处场所的能力。就产品而言，这里指的是产品的历史生产过程。

现在是用专用的设备来进行挑选工作的，但预计在未来，使用智能眼镜的摄像头即可识别图像或从条码中读取需要的信息，并在眼前的显示屏上管理送货地址和货物数量等信息（图 7.31）。

图 7.31 物流领域的应用示例

COLUMN

硬件开发的近期动向

近来众多可穿戴设备陆续涌现。究其原因，除了可穿戴设备技术的日益进步，以及社会环境及需求的变化，还与一种叫作众筹的集资模式，以及被称作小批量生产技术的原型设计手法有着密不可分的关系，下面就介绍一下这两者。

众筹

想开发新型设备，就需要相应的投资和开发时间。关于投资，现在可以选择采用众筹这个模式。众筹就是在互联网上向大众筹集资金援助，因此即便是那些从未涉足于新型设备开发的新设立的小公司，或是那些小规模企业，都可以从对新设备有需求的赞助者们那里筹集资金来开发设备。

小批量生产技术

在尝试实际制作的阶段也会出现各种各样的错误，会耗费成本以及时间。但是现在通过应用 3D 建模和 3D 打印技术，就能从很大程度上缩减因试错而耗费的成本和时间。另外，还可以在小批量生产的初期通过 3D 打印制作试验品，然后以试验品为基础把产品承包给海外的装配（专门组装产品的）厂商，从而实现小批量生产。

众筹和小批量生产技术不仅能应用在可穿戴设备上，还能够应用在其他的物联网设备和物联网服务本身。各位如果想开发新型设备或创建物联网服务，不妨将以上内容作为参考。

第8章

物联网与机器人

8.1 由设备到机器人

把我们身边形形色色的“物”都连接到互联网，这就是物联网。物联网中使用的设备随着时间的推移在不断进化，这条进化之路的前方到底有什么呢？这里我们就围绕其中一种形式，即机器人来对讨论一下这个问题。

8.1.1 机器人——设备的延续

可能有人会好奇物联网与机器人之间到底存在着什么样的关系。这里我们先来看一下机器人的结构（图 8.1）。

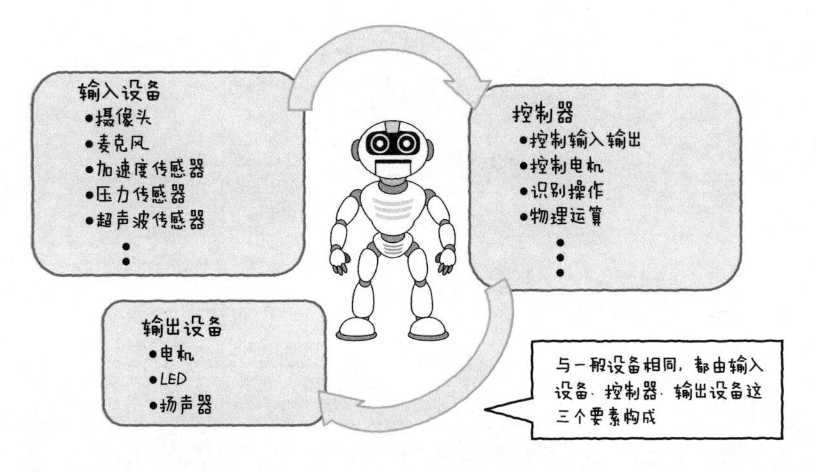

图 8.1　机器人的结构

当然其中还包括一些机器人特有的构成要素，例如驱动器和用于驱动的电机驱动等。控制的内容也并非单纯的信号控制，还需要实现运转控制乃至图像识别等大量多样化功能。

然而从整体架构来说，机器人和普通设备一样，都是由输入设备、输出设备，以及控制这两者的控制器这三个要素构成。从这个角度来说，机器人算是一种高度集成了各式设备的机器。也就是说，可以把设备开发过程中的大多数成果都应用到它身上。

8.1.2 机器人的实用范围正在扩大

过去的机器人市场以产业机器人为中心，机器人只能用在工厂的生产线等少数环境中。然而近年来，其活跃范围正在不断扩大。

美国亚马逊收购了一家叫作 Kiva Systems 的公司，这家公司一直在开发用来管理工厂库存的机器人，美国亚马逊把公司配送中心的商品搬运工作都交给了 Kiva Systems 开发的机器人来完成（图 8.2）。机器人能够读取贴在配送中心地面上的条码，再把正确的货物依次运到工作人员所在的地方。

图 8.2 配送中心的机器人

从货架上挑选商品这项工作一直是靠人工完成的，但现在人们也在进行研究开发，试图让机器人来完成这项工作。另外，亚马逊还发布了试图用飞行机器人实现商品配送自动化的计划。如果能实现这些功能，那么从用户在网站上点击鼠标的那一刻起到货品配送到家为止，整个流程都会通过机器人来实现自动化。

除此之外，市面上还在陆续发售一种远端临场机器人，用户通过远程操作这种机器人，还能模拟参加会议和聚会。已经有一部分企业开始实际导入这种机器人，来作为远程会议系统的补充（图 8.3）。

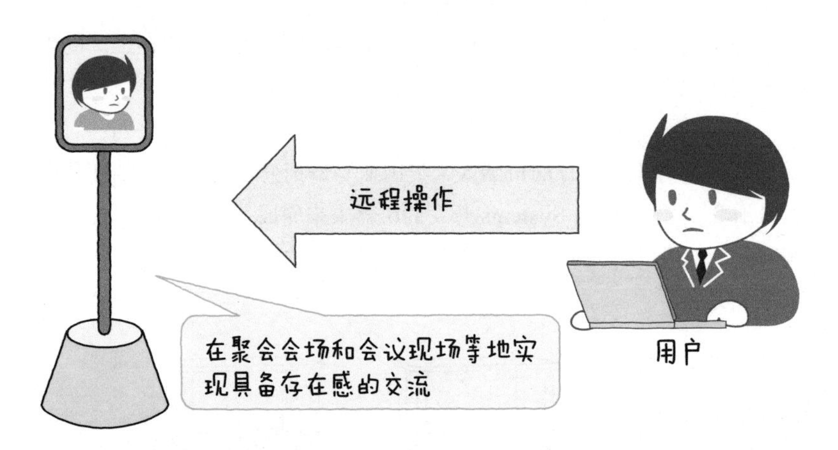

图 8.3 远端临场机器人

这些新型机器人需要在距离人类活动范围较近的场所工作。为了能令机器人在上述这类复杂的环境下稳定运行，必须要做到让其适应周围的环境。

打个比方，拿远端临场机器人来说，在用其进行远程操作时，人类的视野是受限的，因此单凭人类的力量很难实现所有的移动操作。如果大家想象一下只用摄像头的影像来无线操纵几公里以外的模型，就会明白这有多难了。所以需要一些技术来让机器人自行移动到目的地。

综上所述，如果想构建一个能够在一定程度上自动执行任务的半自主性系统，那么就需要把各种各样的传感器组合起来，构建一个先进的机器人系统。

8.1.3 构建机器人系统的关键

要想把各种设备和传感器组合在一起，并由此构建一个机器人系统，需要克服繁多的问题。在此我们从软件开发的角度出发，看一下开发机器人系统需要的两个关键点。

首先第一点，需要高效利用机器人专用的中间件。就像前文说的那样，机器人开发是一项需要高度整合各种各样设备的工作，如果要从零开始开发机器人系统，那么在技术上、时间上、金钱上都需要投入相当巨大的成本。针对这点，人们将机器人需要的各类软件要素总结在一起，开发出了专门用于机器人的中间件。通过有效使用这类中间件，人们就能够实现高速开发、提升可维护性，以及与外部系统灵活联动等。

第二点，要高效利用网络环境。包括前文介绍过的仓库管理机器人和远端临场机器人在内，机器人很少单独进行某项操作，而是接收外部发来的信息和命令，将这些信息和命令加以组合来执行任务。为了做到这点，我们也需要把机器人连接到网络，就像把前面说的那些物联网设备连接到网络一样，另外还需要准备一个环境来使用那些存在云端服务器上的资源。

下面我们再来看一下实现这两个关键点都需要哪些知识。

8.2 利用机器人专用中间件

开发者在实际构建机器人时，面临的最大难题是如何把多个构成要素整合为一个整体系统。此时能够帮助我们的就是机器人专用中间件。

8.2.1 机器人专用中间件的作用

机器人是多种多样的硬件和软件的集合体。每时每刻都有各类传感器信息涌入机器人的控制计算机里，例如摄像头、麦克风、力传感器等发来的传感器信息。

为了基于这些信号做出符合情况的判断和响应，需要整合各个硬件要素的输入输出控制、图像处理和语音识别等复杂的识别操作和识别结果，把整合结果跟用于决定机器人行为的任务决策处理等巧妙地加以结合。

机器人专用中间件是一个用于实现上述内容的平台。它提供的内容有设备控制（驱动）、软件模块间的通信接口，以及软件包的管理功能等（表 8.1）。

表 8.1　机器人专用中间件的功能示例

项目	概要
设备输入输出	用于输入输出传感器和电机信号的 API
电机控制	控制程序，用以生成信号来控制电机
语音识别	把语音转化成文本的功能
图像识别	用于从图像提取面部和特殊信息的功能
任务执行管理	从传感器信息和识别结果出发，执行事先注册好的任务
软件包管理	解决中间件模块依赖性的功能

此外，最近很多机器人专用中间件还配备了用于搭建系统的开发工具和运动仿真技术等。只要能够高效使用中间件，想必会在极大程度上降低机器人开发的难度。

主要的机器人专用中间件有 RT 中间件和 ROS 两种，下面来具体看一下。

8.2.2 RT 中间件

RT 中间件（RT-Middleware）是日本生产的一种软件平台规格，它的用途在于把构成机器人的各个要素进行软件模块化，进而整合成机器人系统。

至于实现，有产业技术综合研究所[①]开发的 OpenRTM-aist 等数种方式。

◉ RT 中间件的特征

对 RT 中间件而言，构成系统的硬件和软件都是构成 RT 功能的要素。把这些要素进行软件模块化，得到的结果就称为 RT 组件，机器人就是由这些组件组成的。

组件中定义了用于跟其他组件交换数据的接口。由于 RT 组件分别

① 即日本产业技术综合研究所，是日本最大的官方研究机构，主要致力于开发有助于日本的产业和社会发展的技术以及促进这些技术的应用，将创新性技术转化为生产力。

集成了不同的功能，所以开发的系统才能灵活地进行扩展。除此之外，组件还能为其他的系统重复利用（图 8.4）。

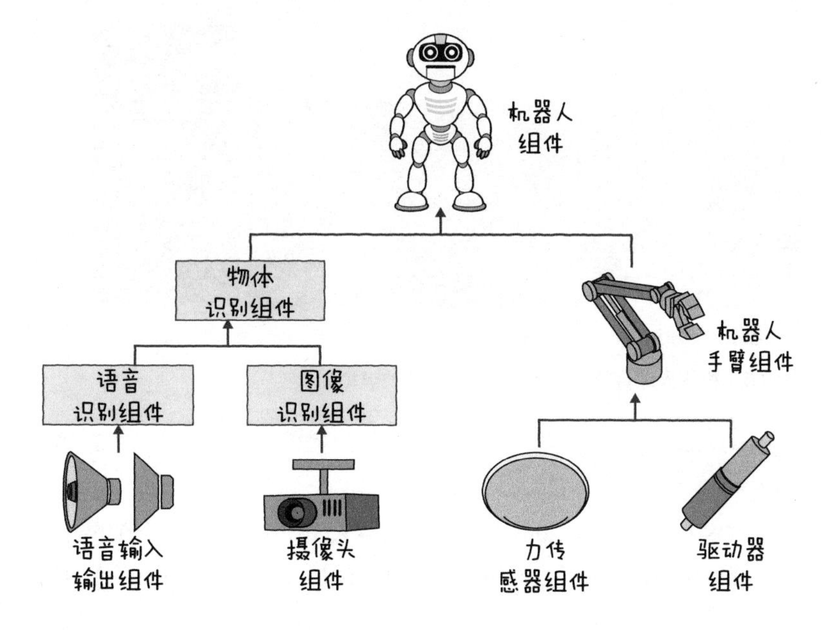

图 8.4　由 RT 组件构成的机器人系统

RT 组件的模块模型跟接口被注册为在 UML[①] 标准化等方面著名的 OMG[②] 国际标准，这是为了避免设备与设备、机器与机器之间发生兼容性问题。

其开发环境也很完善。产业综合技术研究所开发了一个名为 OpenRT Platform 的综合开发环境，这个环境可以设计机器人系统、进行模拟实验、生成操作，以及生成情景等。这样一来，组件的制作乃至集成都能够在同一环境下进行了（图 8.5）。实际制作机器人并用实体机器验证和确认运行状况是需要耗费大量时间和劳动力的。因此，这样的模拟环境对于迅速查看机器人的运行状况以及找到问题所在来说非常重要。

① 又称统一建模语言或标准建模语言。

② Object Management Group：对象管理组织。OMG 是一个国际化、成员开放、非盈利性的计算机行业标准协会。

图 8.5　机器人综合开发平台 OpenHRP3 的模拟器

8.2.3 ROS

ROS（Robot Operating System，机器人操作系统）是一个在欧美地区广泛应用的机器人开发开源平台，可以说是当今世界应用最广泛的机器人开发平台。

ROS 的开端要追溯到 21 世纪初于斯坦福大学进行的一个个人机器人项目。后来，美国 Willow Garage 公司在 2007 年开始着手开发 ROS，它还开发了 PR2 作为研究平台，并逐渐将其提供给全世界的研究机构，从而提高了 ROS 的功能性。ROS 与 RT 中间件不同，针对 ROS 的国际标准化活动很少，但是在一些活跃社团的支持下，ROS 的导入数量不断扩大，正在逐步获得世界性的事实标准的地位（表 8.2）。

表 8.2　ROS 的历史

时间	事项
21 世纪初	在针对斯坦福大学的机器人 AI 开发项目中，数个原型系统诞生
2007 年	ROS 开发起步
2012 年	Open Source Robotics Foundation①成立
	丰田汽车公司领先于日本国内其他企业，在公司开发的 HSR②上率先采用了 ROS

① 简称 OSRF，开源机器人基金会。

② Human Support Robot，丰田公司推出的一款智能看护机器人。

（续）

时间	事项
2013 年	ROS 的管理主体移交给 OSRF
2014 年	Robonaut 2[①]采用了 ROS，用于国际空间站
	ROS 第 8 版，即 ROS Indigo Lgloo 发布

使用 ROS 的基本上都是大学和研究机构，不过民间也在逐渐导入 ROS。2012 年，丰田汽车公司发布了采用 ROS 模块的生活助手机器人 HSR。

此外在 2014 年，国际空间站一直使用的由 NASA[②] 开发的机器人 Robonaut 2 也采用了 ROS，这一行动向全世界表明 ROS 的稳定性已经达到了一定水准。

虽然 ROS 的管理主体已于 2013 年移交给了 OSRF，但在美国政府对机器人产业的支持下，ROS 在人们心中的地位正在不断提高。

◉ ROS 的特征

在构建机器人系统这点上，ROS 与 RT 中间件一样，都是通过组装一种叫作“节点”的软件模块来构建系统。

关于节点的规格并没有特定的国际标准，不过 ROS 单独提供了一些变换了形式的接口，如话题、服务、参数，这样在把 ROS 与模块联动时，就能采用跟 RT 组件相似的思路。

此外，除了提供模拟器和用于环境可视化的工具，ROS 还给特定的机器人提供了一个集合有特定软件模块组的软件包，使用起来并不比 RT 中间件逊色。

从这种意义上来看，可以说 ROS 的独到之处更在于其理念而非技术机制。浏览 ROS 的官方网站我们就会发现前面有这么一句话：“ROS = Plumbing + Tools + Capabilities + Ecosystem”。意译过来就是，“ROS 是一种帮助人们利用软件模块组和机器人的方便工具，同时也是一个支撑它们的用户社区”。

---

① 机器宇航员 2 号，是美国宇航局和通用公司联合推出的一款有望成为宇航员好帮手的人形机器人。

② 美国国家航空航天局，简称 NASA，是美国联邦政府的一个行政性科研机构。

前文已经提过，ROS正在逐渐进入千家万户，同时ROS的社区形成了一种文化，即公开分享源代码，众多研究者来针对各自擅长与不擅长的领域一起互帮互助。

从前，机器人研究人员如果想研究自主移动算法，就需要学习生成地图和控制硬件的算法，因此往往不得不走很多弯路。ROS这个社区利用共同的平台使研究得以顺利进行，加速了机器人的发展。

8.3 连接到云端的机器人

物联网就是把所有设备连接到互联网，这个概念也被逐渐应用于机器人领域。当下，一个将云计算和机器人技术合二为一的词汇“云机器人”正为人们所关注。

8.3.1 云机器人

以下三点给云机器人的诞生创造了条件。

①网络的低成本化和高速化→高速无线通信、光通信

②大数据处理能力的成熟→Hadoop、Spark、Storm、Deep Learning

③机器人技术的开放→RT中间件、ROS

其中有一点尤为重要，那就是“机器人技术的开放”。随着机器人专用中间件的实现，机器人软件也在不断进步与完善，一个能从外部访问综合机器人系统的环境就此形成。

◉云机器人的功能

云机器人在机器人方面提供了两项功能（图8.6）。

图 8.6　使用云机器人能够做到的事情

第一个功能是“知识共享”。为了让机器人在家庭等环境中执行任务，人类需要事先收集和输入室内地图、用户信息等环境本身的数据。以往的机器人需要人类分别进行高级设置才能使用，但现在通过共享数据，机器人就能够沿用其他机器人获取的信息，一边补充完善这些信息一边行动。能共享的不仅是数据，还包括应用程序，还可以让机器人远程利用开发者开发的新功能。

第二个功能是“强大的运算能力”。图像识别和语音识别等识别操作多适用于机器学习等高负荷算法，如果用机器人来实现这些操作，那么可想而知，机器人的负担就会非常重，识别也会花费相当长的时间。如果能把机器人连接到网络，就能把语音数据和图像数据发送给服务器，然后只接收识别结果，进而使用充裕的运算环境。

云机器人是一个较为崭新的概念，人们正在一步步地不断开发用于实现云机器人的软件。下面让我们来看一下用于实现云机器人的两个平台：UNR-PF 和 RoboEarth。

8.3.2 UNR-PF

UNR 平台（以下简称 UNR-PF）是一个软件环境，用于构建一种综合了数台联网机器人的服务，其开发是以日本国际电气通信基础技术研究所为中心（ATR）进行的。

UNR-PF 环境由三个要素构成，分别是服务应用程序、平台服务器、机器人。其中平台服务器提供了如下两项功能。

◉功能 1：抽象化硬件

首先需要进行硬件的抽象化（图 8.7）。

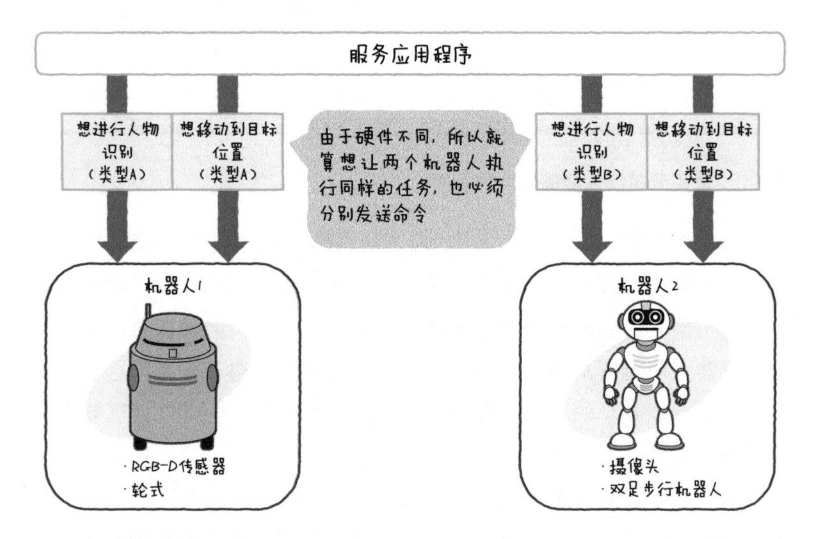

图 8.7　将硬件抽象化的必要性

请大家想象一个场景：你需要对轮式和双足步行这两种机器人发出“前进”的指令。尽管这些机器人都具备移动功能，但二者硬件的结构却是不同的。对以往的机器人服务而言，如果想在断开网络的情况下运行这些机器人，就需要对每个机器人分别发送“转轮子”或是“动脚”的指令。

而 UNR-PF 导入了一个名为 RoIS Framework 的机制，这种机制可以在平台内吸收每个机器人的规格差异，并且从服务应用程序的角度来说，还能凭借通用的 API 来使用多个机器人。

在 RoIS 的概念中，机器人的功能是以 HRI[①] 组件为单位，而机器人本身是以多个 HRI 组件构成的 HRI 引擎为单位描述的（图 8.8）。

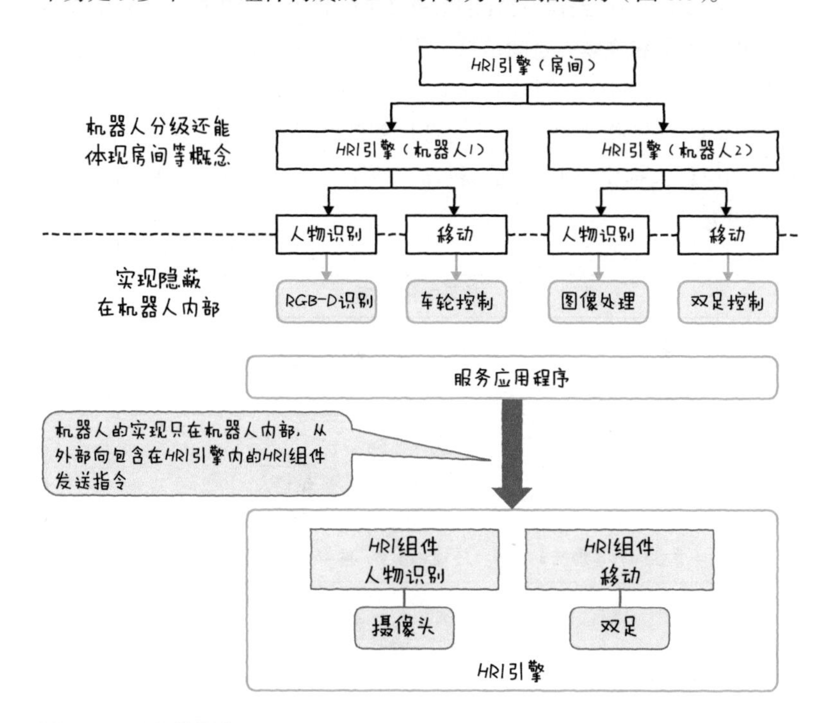

图 8.8 RoIS 的概念

往系统新追加机器人时，要把表示 HRI 引擎结构的配置信息注册到 UNR-PF 上。只要 UNR-PF 从服务应用程序接收到一个记录有用户想利用的功能清单，就会搜索具备这些功能的机器人，将服务和机器人自动进行配对，以实现远程操作。因为所有机器人里面都记载了硬件的运行方法，所以服务应用程序能够使用 HRI 引擎的通用 API 来控制机器人。

RoIS Framework 是经 OMG 认定的国际标准规格。它还跟使用 RT 中间件和 ROS 构建的系统之间具有很高的兼容性，能够应用于多种硬件。

① Human-Robot Interaction：人机交互，是一门研究系统与用户之间的交互关系的学问。

◉功能 2：服务环境的数据共享

需要综合并管理各种各样的信息才能让机器人提供服务，例如机器人周边的地图和物体等空间信息，机器人使用者的信息，机器人的管理信息等。

UNR-PF 还作为这些数据的管理基础发挥着作用。它为服务应用程序和机器人提供空间明细、机器人明细、用户明细等多样的数据库（图 8.9）。

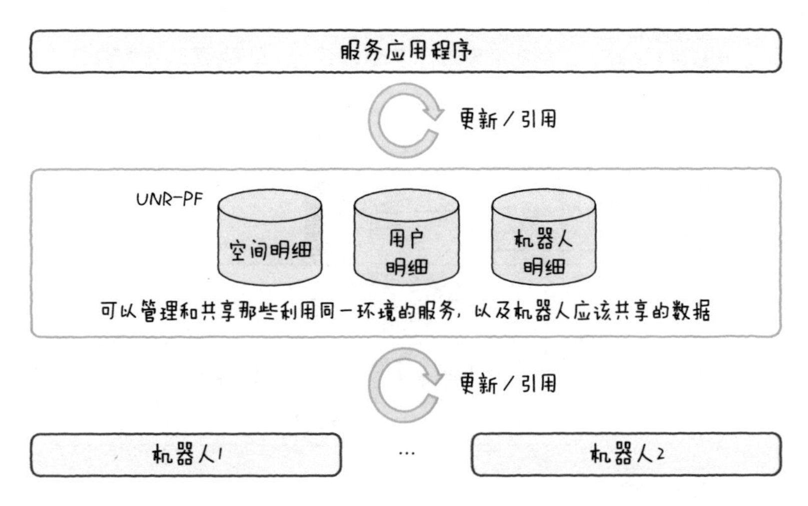

图 8.9 环境内的数据共享

如果想让机器人在店铺中从事导购工作，那么还能够实现以下这样的服务：用面部识别和 RFID 来进行用户个人信息认证，并基于以往的购买信息推荐商品。

8.3.3 RoboEarth

RoboEarth 是欧盟（EU）第七研发框架计划（FP7）的一环，是欧洲多所大学和企业共同进行的软件开发项目。他们以“云机器人的实现”为目标，开发了支持 ROS 的软件组件。所有成果都以开源的形式公开，用 GitHub 等软件就能获得这些成果。

首先，RoboEarth 的简要概念如图 8.10 所示。RoboEarth 中的云环境大体上由两个要素构成：负责保存周边地图和环境中物体信息的信息管理基础 RoboEarth 数据库，以及云端上的执行处理基础 Rapyuta。

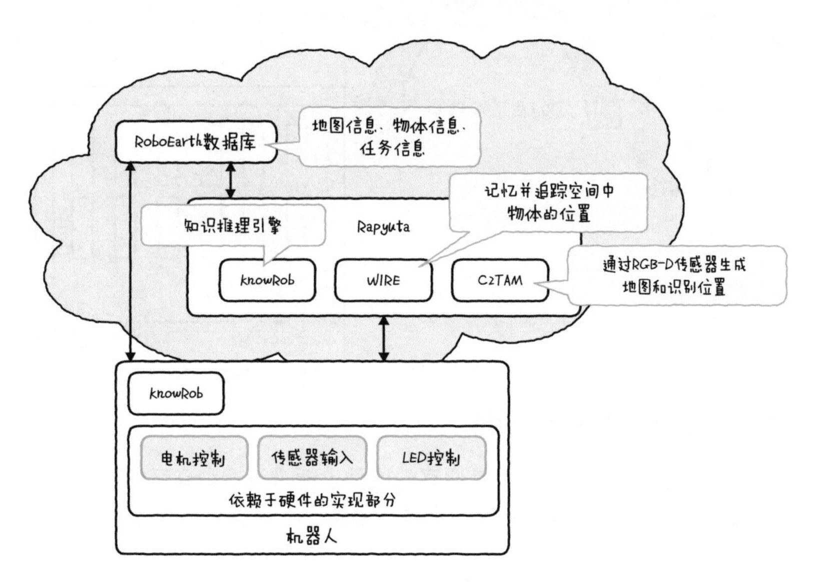

图 8.10　RoboEarth 的概念

◉云引擎 Rapyuta

Rapyuta 会在云端复制一个机器人的运算处理环境，将其作为 Linux 容器。Rapyuta 准备了 ROS 节点的接口，机器人会将其识别为普通的 ROS 节点。这样一来就可以不顾及云端和本地的界限，用普通的 ROS 图结构实现云机器人的执行环境。

我们来为大家介绍一个 Rapyuta 应用实例，即在 RoboEarth 中多个机器人相互协调来制作一张地图的例子（图 8.11）。机器人连接着用于跟 RGB-D 传感器通信的主板，拍摄下的数据统统会被传送到云端。然后，这些数据会在 Rapyuta 上合成，最后制成能被数个机器人共享的地图数据。

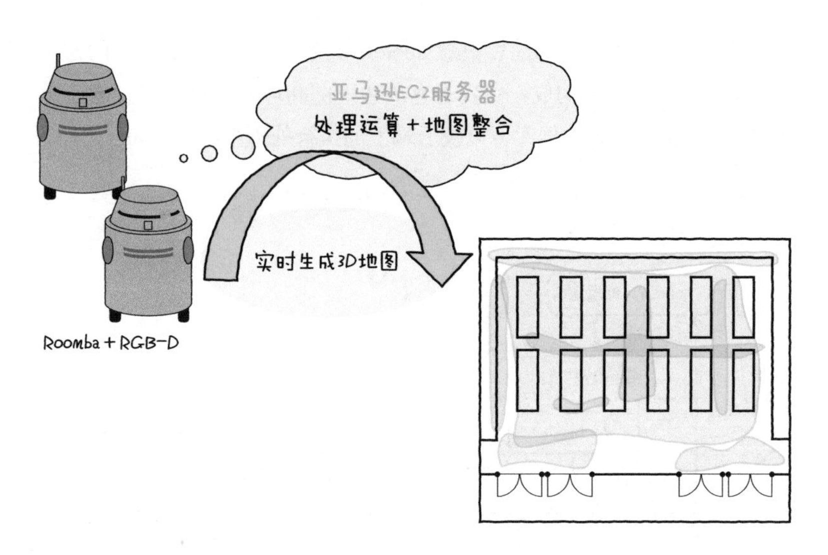

图 8.11　通过 Rapyuta 生成地图

通过利用云环境，即使是便宜的硬件也能进行这种高级的操作，就这点而言，本实例给了我们一个巨大的冲击。

◉知识推理引擎 KnowRob

RoboEarth 不仅有 Rapyuta 和 RoboEarth 数据库，还有几个与二者联动运行的应用程序。

KnowRob 是为机器人而生的知识推理引擎。除去 RoboEarth 数据库中积累的数据以外，它还会把 Web 上的信息，对人类行为观察的结果，以及机器人获取的传感器信息等都整合成知识地图——本体图（ontology map），令机器人自主执行任务。

打个比方，假设我们给机器人下达了一个“烤薄煎饼”的任务，那么机器人就会基于地图中的信息，推导和提取薄煎饼的制作方法、制作顺序、制作材料等知识，自主地去实现烤薄煎饼的操作（图 8.12）。我们也可以自己制作知识地图，帮助机器人执行多样化的任务。

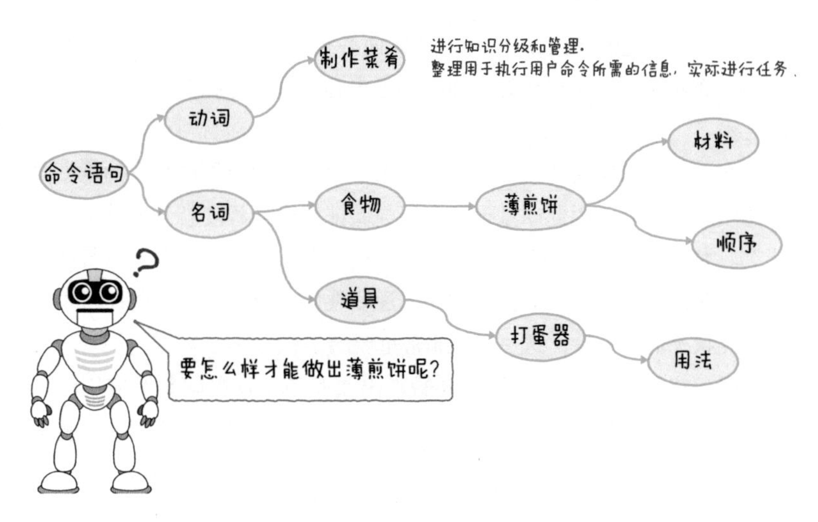

图 8.12 基于本体推导任务信息

RoboEarth 于 2014 年 1 月终止了与开发项目有关的活动，但开发成果还继续在 ROS 社区中为人们所用。最近也出现了把 UNR-PF 和 KnowRob 联动的研究事例。虽然云机器人的发展才刚刚开始，但相信今后还会陆续开发出各种各样的软件。

8.4 物联网和机器人的未来

各类用于构建机器人系统的开源软件的出现（如 RT 中间件和 ROS）急剧降低了以往机器人开发中存在的额外负担。除此之外，云机器人正在成为一门向复杂环境中（例如，我们的家庭中）导入机器人时不可或缺的技术。

从软件开发的角度来说，机器人开发社区依然停留在以大学为中心的研究开发阶段，还无法实现成熟的商业化。不过，开发者必须意识到机器人是设备进化所导致的必然结果。

为了将来能向复杂的环境中导入机器人，开发者需要能够分析当下存在的问题，并向客户提示可以利用机器人技术（RT）等来解决这些问题。当然要想做到上述内容，一方面必须要具备与 RT 相关的知识，另一方面还需要研究客户想实现的服务内容，以及为此需要怎样利用机器人。

有一点大家需要注意，即我们在第 3 章曾介绍说硬件开发的难度同样适用于机器人，因此原型设计和提前验证的重要程度就又上升了一个档次。尤其是对于那些在人类附近活动的机器人而言，需要具备很强的安全性和稳定性。不能光提前预想，还要在实地反复进行验证，减少发生意外状况的可能性，这一点是非常重要的。

服务机器人现在正好处在开始走出实验室，往民间普及应用的阶段。开发者需要把机器人作为设备融入物联网服务之中，学习如何将两者整合为一个完整的系统。

后记

物联网是一门应用了众多传感器和设备的技术。本书为那些想要实现物联网技术的工程师而编写，从软件和硬件两个角度介绍了物联网的基础知识。

大家从正文中可以了解到，要想实现物联网，需要具备多方面的知识。用于实现 Web 服务的技术、处理大型数据的技术以及数据库等，这些都是 IT 工程师擅长的技术领域，但这些都只不过是实现物联网所需技术的冰山一角。除了这些技术以外，还需要了解如何用传感器收集信息，如何开发能把信息反馈给现实世界的“物”；也就是说，还需要知道硬件以及介于硬件和软件之间的那些用于实现设备的技术。

在前言中我们讲过，虽然可以把这些不同的技术分担给擅长相应领域的工程师，但工程师们仍需要了解彼此擅长领域的基础知识。读到这里，想必大家也已经体会到了。例如在物联网服务中，为了从设备获取信息，需要先考虑设备的规格，然后根据设备的规格来决定数据的接收格式和通信方式。然而，对设备工程师而言，IT 工程师考虑的格式和通信方式并不好用。会发生这种情况，是因为 IT 工程师在没有理解用设备能做到什么事、实现什么功能的情况下就下了决定。反过来，如果设备工程师没有考虑到如何在服务方面处理设备发来的数据的格式，就把设备发来的数据直接发给了 IT 工程师，那么对 IT 工程师而言，或许很难用他们自己制作的系统处理这些数据。他们可能会想：“明明还有更好的格式，为什么发给我这个？！”要想避免这种情况，重点在于工程师们需要理解彼此擅长领域的技术，各取所长。

此外，除了技术以外，本书还陈述了一些重要的观点，例如第 5 章的应用观点。以往人们对在 IT 世界应用物联网服务这点虽然有一些看法（例如让用户利用制成的系统，或者是把物联网服务与其他系统联动），但基本上人们的思路都局限于计算机之中。尽管如此，关于物联网，人们也还在不断讨论已经设置的传感器和要利用的设备等问题。也就是说，在应用服务方面，不只是涉及 IT 工程师擅长的领域，还会不断涉及开发设备的工程师和制造商擅长的领域。

而且，物联网还处于茁壮成长的阶段，服务和设备都并不齐全。开发者也应注重应用第 3 章介绍的原型设计和第 7 章介绍的众筹等手段，以尽快向人们提供服务，或者通过市场营销和集资来开发新型设备。

另外，本书中虽然没有详细提及，但想把物联网领域作为一门事业做大的话，不只需要 IT 企业，还需要多种类型的企业联手。例如家电制造商和传感器制造商、工业机器的制造商等。而且以往人们未曾想过的业务种类，例如服饰制造商和销售公司，眼镜和饰品企业等或许也会开始进入物联网领域。实际上，这些企业已经开始进入物联网和可穿戴领域了。物联网内蕴藏着让全体产业生机勃发的可能性，其动向今后仍将时刻为人们所关注。

最后，关于物联网的基础知识，本书介绍了一些关于硬件和软件最基础的部分——用于实现服务的技术，设备及围绕设备的感测技术，数据分析，还谈到了一些在实际开发过程中应考虑到的重点。此外还介绍了可穿戴设备和机器人这些今后将会丰富我们生活的新型设备。

但是读者通过阅读本书获得的知识毕竟只是基础，请各位读者将这些知识作为迈向物联网世界的敲门砖，去详细学习自己更感兴趣的技术。

接下来就该轮到各位读者把在本书中获得的知识和灵感用于实现物联网服务了！笔者们衷心希望各位能够通过运用物联网服务改变世界，丰富人们的生活。

参考文献

●『ユビキタス・ネットワーク』

（野村综合研究所广报部，ISBN：987-4-8899-0095-8）

《泛在网络》（尚无中文版）一书记载了当时有关泛在网络的动向等。编写本书第 1 章时参考了此书。

● MQTT.org （http://mqtt.org）

这是第 2 章介绍的 MQTT 的官方网站，可以在该网站上查验代理和客户端库的介绍，以及最新的 MQTT 协议的规格等。

●测距传感器数据表 （http://www.sharpsma.com/webfm_send/1208）

这是传感器数据表，第 3 章介绍的测距传感器就是以此为参考的。大部分情况下各个传感器的数据表都是由制造商公开的。

● Raspberry Pi （https://www. raspberrypi.org/products/）

这是 Raspberry Pi 官方网站。除了发布产品信息和用于 Raspberry Pi 的 OS 映像以外，还运营有开发者社区。

●英特尔 Edison 产品网站

（http://www.intel.cn/content/www/cn/zh/do-it-yourself/edison.html ）

该网站上有英特尔 Edison 的开发信息供大家参考，还运营有开发者社区。

●英特尔 Edison 硬件指南

（http://download.intel.com/support/edison/sb/edisonarduino_hg_331191007.pdf）

这是一个记载了英特尔 Edison 的详细硬件信息的文档，大家可以自行下载。

● Beagle Bone Black wiki （http://elinux.org/Beagleboard:BeagleBoneBlack）

该网站上公开有 Beagle Bone Black 的规格乃至开发信息，以及一些开源硬件独有的信息。

●『Arduino をはじめよう　第 2 版』　（O'Reilly Japan，ISBN：978-4-8731-1537-5）

《硬件开源电子设计平台：爱上 Arduino（第 2 版）》[①] 一书记载了一些针对新手的有关 Arduino 的说明和基本使用方法。对想使用 Arduino 制作设备的人来说，这本书是一块敲门砖，可作为参考。

●『OpenCV による画像処理入門』　（讲谈社，ISBN：978-4-0615-3822-1）

《OpenCV 图像处理入门》（尚无中文版）一书简明易懂地记载了开源图像处理库——OpenCV 的有关信息。为了方便学生和新手理解，书中还讲解了图像处理的基本算法和程序。

●『わかりやすい GPS 測量』　（欧姆社，ISBN：978-4-2742-0954-3）

《简明易懂的 GPS 测量》（尚无中文版）讲解内容涵盖了与 GPS 的说明和测量相关的先进的使用方法。此外，书中还详细记载了一些用多台 GPS 定位的方法。

●『BI（ビジネスインテリジェンス）革命』　（NTT 出版，ISBN：978-4-7571-2246-8）

《BI（商务智能）革命》（尚无中文版）一书写有一些商务数据的分析等支撑着商务智能的技术、基础性数据分析方法和应用案例。虽然书中没有涉及传感器数据，但其中基于商务的数据分析观点可供大家参考。

●『マーケティング・データ解析——Excel/Access による』

（朝仓书店，ISBN：978-4-2542-9502-3）

《市场数据分析：Excel/Access》（尚无中文版）是一本讲述如何使用 Excel 进行数据分析的书。讲解了市场营销领域的数据分析方法。虽然书中没有涉及传感器数据的分析，但其中的数据分析观点可供大家参考。

●『インタラクティブ・データビジュアライゼーション——D3.js によるデータの可視化』　（O'Reilly Japan，ISBN：978-4-8731-1646-4）

《数据可视化实战》[②] 一书记载了有关使用 JavaScript 的数据可视化的内容。需要编写数据可视化应用程序时可将本书作为参考。

---

① 于欣龙、郭浩赟译，人民邮电出版社，2012 年 10 月。

② 李松峰译，人民邮电出版社，2013 年 6 月。

●『Hadoop 第 3 版』 (O'Reilly Japan，ISBN：978-4-8731-1629-7)

《Hadoop 权威指南（第 3 版）》[①] 是一本透彻地讲解 Hadoop 的基础及应用的书籍。这本书能帮助大家详细了解有关 Hadoop 的知识。

●『集合知プログラミング』 (O'Reilly Japan，ISBN：978-4-8731-1364-7)

《集体智慧编程》[②] 一书更多地用代码讲解了机器学习的算法，因此即使是刚接触机器学习的新手也能轻松理解其中的内容。

● Jubatus (http://jubat.us/en/)

实现在线机器学习的 Jubatus 的官方主页，可以通过该网站下载安装方法的说明文件和 Jubatus 软件。

●『データサイエンティストの基礎知識 挑戦する IT エンジニアのために』
(Rictelecom，ISBN：978-4897979533)

《挑战 IT 工程师：数据科学家的基础知识》（尚无中文版）一书讲解了数据分析的所有话题、统计分析工具 R 的使用方法，以及 Jubatus 的使用方法等。作为在物联网领域中进行数据分析的入门书推荐给大家。

●『実践 機械学習システム』 (O'Reilly Japan，ISBN：978-4-8731-1698-3)

《机器学习系统设计》[③]（图灵程序设计丛书）一书写有如何将机器学习作为系统来实现的方法，在构建用到机器学习的服务时可将本书作为参考。

● RoboEarth (http://roboearth.ethz.ch/)

一个在欧洲进行的有关云机器人的研究项目。这个网站讲解了有关 RoboEarth 的整体概要，大家还可以在这个网站上下载到项目中制作的软件。

● Rapyuta (http://rapyuta.org/)

大家可以从这个网站上详细了解到 Rapyuta 的相关信息，Rapyuta 是 RoboEarth 的核心项目之一，也是云处理的运行基础。维基百科中包含大量

① 华东师范大学数据科学与工程学院译，清华大学出版社，2015 年 1 月。
② 莫映、王开福译，电子工业出版社，2015 年 3 月。
③ 刘峰译，人民邮电出版社，2014 年 7 月。

与其相关的知识，其中详细记载有 Rapyuta 的安装方法和示例应用程序的运行方法等。

● KnowRob （http://www.knowrob.org/knowrob）

大家可以从这个网站上详细了解到 KnowRob 的相关信息，KnowRob 是 RoboEarth 的核心项目之一，KnowRob 本身也是多个软件组件的组合，大家可以像下载其他的 ROS 软件一样随意下载和使用它。

● ROS （http://www.ros.org/）

机器人专用中间件——ROS 的官方网站。因为 ROS 更新较为频繁，所以请大家在使用 ROS 前通过这个网页确认版本信息。

● RT 中间件 （http://www.openrtm.org/）

机器人专用中间件 RT 中间件的实现之一——OpenRTM-aist 的官方网站。可以从这个网站上获取第 8 章中介绍的模拟器等。

● UNR Platform （http://www.irc.atr.jp/std/UNR-Platform.html）

泛在网络机器人平台的官方网站。大家可以在这里获取软件的安装方法和用户指南等各种文档。

● RoIS （http://www.irc.atr.jp/std/RoIS.html）（日文）

机器人系统的接口标准——RoIS Framework（Robotic Interaction Service Framework）的官方网站。大家可以在这里获取已在 OMG 国际标准化的规格信息等。需要理解此网页的内容才能灵活应用 UNR Platform。

●『ユビキタス技術 ネットワークロボット—技術と法的問題』

（欧姆社，ISBN：978-4-2742-0462-3）

《泛在技术 网络机器人——技术与法律》（尚无中文版）一书没有具体涉及，只是暗示了机器人和物联网的相关技术和法律上的问题，在实际进行服务时，本书可为您提供参考。

● 『Learning ROS for Robotics Programming』

（Packt Publishing，ISBN：978-1-7821-6144-8）

《ROS 机器人程序设计》[①] 一书以 ROS 系统的官方维基百科为准，极为细致地讲解了 ROS 系统的相关内容，虽然大家目前使用的版本可能跟书中所使用的版本有出入，但仍可将其作为一个宝贵的信息来源。

① 刘品杰译，机械工业出版社，2014 年 9 月。

作者

●河村雅人——第1、2章

在大学和研究生时代从事人机交互的相关研究。就职于 NTT DATA 集团，工作的前四年一直在完善以 Trac[①]、Subversion[②]、Jenkins[③] 为中心的公司内部开发环境，并从事与应用程序生命周期管理相关的研究开发。现在围绕物联网和机器人进行研究开发，整合植物工厂和沟通型机器人等“传感·机器人·云”技术，工作内容涉及软件架构、产品选定，还包括焊接、编程方面。爱好广泛，除了机器人、感知、嵌入以外，还喜欢研究 Python、Web 应用、软件开发手法等，喜欢摆弄小物件，还喜欢机器人 hack[④]。曾合著《Jenkins 入门与实践》[⑤]（日本技术评论社，2011 年）一书。

一位充满爱与正义的工程师，希望用技术为人类创造一个幸福的社会。

Twitter：@masato-ka

●大塚纮史——第5章

就职于 NTT DATA 集团技术开发总部。就职后从事的是与提高系统基础架构安全相关的研究开发工作。从进入公司第三年起，开始参与应用了机器人中间件和 AR 交互技术的机器人服务的开发。近年来致力于物联网和机器对机器通信领域，埋头研究可高效收集传感器数据的集中器和传感器数据收集分析基础架构，不仅注重研究传感器数据的收集，还致力于开发各种应用了传感器的系统，来找出应用传感器数据的不同方式。除此之外，还对 3D 打印等能创造出新事物的数码制造工艺抱有

---

① Trac 是一个为软件开发项目需要而集成了 Wiki 和问题跟踪管理系统的应用平台，是一个开源软件应用。

② Subversion 是一个自由，开源的版本控制系统。

③ Jenkins 是一个开源软件项目，旨在提供一个开放易用的软件平台，使软件的持续集成变成可能。

④ 日本 1967 年拍摄的日剧《太空历奇》中出场的一个机器人。

⑤ 原书名为『Jenkins 実践入門』，尚无中文版。

兴趣，一直在研究制造工艺的业务应用和新型服务。

喜欢的一句名言是："男人工作的百分之八十都在于决断。"兴趣是弹奏尤克里里琴。由于想发展兴趣来丰富晚年生活，所以从两年前开始每天都努力练琴。私下里试图将音乐、传感器、系统这三者融合在一起。

●小林佑辅——第6章

自就职于 NTT DATA 集团后，除了从事公共、法人、金融等领域的工作，还负责分析各种各样的顾客，处理他们咨询的问题。分析内容涉及多个层面，包括可视化甚至是整理那些面向高级分析、系统化的构想。最近几年把主要精力放在了技术开发上，试图把自己在工作上的经验应用到技术开发中。热衷于应用 SNS 进行分析，以及向新型领域导入分析等，力图挖掘出数据分析的新的可能性。此外，本人认为对于传感器和日志数据这种咨询量显著增加的领域的分析而言，重点课题是如何开发新的服务，创造新的价值。

个人喜欢用全新的角度来表现应用了 D3 等可视化技术的分析结果，对那些应用了陆续登场的新型基础架构的分析机制抱有浓厚的兴趣，整天都在一个人不断尝试，并享受着分析的过程。

●小山武士——第7章

自就职于 NTT DATA 集团后，一直从事与安全性相关的研究开发工作。负责的是安全技术开发，涉及范围颇广，包括 Web 系统乃至近年的智能设备。最近几年负责开发了移动应用基础架构，用来保证人们能够用智能手机和平板安全地执行业务。在 NTT DATA 担任的职务类似 BYOD[①] 的策划。现在热衷于开发涉及可穿戴设备安全性方面的应用技术，以及研究开发业务应用程序，力图将其应用到企业领域。此外，还在对包含可穿戴设备在内的应用了物联网的新时代工作模式提出建言。2014 年可穿戴装备热潮兴起时，曾接受过多家媒体采访。私底下还喜欢数码小物件，早早地就买了 Oculus Rift、Android Wear、Raspberry Pi 和 Kindle Voyage 等设备，并饶有兴趣地琢磨着（仅仅是琢磨而已）

① Bring Your Own Device：指携带自己的设备办公。

怎么灵活应用这些设备。

●宫崎智也——第1章

大学时代学习了编程、网络机制以及信息论等计算机科学知识。大学毕业后进入 NTT DATA 集团，在此后的四年间一直负责政府部门的营业工作。进入公司后马上就对后勤办公室类业务系统提出了维护应用、追加功能和制作新系统的提案。其后一直在为与社会机制相关的未来构想——云设计和 To-Be 系统模型的研究等——提供政策支持。现在则专注于开发那些用来解决社会问题的机器人服务，从事应用了机器对机器通信技术和机器人技术的云机器人基础架构的研究开发，以及服务模型和应用方案的拟定。

看上去喜欢与人打交道，但实际上最喜欢一个人宅在家里。虽然以工程师为志向，但负责的业务都是近似于营业的上层工序，烦恼不能成为一名真正的工程师。

●石黑佑树——第4、8章

就职于 NTT DATA 集团技术开发总部。在大学和研究生时代都从事与机器人有关的研究，致力于研究自主移动机器人和网络机器人领域的技术。专攻方向是机器人专用中间件的应用和机器人系统集成。相对于技术本身，本人对“技术所引发的社会变化”更感兴趣，于 NTT DATA 就职后一直追求着与未来相关的主题，例如基于机器人和云的联动技术的植物工厂，以及制造社会[①]等。本人还参与了 NTT DATA Technology Foresight 2014 技术发展动向的策划与制定。

最近总是被分配到一些自己专业领域以外的工作，不过大体上还是有办法搞定的，希望得到大家更多的夸奖。

●小岛康平——第3、8章

在大学和研究生时代研究过人类友好型机器人智能化的相关内容。发表了多篇论文，内容涵盖机器学习以及高维空间探索理论在机器控制方面的应用。现在就职于 NTT DATA 集团技术开发总部。从事云机器人

① 即 Fab Society，指的是以互联网与数字化制造结合而产生的新型制造，以及数字数据形式的策划、设计、生产、流通、销售、使用、回收利用为前景的社会。

基础架构的研究与开发，力图在服务型机器人的社会应用方面作出贡献。此外还在设计用于解决社会问题的机器人服务。

致力于开发有关物联网和机器人的技术，包括建立在传感器信息的收集和分析基础上的环境识别，用于联动云端和机器人的联动系统等。最近对开源技术的应用也很感兴趣，例如 Apache Storm、Apache Spark、RabbitMQ 和 MongoDB 等。在学生时代的社团活动中制作过人力飞行器，现在还很关心开源硬件和 3D 打印等领域的生产技术革新。

座右铭是“敬天爱人”。崇拜的人是 Emmett Brown 博士。自身则是一名极为热爱钢琴和吉他的工程师。

版权声明